河口水域环境质量检测与评价方法研究及应用

叶属峰　杨　颖　田　华　等编著

U0223127

科学出版社

北　京

内 容 简 介

本书是近十年来有关河口水环境质量检测与评价方法研究成果的系统总结,主要包括国内外海水环境质量监测与评价研究进展,河口水域环境问题与致因分析,河口水域COD、硝酸盐和氨氮检测方法研究,长江口水域环境质量评价方法及其应用(环境质量评价指标体系研究、近岸海域生态系统健康评价、基于ASSETS模型的富营养化评价)以及河口水域生态化管理技术研究等内容。

本书可供海洋科学、环境科学和生态学等领域的研究人员和科技人员参考,亦可供相应领域的管理人员和相关专业的大专院校师生阅读。

图书在版编目(CIP)数据

河口水域环境质量检测与评价方法研究及应用/ 叶属峰等编著.—北京:科学出版社,2016.1
　　ISBN 978 - 7 - 03 - 046283 - 1

　　Ⅰ.①河… Ⅱ.①叶… Ⅲ.①长江口—水环境质量评价—研究 Ⅳ.①X824

中国版本图书馆 CIP 数据核字(2015)第 267975 号

责任编辑:许　健　谭宏宇
责任印制:韩　芳 / 封面设计:殷　靓

科学出版社 出版
北京东黄城根北街 16 号
邮政编码:100717
http://www.sciencep.com

南京展望文化发展有限公司排版
上海欧阳印刷厂有限公司印刷
科学出版社发行　各地新华书店经销

*

2016 年 1 月第 一 版　开本:787×1092 1/16
2016 年 1 月第一次印刷　印张:16 3/4　插页:2
字数:376 000

定价:158.00 元
(如有印装质量问题,我社负责调换)

《河口水域环境质量检测与评价方法研究及应用》
编著委员会

主　编：叶属峰　杨　颖　田　华

副主编：纪焕红　杨幸幸　季铁梅　刘志国　张　勇

编　委：（按姓氏笔画排序）

卜建平　石　冰　伦凤霞　刘水芹　刘　星

刘鹏霞　寿昊蕴　杨　华　李宏祥　肖　群

吴军新　范海梅　国　峰　姜　民　徐惠民

梁国康　程　溶　谭赛章

前　言

　　我国海岸线总长度约 3.2 万 km,其中大陆海岸线约 1.8 万 km,分布有大大小小 1 800 多个河口。入海河口位于淡水和沿岸海域之间,是淡水向海洋的过渡带,受淡水输入、潮汐、潮流等因素的综合影响,导致海洋过程与河口过程在这里复杂交汇,不同水团发生横向、纵向混合并具盐度梯度(Pritchard,1967;Sun et al.,2009)。河口段上游起始点一般定位于海洋动力影响的终结点,该处河水盐度接近上游来水;河口段下游终端则通常是河流动力影响的终结点,该处盐度接近海水(Viguri et al.,2002;杨建丽,2009)。入海河口因其独特的地理位置、水动力条件和物质基础,为众多生物的生存和繁衍提供了特定的生存条件,使得河口生物群落能够适应各种化学、物理等生态环境要素在不同时间尺度上的剧烈变化,与河流、海洋水域的生物群落存在明显差异(Cloern,2001;Qi et al.,2003;Zhang et al.,2007;Tas et al.,2009)。河口是一个复杂而又特殊的自然综合体,它是海岸的组成部分,但又不形成海岸;河口是河流的尾闾,但又不限于陆地约束的范围,它对流域的自然变化和人为作用响应最敏感,且与近岸海域环境变化密切相连的地区;河口地区是人类活动最为频繁、环境变化影响最为深远的地区,对于河口环境变化及其自适应的认识,是水资源可持续利用、人工控制和合理开发的科学依据(陈吉余等,1988)。

　　自 20 世纪 80 年代初期以来,对河口水域环境质量监测和评价工作已持续了 30 多年,海洋行业河口监测方法多参照《海洋监测规范》(GB 17378 - 2007)、《河口生态系统监测技术规程》(HY/T 085 - 2005)等海洋监测类规范性文件执行,评价方法一般依据《海水水质标准》(GB 3097 - 1997)、《海洋沉积物质量》(GB 18668 - 2002)和《海洋生物质量标准》(GB 18421 - 2001)等以单因子标准指数法为主。由于河口区功能众多,其他行业也开展河口区环境监测,如环保部门、水务部门等,依据的标准主要为《地表水环境质量标准》(GB 3838 - 2002)等。经过多年的实践,结果表明不同行业的监测方法、评价指标和评价标准难以有机衔接。根据《中华人民共和国海洋环境保护法》,海洋部门对陆源污染具有监督的职责,但由于存在上述监测方法和评价标准不统一的问题,目前难以说清陆源污染物来源、总量以及入海后的环境影响情况等一系列的过程,对陆源污染的监督更难以落到实处。

　　对于河口区水环境质量监测与评价方法的研究众多,但大多基于某一角度的方法研究,缺乏一定的系统性。本书从 30 多年业务化监测与评价工作中存在的问题出发,以长江口水域为例,对近 10 年来的科技成果进行了系统性归纳整理,试图建立一套适用于河口区咸淡水水域的环境检测与评价方法,为解决各行业在河口区域内的管理交叉矛盾,满足咸淡水交汇区域对环境质量检测方法与评价技术的要求,为"海陆统筹、以海定陆"提供依据。在检测指标上选择了陆源输入量较大,环境质量评价中关注度较高,在河口水域环境监测中影响较大的环境指标——COD 和无机氮(氨氮、硝酸盐氮)进行河口咸淡水检测方法的研究,筛选最适宜长江口水域的检测分析方法;以河口水域环境质量评价与保护管理为目标,建立适合于河口、海域不同区域特点的环境质量评价体系,研究建立河口水环境质量评价指标体系,引入生态系统健康评价与 ASSETS 模型的富营养化评价方法;研究河口水域生态化管理技术,为建立基于生态系统的海洋管理新模式,进而为我国可持续开发、利用、保护与经略管控海洋提供借鉴。

本书在充分学习总结目前国际上海洋河口监测评价案例和业务化工作中的经验,对河口区水环境现状及变化趋势进行评价,进行水环境变化的致因分析,提炼出导致河口区环境变化的关键水质指标,研究建立河口区关键水环境指标的检测方法,探讨建立影响河口区水环境的主要评价指标体系,引进生态健康评价理论、富营养化评价模型等并在长江口区进行应用试验,以期从多角度、全方位进行河口区环境评价。全书共分为 8 章,分别是第 1 章绪论,第 2 章河口海域环境监测评价经验借鉴,第 3 章河口水域环境问题与致因分析,第 4 章河口水域 COD 检测方法综述,第 5 章河口水域硝酸盐氮检测方法研究,第 6 章河口水域氨氮检测方法研究,第 7 章河口水域环境质量评价方法及其应用,第 8 章河口水域生态化管理技术研究。

本书的出版得到 2012 年度海洋公益性行业科研经费专项项目"石油平台含油废水监测与评价技术研究"(编号:201205016)、2006 年度国家高技术研究发展计划(863 计划)项目"典型河口、海湾生态系统健康评价模型技术研究及应用示范"(编号:2006AA09Z169)、2012 年度上海市科学技术委员会"创新行动计划"项目"长江口水域水体 COD 和无机氮检测方法研究"(编号:12231203300)、上海市海洋局 2013 年度科研项目"长江河口水环境质量综合评价指标体系研究——趋势诊断与指标筛选"(编号:沪海科 2013 - 01)、2005 年国家海洋局东海分局海洋科技发展基金科研项目"基于 ASSETS 的长江口富营养化评价模型的建立和应用"、国家海洋局近岸海域生态环境重点实验室基金资助项目"海洋生态重要性区域(EIAs)的区划方法研究"(编号:200711)和"海洋生态化管理的监控区设定原理与方法研究"(编号:200811)等联合资助。本书是以上各项目研究成果的提炼与总结,力图形成一个有机整体贡献给各位读者。在此,编者向所有参与研究的单位和个人表示衷心的感谢!书中部分内容还参照了有关单位和个人的研究成果,均已在参考文献中一一列出,在此一并表示感谢!感谢科学出版社为本书的出版所做的辛勤努力。

本书由叶属峰、杨颖、田华主编,第 1、2 章由杨颖、叶属峰、张勇编写;第 3 章由范海梅、刘鹏霞、杨颖、国峰编写;第 4 章由杨幸幸、杨颖、卜建平、谭赛章、叶属峰编写;第 5、6 章由田华、季铁梅、石冰、程溶、伦凤霞、杨华、姜民、吴军新、梁国康、刘水芹、肖群、李宏祥编写;第 7 章由刘志国、纪焕红、杨颖、张勇、刘星编写;第 8 章由纪焕红、叶属峰、徐惠民、杨颖编写。全书由叶属峰、杨颖、田华统稿。

由于时间仓促,编者水平所限,书中难免存在缺点和错误,敬请广大读者不吝赐教。

编者

2015 年 8 月

目　录

前言

1　绪论 ⋯⋯⋯⋯⋯⋯⋯⋯⋯⋯⋯⋯⋯⋯⋯⋯⋯⋯⋯⋯⋯⋯ **1**

1.1 河口水域环境质量检测方法及存在问题 ⋯⋯⋯⋯⋯⋯ 3

1.2 河口水域环境质量评价方法及存在问题 ⋯⋯⋯⋯⋯⋯ 4

1.3 本书编著思路与框架 ⋯⋯⋯⋯⋯⋯⋯⋯⋯⋯⋯⋯⋯⋯ 6

2　河口海域环境监测评价经验借鉴 ⋯⋯⋯⋯⋯⋯⋯⋯⋯ **8**

2.1 概况 ⋯⋯⋯⋯⋯⋯⋯⋯⋯⋯⋯⋯⋯⋯⋯⋯⋯⋯⋯⋯⋯ **8**

2.2 我国海洋环境监测与评价现状 ⋯⋯⋯⋯⋯⋯⋯⋯⋯⋯ **8**

　　2.2.1　海洋环境监测指标体系 ⋯⋯⋯⋯⋯⋯⋯⋯⋯⋯ 8

　　2.2.2　海洋环境评价指标体系 ⋯⋯⋯⋯⋯⋯⋯⋯⋯⋯ 9

2.3 国际河口与近岸海域监测评价案例简介 ⋯⋯⋯⋯⋯ **9**

　　2.3.1　基于流域水环境管理的《欧盟水框架指令》 ⋯⋯ 10

　　2.3.2　基于防治人类活动污染的 OSPAR 海域监测与管理 ⋯ 10

　　2.3.3　基于生态状况评价的美国近岸海域监测与评价 ⋯ 12

　　2.3.4　基于河口生态健康的澳大利亚 EHMP 监测计划 ⋯ 13

　　2.3.5　基于环境污染趋势性评价的加拿大缅因湾监测与评价 ⋯ 13

2.4 监测评价方法借鉴与启示 ⋯⋯⋯⋯⋯⋯⋯⋯⋯⋯⋯ **14**

　　2.4.1　准确了解和科学把握区域生态环境特征与压力 ⋯ 14

　　2.4.2　制定河口区域环境评价目标 ⋯⋯⋯⋯⋯⋯⋯⋯ 15

　　2.4.3　确定评价指标体系 ⋯⋯⋯⋯⋯⋯⋯⋯⋯⋯⋯⋯ 15

　　2.4.4　确定评价指标标准 ⋯⋯⋯⋯⋯⋯⋯⋯⋯⋯⋯⋯ 16

　　2.4.5　研究制定区域评价方法 ⋯⋯⋯⋯⋯⋯⋯⋯⋯⋯ 16

　　2.4.6　编制区域的中长期监测与评价计划 ⋯⋯⋯⋯⋯ 17

2.5 小结 ⋯⋯⋯⋯⋯⋯⋯⋯⋯⋯⋯⋯⋯⋯⋯⋯⋯⋯⋯⋯ **18**

3　河口水域环境问题与致因分析 ⋯⋯⋯⋯⋯⋯⋯⋯⋯⋯ **19**

3.1 概况 ⋯⋯⋯⋯⋯⋯⋯⋯⋯⋯⋯⋯⋯⋯⋯⋯⋯⋯⋯⋯⋯ **19**

3.2 数据源和评价 ⋯⋯⋯⋯⋯⋯⋯⋯⋯⋯⋯⋯⋯⋯⋯⋯⋯ **19**

3.3 长江口水域环境质量现状 ································· **21**
　3.3.1 水环境质量总体评价 ····························· 21
　3.3.2 污染面积 ····································· 21
　3.3.3 功能区评价 ··································· 23
　3.3.4 典型海洋功能区水环境质量评价 ················· 24
3.4 长江口水域环境变化趋势分析 ························· **31**
　3.4.1 水环境变化趋势 ······························· 31
　3.4.2 水环境变化趋势分析 ··························· 32
3.5 水环境综合评价 ··································· **44**
　3.5.1 数据处理 ····································· 44
　3.5.2 指标标准化及其权重的确定 ····················· 45
　3.5.3 水质要素分布特征 ····························· 46
　3.5.4 综合指数分析 ································· 48
3.6 江河入海污染物通量估算 ··························· **50**
　3.6.1 长江入海污染物通量 ··························· 50
　3.6.2 黄浦江入海污染物通量 ························· 54
　3.6.3 入海江河对上海海域污染贡献分析 ··············· 59
3.7 长江口水环境变化致因分析 ························· **60**
　3.7.1 营养盐类是导致河口水域环境质量下降的主要原因 ··· 60
　3.7.2 长江通量是营养盐类物质主要来源 ··············· 60
　3.7.3 经济发展使得长江口水域污染压力持续存在 ········· 60
3.8 小结 ··· **61**

4 河口水域 COD 检测方法研究 ······················· **63**

4.1 概况 ··· **63**
4.2 COD 检测方法综述 ······························· **63**
4.3 数据处理方法 ··································· **69**
　4.3.1 方法准确性评价 ······························· 70
　4.3.2 回归分析与相关性分析 ························· 70
　4.3.3 F 检验法 ··································· 70
　4.3.4 显著性差异检验(t 检验) ····················· 71
4.4 盐度影响实验 ··································· **72**
　4.4.1 实验试剂及仪器设备 ··························· 72
　4.4.2 试剂配制 ····································· 72
　4.4.3 实验及计算方法 ······························· 73
　4.4.4 结果分析 ····································· 75
4.5 方法关联性分析 ································· **87**
　4.5.1 酸性高锰酸盐指数法和碱性高锰酸钾法 ··········· 87

    4.5.2　TOC法和碱性高锰酸钾法 ·· 90

4.6　现场应用验证 ·· **95**

    4.6.1　酸性法和碱性法 ·· 95

    4.6.2　TOC法和COD$_{Mn}$法 ·· 97

4.7　小结 ·· **99**

5　河口水域硝酸盐氮检测方法研究 ································· **100**

5.1　概况 ·· **100**

5.2　硝酸盐检测方法综述 ·· **100**

5.3　盐度影响研究 ·· **102**

    5.3.1　盐度对紫外分光光度法的影响 ···································· 102

    5.3.2　盐度对镉柱还原法的影响 ·· 105

5.4　河口区的适用性研究 ·· **109**

    5.4.1　紫外分光光度法 ·· 109

    5.4.2　流动分析法 ·· 113

5.5　现场应用验证 ·· **116**

    5.5.1　样品采集与前处理 ·· 116

    5.5.2　检测结果 ·· 117

5.6　方法的关联性分析 ·· **120**

    5.6.1　研究区域 ·· 120

    5.6.2　实验试剂及仪器设备 ·· 120

    5.6.3　试剂配制 ·· 121

    5.6.4　结果与分析 ·· 121

5.7　小结 ·· **123**

6　河口水域氨氮检测方法研究 ····································· **125**

6.1　概况 ·· **125**

6.2　氨氮检测方法综述 ·· **125**

6.3　盐度影响研究 ·· **127**

    6.3.1　盐度对纳氏试剂分光光度法的影响 ································ 128

    6.3.2　盐度对水杨酸分光光度法的影响 ·································· 131

    6.3.3　盐度对次溴酸盐氧化法的影响 ···································· 134

    6.3.4　盐度对靛酚蓝分光光度法的影响 ·································· 138

    6.3.5　四种方法的对比 ·· 141

6.4　河口区的适用性研究 ·· **144**

    6.4.1　次溴酸盐氧化法 ·· 145

    6.4.2　流动分析法 ·· 149

    6.4.3　方法适用性分析 ·· 158

6.5 方法的关联性分析 ···················· **158**
　　6.5.1 检测方法关联性 ···················· 159
　　6.5.2 前处理方法的关联性 ················ 161
6.6 现场应用验证 ······················· **163**
　　6.6.1 样品采集与前处理 ·················· 163
　　6.6.2 检测结果分析 ······················ 163
6.7 小结 ······························· **167**

7 河口水域环境质量评价方法及其应用 ········· **168**

7.1 概况 ······························· **168**
7.2 河口水环境质量评价指标体系研究 ········· **168**
　　7.2.1 指标体系构建原则 ·················· 168
　　7.2.2 评估指标的筛选 ···················· 170
　　7.2.3 指标体系的建立 ···················· 176
　　7.2.4 评价模型与分级标准 ················ 179
　　7.2.5 评价结果与分析 ···················· 180
7.3 长江口近岸海域生态系统健康评价 ········· **181**
　　7.3.1 典型河口海湾生态系统健康评价指标体系与模型 ··· 182
　　7.3.2 数据来源及处理 ···················· 188
　　7.3.3 长江河口近岸海域生态系统健康评价 ···· 191
7.4 基于 ASSETS 模型的长江口富营养化评价 ····· **195**
　　7.4.1 ASSETS 模型 ······················ 196
　　7.4.2 基于 ASSETS 的长江口富营养化评价指标体系的应用 ····· 202
7.5 小结 ······························· **211**

8 河口水域生态化管理技术研究 ············· **213**

8.1 概况 ······························· **213**
8.2 MEIAs 区划方法研究 ··················· **214**
　　8.2.1 基于生物多样性的 MEIAs 概念的建立 ···· 214
　　8.2.2 MEIAs 区划指标体系构建 ············· 215
　　8.2.3 长江口 MEIAs 区划方法 ·············· 217
8.3 海洋生态监控区(MEMAs)系统设定原理与方法研究 ····· **225**
　　8.3.1 海洋生态化管理的概念模式 ·········· 225
　　8.3.2 海洋生态化管理的监控区的系统设定原理与方法 ···· 229
　　8.3.3 长江口 MEMA 的设定 ················ 234
8.4 小结 ······························· **238**

参考文献 ······························· **240**

绪　论

　　海洋环境监测与评价是指在设定的时间和空间内,使用统一的、可比的采样和检测手段,重复获取海洋环境要素资料,并在此基础上阐明各环境要素的时空分布、变化规律以及与人类活动关系的全过程(王菊英等,2010),是海洋环境管理的基础。河口区域环境监测与评价是海洋环境监测管理中的重要内容。

　　河口海岸带是人类活动最频繁的地带,集中了地球上60%的人口和70%的大城市,人口密集,经济发达,在各国的国民经济中都具有举足轻重的地位(周晓蔚,2008)。近20年来,我国海岸带经济实现了飞速发展,沿海省、市(区)以13%的土地养活了40%的人口,在国内生产总值中所占的比例由原来的40%增至60%(周晓蔚,2008)。但强调单一经济目标的资源开发利用模式导致资源与环境问题日趋严重,河口普遍出现了资源退化、环境恶化与灾害加剧的趋势。河口是许多鱼类、贝类等渔业资源的产卵场、育幼场和索饵场,以及溯河性鱼类的洄游通道,也为人类的海运娱乐提供了重要场所,甚至具有饮用水源地的功能,具有不可替代的战略意义。

　　河口段上游起始点一般定位于海洋动力影响的终结点,该处河水盐度接近上游来水;河口段下游终端则通常是河流动力影响的终结点,该处盐度接近海水(Viguri et al.,2002)。入海河口因其独特的地理位置、水动力条件和物质基础,为众多生物的生存和繁衍提供了特定的生存条件,使得河口生物群落能够适应各种化学、物理等生态环境要素在不同时间尺度上的剧烈变化,与河流、海洋水域的生物群落存在明显差异(Cloern,2001;Qi et al.,2003;Zhang et al.,2007;Tas et al.,2009)。

　　河口区域因其多功能性以及海陆共同影响的特点而备受关注,并因不同行业(部门)的管理需求和使用功能划分出不同的功能区划(海洋功能区划及水资源区划等)。在我国最大的河口——长江口区域,因其自然环境特点,口内基本以淡水为主,但局部区域受涨潮及北支海水倒灌的影响,盐度最高可达到17。口外随涨落潮变化盐度分布极不均匀,变化范围在0~30之间。因此,河口区水体以其盐度多变的性质成为介于地表水与海水过渡地带的"第三种水"。不同部门(任务)根据各自的功能区划要求规定水质环境保护目标,选择相应的海洋环境监测评价方法或地表监测评价方法水监测评价方法。但是这些方法体系应用于河口水体,由于盐度变化的影响,均有其不适应性,不同部门的评价结论也不尽相同。例如,《2013年上海市环境状况公报》根据上海市水环境功能区划和相应的水质控制标准,长江口水域水质控制标准为Ⅱ类水,其长江口水域的评价结果为符合地面水水质Ⅱ类标准(上海市环境保护局,2014);而《2013年中国海洋环境状况公报》表明,根据《海水水质标准》(GB 3097-1997)评价,2013年长江口区域水质评价结果为劣于第四类海水水质标准(国家海洋局,2014)。

在河口水环境管理中,我国目前主要依据《地表水环境质量标准》(GB 3838-2002)与《海水水质标准》(GB 3097-1997)。经过多年的实践,两个标准在使用中存在河海划界不清、评价指标和评价标准难以有机衔接等问题。因此,针对入海河口独特的自然环境及生物群落特征,制定能够满足水体使用功能并有效维护水体生态系统健康的河口水环境质量标准,科学确定评价方法,实现地表水和海水水质标准的有效衔接显得尤为重要。近年来,不少科研机构、政府部门也逐渐开始探索,寻求更为科学合理的河口区监测评价技术方法。2011 年,国家海洋局组织开展了北海、南海海洋环境质量综合评价研究,开展黄河口、珠江口环境质量综合评价方法研究,迈出了国内河口监测与评价工作探索性的一步。

本书以长江口水域为例,开展了针对河口区水体的检测与评价方法研究,并进行了示范应用。

长江口是我国特大型河口,世界第三大河口,它在我国的国民经济和社会发展中具有举足轻重的地位。它面临着长江流域系统、大气—水循环系统、海岸带复合系统、外海海洋生态系统以及人类活动与经济建设的深刻影响(沈焕庭等,2001)。

长江口地处长江和钱塘江入海口的交汇区域,属于典型的亚热带季风气候区,气候温和湿润,四季分明,是河流及海洋相互影响、相互作用最活跃、最激烈的区域。河口径流量丰沛,多年平均流量 29 500 m³/s(大通水文站),主要由降水补给,5 月至 10 月为洪季,11 月至次年 4 月为枯季。长江每年携带的巨量泥沙中有一半会沉积在长江河口区,塑造了长江滨岸广阔的湿地——长江口 0 m 以上的潮间带面积约 800 km² 左右。此外,长江丰富的营养盐输入河口及邻近海域,对长江口水域的自然环境也产生了深刻的影响。

长江口河口平面外形呈"三级分汊、四口分流"格局,口门南北宽约 90 km,常年接纳来自东海、黄海的巨大潮量。东海和黄海潮波传入长江口及杭州湾,再加上河口地形的束狭,长江口成为一个中等强度的潮汐河口,口外为正规半日潮,口内为非正规半日浅海潮。在江海交互作用的制约下,长江河口及沿岸地区形成了陆地地貌、岸滩地貌以及海底地貌等多种地貌类型,潮滩为长江携带泥沙的主要堆积场所,潮滩沉积物垂直沉降速率约为 5 cm/a,入海悬砂以向东、向南外输为主,整个长江口外海滨的广阔水域是入海悬砂输移的主要场所。受长江冲淡水、江浙沿岸流、台湾暖流、黄海冷水团等多种水体影响,在长江口海域形成一个复杂多变的水团交汇区,海域海洋生物资源种类多样性复杂,数量丰富,是我国沿海主要渔场之一。

长江口生态系统属于典型的河口生态系统,生物多样性丰富,生态系统复杂且类型多样,具有巨大的生态服务功能。长江口生态系统类型包括滩涂湿地、岛屿、自然保护区、海洋工程、渔业资源、河口区、口内区、最大浑浊带、外海区等类型。长江口鱼类共有 14 目 112 种,其中软骨鱼类 7 科 9 种,占水域鱼类总数的 8%;硬骨鱼类 103 种,占 92%,是该海域鱼类的主要组成部分。长江口湿地总面积近 273 915.57 hm²,包括长江口北支湿地、南岸湿地、岛屿湿地三大块,重要湿地主要包括崇明东滩湿地、横沙东滩、九段沙湿地、南汇边滩及中央沙和青草沙湿地。长江口海洋保护区包括 2 个国家级自然保护区,即崇明东滩鸟类国家级自然保护区和九段沙湿地国家级自然保护区,2个市级自然保护区,即上海市长江口中华鲟幼鱼自然保护区和青草沙水源地保护区,此外,还包括崇明岛海洋地质公园,杭州湾北岸的上海市金山三岛海洋自然保护区。

随着沿海经济的发展,长江口海域的海洋工程日益增多,包括长江口深水航道治理工程、南隧北桥、沿江大通道、洋山深山港工程、东海大桥、杭州湾大桥、苏通大桥和崇启大桥等。由于长江径流量以及各物质输送通量巨大,再加上海洋养殖、海上疏浚倾废、海洋运输及大型海洋工程等的影响,致使长江口及邻近海域成为我国近岸海域污染最为严重的地区之一。为了保护长江口自然环境,建设生态长江口,需要对该海域水环境进行全面、科学的调查与评估,以查清污染现状和主要污染源,为海域环境监测提供科学依据,为海洋资源开发利用与海洋环境保护协调发展提供科学参考。

1.1 河口水域环境质量检测方法及存在问题

目前,我国河口水域监测多参照《海洋监测规范》(GB 17378 - 2007)等常规的海洋监测方法。从生物地球化学的角度讲,河口是位于河流—海洋交互区的水体,来自陆地径流(河水)与海水相互混合,水的盐度从河水的接近于 0 连续增加到正常海水的数值。尽管河口是河流的入海口,但它们并非是简单稀释海水的场所,河口水体在咸淡水交汇时也会发生一系列的化学反应,包括颗粒物质的溶解、絮凝、化学沉淀以及黏土、有机物和污泥颗粒对化学物质的吸附和吸收。在如此复杂的水动力环境、化学、生物等自然生态环境下,河口区生态环境监测与常规海洋生态环境监测必然有一定的差异。

根据《江河入海污染物总量监测技术规程》(HY/T 077 - 2005),在河流入海污染物监测断面,COD 要求采用《水质化学需氧量的测定 重铬酸盐法》(GB 11914 - 89),硝酸盐采用《水质硝酸盐的测定 酚二磺酸分光光度法》(GB 7480 - 87),氨氮采用《水质氨氮的测定水杨酸分光光度法》(HJ 536 - 2009)。《海洋监测规程》(GB 17378.4 - 2007)对上述监测项目的方法分别是"碱性高锰酸钾法"、"镉-铜还原法"和"次溴酸钠氧化法"。两种方法在检测范围、检测目标物等方面不尽相同,检测结果差异很大。因此,通过河流、排污口等污染物总量监测的污染物,入海后难以监测出在海洋中的直接响应。

《河口生态系统监测技术规程》(HY/T 085 - 2005)规定以盐度 2 为界,分别选择地表水和海水检测方法。同一项目采用不同的检测方法时,检测结果会存在不同程度的差异,给河口水域环境质量的评价带来很大影响。因此,河口区参照海洋方法进行监测评价时,往往会产生河口上游的地表水(淡水)环境质量不超标,河口外(外海)海域环境质量不超标,而处于中间地段的河口水超标的"怪现象"。这是由于海水与地表水检测方法不统一,尚未建立起比较权威的专门针对河口区生态环境监测评价技术方法,对河口区监管带来很大困难。

海洋环境污染主要来源于陆地已经成为社会的共识,如渤海的 N、P、COD 和石油 4 种主要污染物有 82% 来源于陆地,由于农田大量化肥和工业化、城市化发展排出的大量污水(周晓蔚,2008),入海径流因为人类活动而呈现恶化状况,近岸海域近 70% 超过三类海水水质标准,并导致赤潮频繁发生。"十二五"期间,国家和沿海各省市都制定了污染物减排计划,如2011年12月15日,中华人民共和国国务院以国发〔2011〕42号印发《国家环境保护"十二五"规划》,要求"推进主要污染物减排,切实解决突出环境问题";浙江省制定了《浙江省海洋环境保护"十二五"规划》,"坚持海陆联动与区域协作原则以海陆统筹、区域联动为协作机制,加大沿岸污染源整治力度,严格控制陆源污染物向海洋排放",以及最近出台的《水污染防治行动》计划,都对陆源污染物的排放进行了明确限制。目前沿岸河口区大多处于较严重的富营养化状态,河口区最广受关注的陆源污染物为化学需氧量(COD)和营养盐类,江河入海水体中浓度最高的化学物质为COD类,其次是营养盐。因此COD和营养盐是长江口水生态环境评价的重要指标之一,也是政府职能部门监管河口区水域水体,实现海陆统筹目标的重点监测指标之一。但是,同为COD和营养盐指标,不同行业部门之间监测与评价的标准却大不相同,发布的各类"公报"结论也大相径庭。如长江口区域,每年的《中国海洋环境质量公报》中的评价结果均为"劣四类水体"或"严重污染",其结论是根据《海水水质标准》(GB 3097-1997)中的无机氮(硝酸盐氮、亚硝酸盐氮和氨氮之和)和无机磷的单因子评价结果得出的;对于地表水中监测出的入海总量排名第一位的COD,由于监测方法不同,海水评价结果始终符合Ⅰ类海水水质标准。而根据历年《上海市水资源公报》,青草沙水库所在的长江口南支水域一直保持在地表水Ⅱ~Ⅲ类标准,属于优质水源地,其结论主要依据《地表水环境质量标准》(GB 3838-2002)中的氨氮、总磷等指标的评价结果,造成了不同部门的公报结论之间存在"歧义"。

1.2 河口水域环境质量评价方法及存在问题

随着人们对沿岸生态环境科学认识的进步,目前国际上的海洋环境管理已经从以往单纯的海洋环境污染管理转变为海洋生态环境综合管理,并建立了海洋生态环境质量综合评价指标体系和相应的管理、监测体系(王菊英等,2010)。我国的海洋环境质量评价尚停留在基于不同介质(海水、沉积物、生物体)的污染评价,如国家海洋局发布的《中国海洋环境质量公报》中一直是各种介质的污染状况评价和分级内容。评价标准中未包含浮游和底栖生态系统结构和功能变化、富营养化和赤潮、滨海湿地等生态指标,也未包含稀释和冲刷能力(海湾、河口等)等水动力指标。而这些指标是海洋生态环境质量评价中必不可少的、最重要的评价指标。对于具有重要生态功能的河口水域环境质量评价方法主要存在以下问题:

(1)评价方法主要为单因子评价方法,缺乏咸淡水区域的统一评价方法

目前海洋河口环境质量评价主要采用单因子评价法,缺乏整体性和系统性的综合评价方法,使得评价结果缺少一定全面性,且由于海水水质标准与地面水环境质量评价标准存在明显的衔接问题,河口水域环境质量评价结果缺乏一定的客观性和科学性。

在海洋生态系统退化问题日趋严重的情况下,海洋环境监测评价的重心应从污染监测向生态监测转移。国际上,澳大利亚昆士兰政府实行了生态健康监测计划,美国的近岸海域监测实行了一套生态质量状况综合评价方法。国内目前在海洋环境质量综合评价方法上也开展了一些研究工作(潘怡等,2009;叶属峰等,2007),但尚无成熟的可应用于业务化工作的综合评价方法。

（2）河口和沿岸海域富营养化严重，未界定营养盐在环境质量评价中的贡献

东海区河口及近岸大部分海域常年存在无机氮和活性磷酸盐的严重超标现象，根据单因子评价结果，营养盐的超标掩盖了海域其他污染物的分布状况。为了解河口海域水体的富营养化程度，自 20 世纪 60 年代起，国内外学者就对海水富营养化评价方法进行了广泛而深入的研究，并提出了多种评价模型（王保栋，2005；纪焕红等，2008；江涛，2009；俞志明等，2011）。

国内对河口和沿岸富营养化的评价仍然采取全国统一的标准，未考虑区域环境差异，评价模型和方法尚停留在以营养盐为基础的第Ⅰ代评价体系，即根据无机氮、无机磷和COD 浓度计算富营养化指数的各种数学公式。根据目前业务化海洋环境业务化监测评价结果，河口及近岸海域的营养盐一直作为主要超标污染物，根据《2013 年中国海洋环境状况公报》，近岸海域主要污染要素为无机氮、活性磷酸盐和石油类（国家海洋局，2014）。但同时，营养盐作为重要生态指标，与其他环境污染物如重金属、石油类及其他有机污染物相比，其污染的环境影响具有本质不同。应根据营养盐在生态系统中的作用及影响情况，研究界定营养盐在环境评价中的贡献。

（3）对河口水域管理的理论和方法不足

根据历年《中国海洋环境状况公报》，多年的监测结果表明，我国海湾、河口及滨海湿地生态系统存在的主要生态问题是富营养化及氮磷比失衡、环境污染、生境丧失或改变、生物群落结构异常和河口产卵场退化等，主要影响因素是陆源污染物排海、围填海活动侵占海洋生境、生物资源过度开发。可见，河口的生态环境问题已不只是单纯的自然环境问题、工程建设问题或社会发展问题，而是由各种复杂的物理、事理、情理关系综合在一起的复合生态系统调控问题，牵涉到人的行为、体制和观念等问题，而这些问题的背后，凸显河口管理理论和方法的不足。

河口健康评价方法以河口生态系统状况为主线，着眼于建立河口状况变化与生物过程的关系，建立一种兼顾合理开发利用和生态保护的综合评估体系。河口健康研究突破了以往单纯利用理化指标表征水环境状况的局限性，强调从生态系统的角度客观地评估河口的健康状况，分析河口环境问题形成原因，是河口生态管理的基础和依据。我国关于河口健康评价理论与方法的研究尚刚刚起步，特别是由于对河口生态系统的基本特征缺乏深入了解，没有建立起河口生物群落与水质、栖息地、流量等因素之间的相互影响关系，目前尚未提出适用于我国的河口健康评价指标体系和评价方法，河口健康评价和管理方法的应用更是困难。

（4）海洋环境监测与评价产品尚不能直接与海洋环境管理挂钩

目前开展的海洋环境监测和评价项目较多，但其结果能直接为海洋环境管理提供依据的产品并不多，监测的项目越多，评价结果显示的污染状况就越严重，却不能综合考虑各类指标对区域海洋环境造成的总体影响。海洋保护区、海洋工程等的监测，并不能为管理提供依据，或者制定相应的环境保护措施。评价结果与管理需求之间存在差距，管理有需求的方面难以开展监测，开展监测的内容却出现不满足管理需求的状况。

为全面系统进行海洋生态监测与评价，加强陆海统筹与海洋生态监管，在总结过去20 多年海洋监测、分析、研究基础上，选择具有典型物种、海湾、河口等海洋生态代表性的

区域,建立了海洋生态监控区(Marine Ecological Monitoring and Controlling Areas, MEMAs)。国家海洋局自 2003 年开始考虑并于 2004 年起实行 MEMAs 制度。MEMAs 制度的设立,为开展海洋生态区划的研究起了先导作用,通过海洋生态区划提出不同区域 海洋生态主导功能,以及生态保护重点和对策,同时与海洋功能区划和主体功能区划相 衔接。

1.3 本书编著思路与框架

在多年的河口海域监测工作中,发现地表水环境与海洋水环境的监测与评价均自成 体系,唯独对过渡地带的河口区域缺乏针对性的监测与评价方法,基本是引用现有的地表 水和海水监测评价方法。但在水体性质上,河口海域与地表水和海水都不相同,导致了方 法的适用性不强,监测数据与评价结果不能为环境管理提供相应的支撑,反之,还可能导 致不同管理部门产生矛盾,引起公众歧义。

本书的编著,旨在建立一套适用于河口水域的检测和评价方法体系,且能与目前实行 的地面水环境质量监测评价体系、海洋环境质量监测评价体系相互兼容,结果可比,有效 衔接陆、海环境监测与评价结果。本书中所有检测与评价方法的示范应用均选择了长江 口水域,长江口水域为我国最大的河口水域,是 2004 年起划定的河口类 MEMAs,具备较 强的代表性。本节的研究成果可为国内其他河口区域的监测与评价提供有益的借鉴。

本书的编写思路如下:在充分总结目前国际上海洋河口监测评价案例和业务化工作 经验,对河口区水环境现状及变化趋势进行评价,进行水环境变化的致因分析,提炼出导 致河口区环境变化的关键水质指标,研究建立河口区关键水环境指标的检测方法,探讨建 立影响河口区水环境的主要评价指标体系,引进生态健康评价理论、富营养化评价模型等 并在长江口区进行应用试验,以期从多角度、全方位进行河口区水环境评价。以海洋可持 续发展为目标,基于生态系统管理的理念,结合国家海洋局职能,系统地构建海洋生态化 管理(Marine Ecological Management,MEM)的概念模式;以海洋生态化管理的内涵为出 发点,以海洋生态系统的特征为重点,结合监控的实践,开展海洋生态监控区(MEMAs) 设置原理和方法的指标体系及评价研究;并选择典型生态监控区位,开展应用验证。全书 共分为8章,各章节安排如下:

第1章 绪论,是全书的铺垫,对海洋环境质量检测内容与评价方法、管理目标等进 行概述,分析目前河口水域环境质量监测与评价中的主要问题,并概述本书的编写思路。

第2章 河口海域环境监测评价经验借鉴,选择了国际上的典型案例进行剖析,借鉴 国际上先进的海洋与河口监测评价方法经验,分析总结了我国海洋环境监测与评价业务 化工作中存在的问题,并参考借鉴其监测评价指标体系,提出了经验借鉴之处。

第3章 河口水域环境问题与致因分析,以长江口为例,对目前河口区环境变化趋势 评价及致因分析,总结出导致河口区域水体中环境问题的主要监测指标是营养盐,主要为 无机氮(硝酸盐氮、氨氮和亚硝酸盐)和无机磷等指标。

第4章 河口水域 COD 检测方法研究、第5章 河口水域硝酸盐氮检测方法研究、 第6章 河口水域氨氮检测方法研究,对陆海衔接中存在检测方法的问题指标,包括硝酸盐、氨氮和COD的检测方法研究,主要研究了盐度对各监测方法的影响,并最终推荐了适合河口区使用的监测方法,可为其他河口监测评价提供参考。

第7章　河口水域环境质量评价方法及其应用,对长江口水域环境质量综合评价方法开展探讨,根据长江口区与水体的特点和主要环境问题,建立了长江口水环境质量评价指标体系,为进一步开展河口区评价标准与方法研究奠定基础。开展海洋生态健康评价和富营养化评价模型在长江口区域进行试验性应用,作为目前单因子评价方法的补充和发展。

第8章　河口水域生态化管理技术研究,对海洋生态重要性区域(MEIAs)的区划方法研究,对长江口生态监控区的设定原则和方法进行了探讨,提出可操作性的管理建议和措施。

2 河口海域环境监测评价经验借鉴

2.1 概况

自 20 世纪 80 年代以来,各国对海洋环境监测与评价方法进行了不断探索和研究,取得了长足进展,海洋环境管理的趋势已从单纯的海洋污染管理发展到当前的海洋生态环境综合管理。相应地,海洋环境质量评价也从以往单一的污染状况评价(包括水质、沉积物和生物体)发展到水体富营养化评价、生态风险评价及海洋生态环境质量综合评价。目前,海洋环境质量评价,特别是综合评价是难点,尚无统一的方法和指标体系。本章节通过对国际上各国家探索并建立的海洋环境评价方法的分析比较,讨论案例的方法中关键问题和指标的确定方法和标准,以期为我国河口水域环境监测与评价提供一定的启示和借鉴。

2.2 我国海洋环境监测与评价现状

自 20 世纪 60 年代始,我国就对管辖海域实施全面海洋环境监测。1972 年,国家海洋局组织对中国沿海的环境污染进行监测,开始逐步建立海洋环境监测业务体系,并广泛开展了中国海域的环境监测与评价工作。1982 年,全国人大常委会通过了第一部涉及海洋管理的法规《中华人民共和国海洋环境保护法》(简称"海环法"),后经三次修订,即1999 年 12 月 25 日、2013 年 12 月 28 日、2014 年 3 月 1 日,已建立了较为完善的海洋环境保护法律法规体系。海洋环境监测的性质也从单纯的污染监测逐步发展到保护海洋生态系统健康监测以及规范人类活动监测等。

2.2.1 海洋环境监测指标体系

我国海洋环境监测指标体系现状是:

(1)海洋环境质量监测指标体系

水质:DO、化学需氧量、生物需氧量、无机氮、活性磷酸盐、总汞、铅、pH、铜、锌、镉、砷、石油类等。

沉积物质量:总汞、铜、镉、铅、砷、石油类、DDT、PCBs 等。

生物质量:石油烃、总汞、镉、铅、砷、666、DDT、PCBs 等。

海洋环境质量指标体系中仅开展了上述常规监测指标,尚未进行新型有毒有害污染物、病原体等作为海洋环境质量指标的可行性研究。

(2) 海洋生态系统健康监测指标体系

水环境:悬浮物、pH、营养盐(N,P)、叶绿素 a、盐度等。

沉积环境:硫化物、沉积物组分等。

生物残毒:Hg、Cd、Pb、As、油类等。

栖息地:生境面积、栖息地环境条件(土壤盐分、组成)。

生物:底栖生物、浮游动物、游泳动物、大型藻类、珊瑚、红树林等的生物量、密度、盖度等。

现有指标均针对我国近岸海域的典型生态系统或生态监控区,尚未建立针对区域海洋生态系统总体健康状况的指标体系。

2.2.2　海洋环境评价指标体系

海洋环境质量变化趋势评价技术一般采用年际监测结果的直接比较,大气污染物沉降通量年际变化趋势的灰色模型评价法。缺少适用于海洋环境质量时间、空间变化趋势评价的数理统计方法和模型以及海洋环境变化趋势预测技术。

海洋环境风险评价方面,已经采用单因子评价与多因子综合评价相结合的方法进行赤潮监控区环境综合风险评价;近岸沉积物潜在生态风险评价;海水浴场健康风险评价等。但在有毒有害污染物的生态风险评价技术和海洋环境风险评价模型的研究与应用方面还有所欠缺。

经过 30 多年的发展,我国海洋环境监测体系逐步建立并进入全面发展阶段,海洋环境评价体系逐步探索并迅速发展。近岸海洋生态系统面临巨大压力,海洋环境监测与评价工作面临巨大挑战,因而技术需求众多。我国的海洋环境监测与评价业务工作目前尚停留于提供基础数据和信息的阶段,并未直接转化为管理行为,广泛借鉴各方成果并在业务工作中进行检验和推广应用是海洋环境监测与评价快速健康发展的关键。

2.3　国际河口与近岸海域监测评价案例简介

本节引述了国际上典型河口与近岸海域管理、评价方法的案例进行分析,分别是"美国近岸海域监测与评价体系"、"欧盟水框架指令(EV Water Framework Directive,WFD)下的河口与近岸水体监测与评价"、"OSPAR 海域的管理与监测"、"澳大利亚昆士兰政府的生态健康监测计划(Ecosystem Health Monitoring Programme,EHMP)"和"加拿大缅因湾监测与评价"。上述案例监测目的明确,依其管理目标设定监测指标体系和评价方法,监测方案、指标体系、评价标准与方法清晰,具有较强的借鉴意义。归纳起来,目前的国际海洋环境监测与评价工作具有以下特点(王菊英等,2010):

(1) 重视海洋环境监测与评价方法体系的完善与统一。

(2) 重视水体富营养化的评估。

(3) 重视海洋环境生态状况的监测和综合评价。

(4) 重视入海污染源的监测与管理。

(5) 强调海洋环境监测与评价的区域特征。

(6) 强调海洋环境监测与评价的公众和社会服务功能。

2.3.1 基于流域水环境管理的《欧盟水框架指令》

"欧盟水框架指令"(WFD)建立了欧洲水资源管理的框架,于 2000 年 12 月 22 日正式实施。指令引入共同参与的流域管理模式,所有欧盟成员国以及准备加入欧盟的国家都必须使本国的水资源管理体系符合水框架指令(WFD)的要求,整个欧洲将采用统一的水质标准和排放标准,并采用最新的环保技术(针对点源污染)。

欧盟水框架指令具有明确的管理目标:① 防止水资源状况的继续恶化并改善其状态;② 促进水资源的可持续利用;③ 逐步减少初始污染物并停止初始有毒污染物的排放;④ 逐步减轻地下水污染;⑤ 减轻洪水与干旱的影响。此外,还致力于保护陆地和海洋水。

根据管理目标设计监测方案,设计过程中最关键的问题是确定监测内容、监测站点、监测时间和频率、监测方法。监测体系的设计包括了监视性监测、业务化监测和调查性(研究性)监测三种监测方式。其中监视性监测的结果应结合环境影响评价程序,来确定目前和将来流域管理计划中对监测计划的需求,评估和确定采取的环境管理措施和计划成效。监测要素包括生物质量参数、水文形态质量参数、物理化学质量参数、排入流域的优先监测污染物以及其他在该流域大量排放的污染物等。在发现环境影响因素后,已采取措施,消除产生重要影响的相关因素,则允许降低监测频率。业务化监测根据需要确定,一般为长期监测。监测水体包括处于点源污染压力下、具有环境风险的水体;处于非点源污染压力下、具有环境风险的水体;处于水文形态压力中的水体。监测要素主要是对生物要素实施监测,这些要素对污染压力是最敏感的。调查性监测主要对尚不清楚的污染源、尚未建立业务监测体系以及突发的污染事件进行调查。监测时间、频率、站位和监测指标,均需根据实际情况进行选择和确定。监测计划必须覆盖给出的每个质量参数。

WFD 的环境评价包括水环境和生物生态环境评价。水环境评价方法包括水体环境状态的分级和欧盟水质状态图表的绘制。将监测指标测定结果与相关的背景值作比较,然后根据互校后的分级阈值就可以将每一个参数的各个指标定级:优良、良好、中等、较差和极差。根据确定的分级阈值进行水体环境状态的分级,并用不同的颜色表示。最后提交的流域管理计划报告须包括以下内容:监测网络图、水体状况图(地表水体状况图、地下水体状况图)以及对监测系统准确度和精度的评估。

2.3.2 基于防治人类活动污染的 OSPAR 海域监测与管理

奥斯陆-巴黎协议(OSPAR Agreement)是东北大西洋沿岸 15 个国家和欧共体共同签订的协议,其主要内容是将有关海洋倾废的奥斯陆协议和有关陆源污染海洋环境的巴黎协议的最新内容相结合。OSPAR 协议认为人类活动是海洋环境遭受污染和破坏的主要原因,5 个专题战略中均详细描述了人类活动可能产生的影响,其主要工作方针是以生态系统的方法对人类活动进行管理,以保护海洋环境免受人类活动的影响。具体工作内容分为 6 个部分：

(1) 海洋生物多样性、生态系统的保护和养护。

(2) 富营养化。

(3) 有害物质。

(4) 放射性物质。

(5) 海上开发活动(主要是海上油气开发)。

(6) 对海洋环境质量以及污染物入海现状和变化趋势的监测与评价。

其中(1)～(5)为 OSPAR 海域的主要环境问题设置的五大专题战略。

协议的总体目标是各签约方应采取一切可能的方法以防止和消除海洋环境污染,并采取必要的措施以保护海洋环境免受人类活动的影响,最终达到保护公众健康、养护海洋生态系统的目的。每个专题战略的目标为：

(1) 生物多样性和生态系。生物多样性和生态系战略的总体目标是为了保护海洋生态系统免受人类活动的影响,并且针对目前已严重受损的生态系统采取必要的修复措施。

(2) 富营养化。富营养化战略的最终目标是到 2010 年实现无富营养化问题的健康海洋环境的目标。

(3) 有害物质。有害物质战略的中长期目标是到 2020 年以前停止有害物质向海洋环境的输入。

(4) 海上油气开发业。以海上油气开发业为代表的海上开发活动直接影响了海洋环境质量,OSPAR 的最终目标是消除海上开发活动所带来的污染和非污染环境问题。

(5) 放射性物质。放射性物质战略的总体目标是到 2020 年实现放射性物质浓度接近背景浓度水平。

为实现协议的总体目标,OSPAR 的监测及资料收集体系包括：

(1) 参数的空间分布,包括各种物理、化学、生物和其他参数,例如人口统计学,人类活动的范围和规模及其海洋环境效应,其他物种的分布和数量。

(2) 确定时间变化趋势,作为评价管理措施有效性的工具,或采用适宜的指示物来评价海洋环境质量的变化和可变性。

(3) 在人为压力和所观测到的环境效应及海洋环境的其他变化间建立相关关系。

资料的来源主要包括：① 重复测定海洋环境各介质(包括水、沉积物和生物体)的质量和海洋环境的综合质量;② 重复测定自然变化及人为活动向海洋输入的、可能会对海洋环境质量产生影响的物质和能量;③ 重复测定人类活动所产生的环境效应。

对 OSPAR 海域及其下属海区的环境质量进行综合评价,即对特定海域及沿海地区的环境健康状况进行综述。包括对区域水动力、化学、栖息地和生物等状况的分析,并全面评估人类活动在一定时空尺度上对具天然变动性的环境要素背景值的影响。人类活动对海域影响的方方面面均要涉及,包括污染物、营养盐和放射性物质的排放和迁移转化,包括通过邻近海域、河流或大气沉降进入目标海洋环境的物质;还应包括污染物、营养盐和放射性物质的输入量、输入浓度和环境效应、倾废、海上交通运输、生物和非生物资源的开发。此外,管理措施的有效性评估、海洋环境保护规划、采取行动的优先顺序等,也应被包括其中。

2.3.3 基于生态状况评价的美国近岸海域监测与评价

美国近岸区域不到 1/5 的土地生活着超过半数的人口，环境压力巨大，对近岸环境资源造成严重的威胁。为了对不断变化的近岸资源状况做出可靠的评估，美国环保署定期编制全国近岸海域环境质量状况的综合报告。美国近岸海域按照 6 个地理分区开展监测与评价，分别为：东北沿海地区、东南沿海地区、墨西哥湾沿海地区、西部沿海地区、五大湖以及阿拉斯加、夏威夷和岛屿区域。

美国近岸海域评价指标体系主要包括 5 类指标：水质指标、沉积物质量指标、底栖生物指标、近岸栖息地指标、鱼/贝类体内污染物指标。使用这 5 类指标表征近岸海域区域特性时，采取以下两个步骤：① 对单个站点的各项指标进行分级。分级标准根据现有标准、文献或指南中的阈值来确定。② 根据区域内各站点的指标等级来确定区域等级。美国近岸海域综合评价以总体状况为目标，各类评价因子无主次之分，使用统一的评价标准，具有较好的可操作性。

1) 水质指标与分级标准

采用水质指标的目的是为了表征急剧恶化的水质状况，水质指标包括 5 项，溶解无机氮、活性磷酸盐、叶绿素 a、水体透明度和 DO。按照相应的分级标准，将 5 项指标分为"良好"、"一般"和"较差"三个等级。根据单个站位中各项目等级情况，确定单个站位的等级，分为"良好"、"一般"、"较差"和"指标缺失"四类。最后根据各等级站位比例确定区域质量等级，也分为"良好"、"一般"和"较差"三个等级。

2) 沉积物指标与分级标准

表层沉积物理化特性会对底栖生物具有一定影响。沉积物指标 3 项：沉积物毒性、沉积物中污染物含量和沉积物中 TOC 含量。沉积物毒性采用受试生物端足类生物的存活率确定沉积物毒性，沉积物污染物包括重金属和部分有机化合物。沉积物质量分级标准方法与水质一致。

3) 底栖生物指标及分级标准

底栖生物在生态系统中具有重要作用，其迁移能力较差，无法规避环境问题，常被作为环境指示生物。对于每个站位，用底栖生物多样性代替底栖生物指标，以弄清底栖生物多样性是否随盐度或沉积物中的泥沙和黏土的含量而变化。依据分级标准确定站位和区域的底栖生物指标等级，过程类似于水质评价。在特定盐度下，如果底栖生物指标分值小于预计的底栖生物多样性的 75%，那么底栖生物指标被确定为较差。

近岸湿地是河口生态系统的水陆交界并有植被覆盖的区域，湿地生态环境对鱼类、贝类、候鸟和其他野生动物至关重要，湿地通过过滤生活、工业和农业废水改善地表水环境。通过求算全美各区域的近岸湿地近 10 年间的变化率以及 1780～1990 年间的长期 10 年湿地下降率，将这两项湿地面积下降率的平均值乘以 100，得出区域近岸栖息地指数，全国的近岸栖息地指数就是各区域的近岸栖息地指数的加权平均，该值可反映每个区域现有湿地分布范围。根据近岸栖息地指数评价，小于 1.0 的为良好，1.0～1.25 的为一般，大于 1.25 的为较差。

4) 保护人类食用安全的评价体系

污染物可以通过多种途径进入海洋生物体内，一旦污染物进入生物体，就会保留在动物组织内,并逐步积累起来。因此,鱼/贝类体内污染物含量评价结果可用来对人类使用功能进行评估。按每月 4 次,每次 80 g 的食用量计算,如果某个站点的鱼/贝类体内污染物浓度超过非致癌风险指南的浓度标准,这个站点的人类使用功能受到损害;如果污染物浓度处于非致癌风险指南的浓度标准范围内,被评估为人类使用功能受到威胁;如果污染物浓度低于非致癌风险指南的浓度标准,则人类使用功能未受到损害。根据单个站点的鱼/贝类体内污染物指标的分级标准确定站位等级,再根据站位等级比例来确定区域污染物指标的等级。

2.3.4　基于河口生态健康的澳大利亚 EHMP 监测计划

澳大利亚 EHMP 监测计划是对 18 个主要流域、18 个河口及莫顿湾开展的生态健康监测计划,是澳大利亚目前开展的最全面的海湾、河口和流域监测计划之一,旨在评估改善和保护水生生态系统管理行动的有效性。此计划使用生态健康生物学和理化指标来确定水域的健康程度,对监测区域逐一进行了环境生态系统区域性评价,分析水域健康状况的变化趋势。计划是根据可度量的特征来定义生态健康,健康的河口/海湾生态系统应具如下特征:① 维持生态系稳定、可持续发展的关键过程运行良好;② 受人类活动影响的区域未扩展,或者环境质量未继续恶化;③ 重要的栖息地保持完整。

EHMP 河口和海湾的生态健康是采用传统的水质参数,并辅以生物指标来进行评价。在所监测的河口及海湾共设置了 248 个站位,其中水质参数每月测定一次,而生物指标的采样频率则根据指标特点的不同而不同。监测结果给出了水生生态系统对人类活动(如流域的人为改变、点源排放)响应的评价结果,同时将自然过程的变动,例如降雨,也考虑在内。

EHMP 计划实施区域为昆士兰东南部河口/海湾,自然环境具有多样性,包括国际知名湿地、莫顿湾的沙岛等特征栖息地。昆士兰东南部是澳大利亚人口增长最为迅速的地区,人口的增长使自然资源,例如莫顿湾、沙滩及内陆水道娱乐性功能使用压力上升,从而使自然环境(尤其是自然水域)面临更大的压力,很多流域受营养盐和沉积的影响较大。

EHMP 计划监测指标包括理化指标和生物指标,理化指标每月测定一次,包括以下项目:浊度、DO、盐度、pH 和温度的垂直分布特征;水体透明度;过滤表层海水,测定叶绿素 a 含量;营养盐:总氮、总磷、氮氧化物、氨和活性磷酸盐。生物指标中海草深度范围:每年两次,共 18 个站位;珊瑚盖度:每年一次,共 5 个站位;大林氏藻分布:遥感数据。

河口和海湾区域健康等级评价结果的等级划分是综合生态健康指数(EHI)和生物健康等级(BHR)并且辅以专家评判的结果确定的,最重要的步骤是计算每个区域的生态健康指数(EHI,以权重 0.8)和生物健康等级(BHR,权重为 0.2)。生态综合等级的表现形式为"优"、"良"、"一般"、"差"和"数据不足,不能给出结论"。

2.3.5　基于环境污染趋势性评价的加拿大缅因湾监测与评价

缅因湾位于大西洋西北部,是加拿大和美国之间的一个半闭海,东北通芬迪湾,南部连接大西洋,湾内最大水深 200 m,自然环境好,又有陆上径流注入,鱼类资源丰富。由于缅因湾特殊的地理位置和环境状况,全海湾监测面临较大的困难:

（1）缅因湾流域面积大。流域面积超过 165 185 km^2，湾内面积超过 90 700 km^2，监测的困难之一是如何确定监测指标、监测站点及监测频率。

（2）污染来源广泛。进入湾内的河流有 60 条，污染物还可通过大气、地表径流及其他来源进入海湾。

（3）人口多。大约有 600 万人居住在此流域，且仍在迅速增长。土地和水资源正面临巨大的压力。

（4）资源管理共享问题。美国和加拿大政府部门面临着合作交流时资源共享的问题，在管理优先权上存在着分歧。

1989 年 10 月，保护海湾生态系统、自然资源及环境质量的缅因湾监测委员成立，负责缅因湾环境监测计划。自 1993 年起，通过分析测定紫贻贝（*Mytilus edulis*）体内的污染物，来评估缅因湾近岸水体中污染物的种类和浓度。由此启动了海湾监测计划来监测整个海湾的化学污染，以紫贻贝作为指示生物，来确定海湾中的污染状况，为缅因湾海洋环境质量、公众健康现状、趋势及风险评价，及对管理措施的效率评估提供基础资料。

监测计划的采样站点分为 3 种类型：监测基准站（每年采样一次）；多年监测站（每 4～6 年采样一次）；轮流监测站（每 3 年采样一次）。样品的采集和处理要遵循标准化的方法，采样时间为每年的秋季。从 1993 年起，海湾监测项目已经沿着马萨诸塞、新罕布什尔、缅因、新不伦瑞克和新斯科舍省的海岸布设了 30 多个站位。

每年秋天，采集缅因湾周边 38 个基准站位的紫贻贝样品，分析贝类软组织中的各种污染物。在特别的年份再另外采集其他站位（多年站和轮流站）的样品，用于海湾监测的污染要素的分析，监测指标包括多环芳烃（PAH，12 种低分子质量和 12 种高分子质量的多环芳烃）、多氯联苯（22 种 PCB 单体）、有机氯类农药（16 种有机氯农药）和 9 种重金属。数据可显示污染物浓度的空间分布趋势，也可显示污染物浓度的时间变化趋势，并进行时间序列分析。

2.4 监测评价方法借鉴与启示

2.4.1 准确了解和科学把握区域生态环境特征与压力

从国际上各河口、海湾的监测与评价体系分析，了解区域环境背景情况（本底和基线）是提出监测与评价计划的前提和基础。如美国近岸海域监测方案中，按照不同的大海洋生态系，将全国近岸海域分为 6 个区域分别进行监测；在密西西比河口，根据 20 世纪以来，主河道形态的变化、流域景观的改变以及人类活动所造成的氮和磷含量的增加，导致水质的显著变化的情况，开展了河口区富营养化监测、营养盐结构变化监测及对带来的生态变化进行监测与评价，并根据监测结果预测环境变化趋势，提出管理对策。OSPAR 组织机构认识到人类活动对海洋环境遭受污染和破坏，在 5 个专题战略中均详细描述了人类活动可能产生的影响，包括：

（1）自然因素，如气候变化；

（2）经济因素，如污水排海量的增加，工农业结构的调整等；

（3）OSPAR 协议未包含的其他直接压力等。认为有必要对 OSPAR 海域的环境质量进行长期、全面和系统的监测与评价，为规范人类活动、削减陆源污染物的入海量、保护海洋生物多样性、改善和修复海洋生态环境、保护公众健康提供科学依据。

此外，环境质量背景也与评价标准的制定息息相关，欧盟"生态状况评价综合方法"即使用类型专属的背景值作为参考基准，不同类型的区域分别具有不同的背景值。

2.4.2　制定河口区域环境评价目标

生态系统健康是水环境管理的目标。河口和沿岸海域生态环境质量综合评价方法的制定应反映各国河口和沿岸海域的特点和国情。欧盟水框架指令建立了欧洲水资源管理的框架，其主要目标如下：

（1）防止水资源状况的继续恶化并改善其状态。

（2）促进水资源的可持续利用。

（3）逐步减少初始污染物并停止初始有毒污染物的排放。

（4）逐步减轻地下水污染。

（5）减轻洪水与干旱的影响。

"欧盟水框架指令"还致力于保护陆地和海洋水，要在 2015 年以前实现欧洲"良好的水状态"。因此，"欧盟水框架指令"的有效实施需要对水质与水量进行综合分析。OSPAR 海洋环境保护的总体目标是各签约方应采取一切可能的方法以防止和消除海洋环境污染，并采取必要的措施以保护海洋环境免受人类活动的影响，最终达到保护公众健康、养护海洋生态系统的目的。此外，对于海洋环境受到严重破坏的海域，应采取切实可行的修复措施。澳大利亚昆士兰 EHMP 监测计划的实施旨在评估改善和保护水生生态系统管理行动的有效性。根据可度量的特征来定义生态健康，健康的河口/海湾生态系统应具如下特征：

（1）维持生态系统稳定、可持续发展的关键过程运行良好。

（2）受人类活动影响的区域未扩展，或者环境质量未继续恶化（如随污水排海的氮扩散范围未继续增大）。

（3）重要的栖息地（如海草床）保持完整。

纵观国际上海洋环境评价计划目标，一般以典型生态系统为基础，环境敏感区或环境压力为重点，建立管辖海域海洋环境质量综合评价方法体系，科学客观评价管辖海域海洋环境质量和生态系统的状况及变化趋势，诊断典型海域海洋环境的主要生态问题及其成因，最终为满足区域海洋业务化管理需求。

制定长江口水域监测评价目标，为推动以区域海洋经济发展为核心，以持续有效地开发利用海洋资源、促进海洋经济快速健康发展为指导，科学评价海洋资源的变化趋势和开发利用潜力，期为上海市海洋空间开发利用、海洋经济可持续发展、海洋防灾减灾、海洋行政管理等提供科学依据。

2.4.3　确定评价指标体系

环境评价指标体系，就是确定水环境健康的指标体系。在评价方法的科学思想方面，以生物学质量要素为主、无机环境要素为辅的评价体系更能反映海洋生态环境质量的实质，因而似乎更科学、合理。应调整现有的海洋环境监测体系和方法，建立相应的海洋生态环境综合监测和管理体系。

本书中列举的国外河口及近岸海域生态环境质量综合评价方法均属多参数评价体系，能比较全面地评估河口和沿岸海域的生态环境质量，可反映对河口和沿岸海域生态环境问题的认识水平和科学研究水平现状。在科学思想和评价体系等方面大体相似，均包括生物学质量要素和物理化学要素等。

长江河口区监测与评价指标体系确立，建议从以下4个方面入手：

（1）筛选表征海域及敏感功能区的海洋环境质量、海洋生态系统健康、海洋富营养化和海洋生物质量状况及变化趋势的评价因子。

（2）结合数值模拟、数理统计方法与区域特点确定监测站位和频率。

（3）确定与周边地区相邻海域的环境监测要素及监测边界。

（4）筛选能反映海洋环境状况的生物指示种或与人体健康相关的生物标志物。

2.4.4　确定评价指标标准

评价标准是评判环境优劣的尺度，通过评价标准，才能与环境管理行为相挂钩。但海洋环境监测评价工作发展至今，尚无一整套全面、系统的评价标准体系。因此，在选用评价标准方面，可以从以下方面考虑：

（1）充分利用我国现有的有关标准。20世纪80年代，我国海洋环境质量评价三大依据：《海水质量标准》、《海洋沉积物质量》标准、《海洋生物质量》标准，其他质量评价与污染控制标准（国家标准与行业标准）等。

（2）国内尚未颁布标准的，可借鉴国外较成熟评价标准。如美国近岸海域监测评价分集标准体系，分为针对水生生物使用功能的评价标准体系和保护人类食用安全的评价标准体系；澳大利亚生态健康监测计划（EHMP）开展的最全面的海湾、河口和流域监测对18个主要流域、18个河口及莫顿湾逐一进行了环境生态系统区域性评价，分析水域健康状况的变化趋势。OSPAR海域东北大西洋海洋环境的综合评价（CEMP）采用背景浓度和环境评价准则，2004年开始，在OSPAR/ICES评价工作组的指导下CEMP项目开始采用背景浓度BC、背景评价标准EAC和环境评价标准EAC，以代替原来所采用的环境参照标准。

（3）对于均无标准的监测项目，可根据研究区域的长时间监测数据序列分析统计，确定标准。根据目前海洋环境管理需求，建议根据我国不同海洋生态区不同营养级的生物为对象，开展典型与特征污染物的生态毒理学试验，建立毒理学数据库，构建海水、沉积物和生物质量基准库，并全面修订三大海洋环境质量评价标准，建立综合质量评价体系。拟定适合各区域特点的评价标准，提出长江口水质评价标准在陆海不相适应性的解决方案。

2.4.5　研究制定区域评价方法

在评价的具体方法方面，应具有较好的可操作性，但同时也应考虑到不同区域类型和系统类型之间的差异,根据区域的差异性,制定具体有针对性的监测与评价计划。美国近岸海域根据不同的生态系统,将近岸海域划分为 6 个区域;欧盟"生态状况评价综合方法"将不同类型的河口和沿岸海域采用类型专属的参考基准,根据不同类型的区域分别有不同的背景值。

分析水质的单因子评价和各类综合评价方法,用于地面水、混合水和海水的矛盾问题,以及标准的适用性分析。讨论河口区水质环境的管理目标,以及水质环境标准与管理的关系。根据海洋自然环境特点和生态区系,将上海海域分为长江口内区域、口外区域和杭州湾北岸进行分区评价。

基于海洋生态环境现状、演变过程和发展趋势,应用水动力数值模拟技术、遥感技术和现场补充调查等的方法,结合国内外现有的评价方法,对各环境敏感功能区开展海洋环境质量评价、生态系统健康评价、富营养化评价和生物质量的定量化评价,并把海岸带综合承载力评估和生态环境质量遥感评价等最新研究成果应用于海洋环境综合评价中。

依据海洋功能区的要求和区域环境特点,制定海洋环境质量标准和生态评价标准,通过有效性评估和示范验证,完善各评价区综合评价方法体系。建立各评价海域及敏感功能区和重点工程区的精细化评价方法;建立外来物种生态安全评价方法;通过对评价方法、标准和监测方案开展不少于两个季度的示范验证,系统优化东海区监测方案。

我国海域主要污染物为营养盐(N、P),应建立海洋富营养化监测与评价战略,并考虑区域环境特点,开展我国近岸海域富营养化专项监测与评价,评价要素的区域环境背景值研发,确定区域评价标准;关注污染物(优先控制污染物)、介质(沉积物和生物体),加大海洋沉积物和生物体内污染物的监测力度,深化贻贝监测工作,更新监测指标,改进评价方法与技术体系,完善海洋环境质量综合评价体系。开展海产品食用安全性评估,我国现有的"海洋生物质量标准"更多反映海洋环境偏离本底和背景状况的程度,但所含人体健康风险和食用安全信息相对较少,建议建立与人体健康相关的食用安全阈值。

2.4.6　编制区域的中长期监测与评价计划

本章中引述了欧盟、美国、加拿大、澳大利亚等发达国家和海洋环境保护组织在海洋环境监测与评价领域中的最新工作进展,有所侧重地剖析了它们各自的海洋环境管理框架、监测计划和评价方法。

各监测体系基本都包括环境趋势性变化的评估。在趋势性评估过程中,数据的累积和来源非常重要,美国近岸海域监测与评价计划、OSPAR 海域监测与评价计划、澳大利亚的河口/海湾监测等项目中,都是收集了众多年份、众多不同来源的数据,并进行了充分的筛选。因来源不同,数据的可比性较差,对趋势性评价的准确性也有一定影响。

对海洋环境趋势性变化的评估,分析环境特征与变化趋势,是环境管理中的重要内容和依据,各国较成熟的监测评价体系中,都制定了相应的监测计划,并长期实施。为保证趋势性评估的准确性和科学性,需确保数据的连续性、准确性和可比性。应依据区域特点,认清关键区域的关键要素,长期稳定的监测站位和指标体系是必需的。

2.5 小结

本章对我国目前的监测与评价现状进行了简要分析,对国际上各国家探索并建立的海洋环境评价方法案例的分析比较,讨论案例的方法中关键问题和指标的确定方法和标准,为我国河口水域环境监测与评价提供一定的启示和借鉴。

国内外海洋环境监测与评价方法研究进展,总体上表现出以下 4 个特征:

(1) 海洋环境质量的监测指标体系构建是核心,而评价标准的确定是关键。

(2) 对海洋环境质量进行综合评价是当前的海洋生态评价的发展方向,其结果是对变化趋势的总体判断,但往往会掩盖或忽略很多细节,而单项评价是目前海洋环境质量评价的重点所在,其结果能体现出总体变化趋势的某个具体致因,是综合评价的补充与完善。

(3) 越来越注重海洋过程的监测与评价,以及海洋环境质量评价产品的表达与社会效益。

(4) 生态系统健康是海洋环境管理的目标,不仅监测,调控才是海洋环境质量管理的终极目标。

通过分析比较国内外海洋环境监测与评价技术进展情况,以下经验可供我国河口水域监测与评价工作借鉴:

(1) 准确了解和科学把握区域生态环境特征与压力。

(2) 制定河口区域环境评价目标。

(3) 确定评价指标标准确定评价指标体系。

(4) 确定评价指标标准。

(5) 研究制定区域评价方法。

(6) 编制区域的中长期监测与评价计划。

引用的典型案例还为长江口水域环境综合评价指标体系的确立提供了直接参考。

3 河口水域环境问题与致因分析

3.1 概况

本章以长江口海域为例,评价河口区域水环境现状、变化趋势、环境问题与致因分析。长江口海域目前海洋污染形势严峻,生物资源衰退明显,流域污染物排海量仍在增加,河口及其邻近海域环境没有得到根本性改善。据调查,长江口及其邻近海域已成为我国污染最严重的水域之一,营养盐含量与 20 世纪 60 年代相比增加了 7～8 倍,中度和严重富营养化海域面积有扩大趋势,水域污染包括农业污染、生活污水污染、港口船舶污染,造成近海生物多样性有所降低,导致渔场资源量逐年减少,鱼汛期缩短,优质鱼类品种数量锐减,海洋资源和环境承载力有所下降。

3.2 数据源和评价

本章数据来源于国家海洋局东海环境监测中心 2000 年至 2013 年的长江口区域大面监测数据,具体范围为 30°30′～32°00′N,121°00′～123°10′E 的矩形区域(图 3.1),水域面积为 1.72 万 km²。对长江口水域进行分析评价,其中主要包括长江口水域水质环境现状评价,历史评价,变化趋势分析以及综合评价;并对以下功能区进行评价:

(1)海洋自然保护区:金山三岛、九段沙湿地和崇明东滩。

(2)重大海洋工程区:东海大桥。

(3)围填海工程区:奉贤。

(4)滨海旅游度假区:金山和奉贤。

(5)江河入海污染物:徐六泾和吴淞口。

长江口水域水质环境现状评价和功能区评价的站位分布状况见图 3.1,历年长江口水域水环境指标、航次和站位数见表 3.1,不同数据源(功能区等)的年限、站位数和航次等情况见表 3.2。

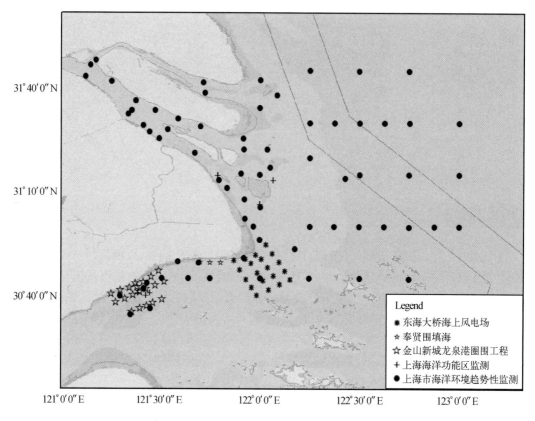

图 3.1 水质环境和主要功能区监测站位示意图

表 3.1 2000～2011 年长江口杭州湾海域水质环境指标、航次和站位数

年份	2000	2001	2002	2003	2004	2005	2006	2007	2008	2009	2010	2011
站位数	18	18	60	145	40	41	59	73	67	86	86	70
监测航次（月份）	2、5、8	5、8、11	5、8、11	2、5、8、11	2、5、8、11	2、5、8、11	2、5、8、11	2、5、8、11	2、5、8、11	2、5、8、11	5、8	5、8
指标	DO、CODMn、氨-氮、无机氮、活性磷酸盐、总氮、总磷、油类、汞、铜、铅、镉、砷											
备注	指标缺少的年份：2000～2006 年的总氮、2000～2005 年的总磷、2010 年的铜											

表 3.2 不同数据源的年限和站位数

数据来源	长江口杭州湾水质环境	海洋自然保护区	重大海洋工程区	围填海工程区	滨海旅游度假区	江河入海污染物
年限（年）	12(2000～2011)	1	1	1	1	6（2005～2010）
航次数	2～4	2	1	2	7	3～4
监测月份	2、5、8、11	5、8	9	5、8	4～10	2、5、8、11
站位数（个）	18～145	11	20	3	16	10
水期	汛期/非汛期	汛期/非汛期	汛期	汛期/非汛期	汛期/非汛期	汛期/非汛期
备注	有些专题数据年限较多，年份间的站位数和调查航次是有差异的					

3.3　长江口水域环境质量现状

3.3.1　水环境质量总体评价

表3.3给出了2013年5月份和8月份长江口水域水质要素统计结果。从表中可以看出：

表3.3　2013年长江口水域水质要素统计结果

监测项目	5月份			8月份		
	范围	平均值	评价结果	范围	平均	评价结果
COD_{Mn}(mg/L)	0.35～3.61	1.4	Ⅰ	0.17～3.21	1.31	Ⅰ
DO(mg/L)	5.74～11.6	8.36	Ⅰ	2.12～13.2	6.34	Ⅰ
活性磷酸盐(mg/L)	0.006 5～0.083	0.043 5	Ⅳ	0.001 2～0.102	0.043 8	Ⅳ
无机氮(mg/L)	0.1～2.48	1.18	劣Ⅳ	0.01～2.62	1.4	劣Ⅳ
硅酸盐(mg/L)	0.08～2.79	1.53	/	0.1～3.25	1.91	/
总氮(mg/L)	0.1～3.63	1.68	超标	0.154～3.7	1.85	超标
总磷(mg/L)	*～0.99	0.24	超标	0.018～1.06	0.23	超标
汞(ng/L)	5.34～131	24.1	Ⅰ	*～82	30.4	Ⅰ
砷(μg/L)	0.65～3.35	1.71	Ⅰ	1.03～2.92	1.97	Ⅰ
镉(μg/L)	*～0.1	0.030	Ⅰ	*～0.15	0.043	Ⅰ
铬(μg/L)	*～0.99	0.17	Ⅰ	0.128～0.739	0.26	Ⅰ
铅(μg/L)	*～4.04	1.15	Ⅱ	0.12～4.79	1.00	Ⅰ
铜(μg/L)	*～8.7	1.20	Ⅰ	*～9.37	1.85	Ⅰ
锌(μg/L)	*～21.1	8.06	Ⅰ	*～17.2	5.91	Ⅰ
油类(μg/L)	*～463	52.6	Ⅲ	6.69～73.7	20.7	Ⅰ
总有机碳(mg/L)	1.01～2.68	1.86	/	0.62～3.29	1.51	/
Chla(μg/L)	0.05～4.13	0.42	/	0.04～21.1	0.79	/

注："*"表示未检出，"/"表示无评价结果。

5月份，长江口水域化学需氧量（COD_{Mn}）、溶解氧（DO）、总汞、砷、镉、铬、锌和铜指标符合第一类海水水质标准；铅符合第二类海水水质标准；油类符合第三类海水水质标准；营养盐类仍是长江口水域的主要污染物，活性磷酸盐符合第四类海水水质标准，无机氮的含量均超第四类海水水质标准。

8月份，长江口水域 COD_{Mn}、DO、总汞、砷、镉、铬、锌、铜、铅和石油类指标符合第一类海水水质标准；营养盐类仍是长江口水域的主要污染物，活性磷酸盐符合第四类海水水质标准，无机氮的含量均超第四类海水水质标准。

3.3.2　污染面积

以长江口水域的主要污染物无机氮作污染类型分布图，如图3.2和图3.3所示。

5月份，整个1.72万 km^2 的长江口水域中，符合第一类和第二类海水水质标准的海域面积占4%；符合第三类海水水质标准的海域面积占8%；符合第四类海水水质标准的海域面积占13%；劣四类海水水质标准的海域面积占75%。

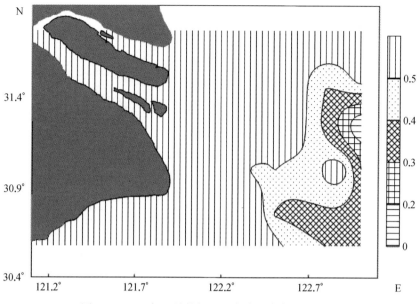

图 3.2　2013 年 5 月份长江口水域污染类型分布图

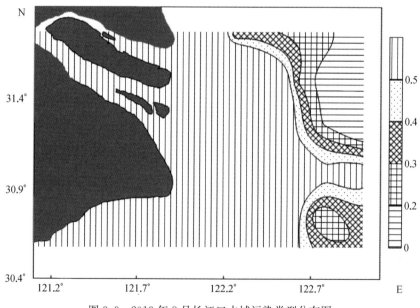

图 3.3　2013 年 8 月长江口水域污染类型分布图

8 月份,整个 1.72 万 km² 的长江口水域中,符合第一类海水水质标准的海域面积占 8%;符合第二类海水水质标准的海域面积占 6%;符合第三类海水水质标准的海域面积占 7%;符合第四类海水水质标准的海域面积占 5%;超第四类海水水质标准的海域面积占 74%。

比较 2013 年 5 月份和 8 月份污染面积,结果表明,符合第一类和第二类海水水质标准的海域面积 5 月份小于 8 月份,而符合第三类和第四类海水水质标准的海域面积 8 月份明显小于 5 月份,而劣于第四类海水水质标准的海域面积两个月份相差不大。

3.3.3　功能区评价

根据上海市海洋功能区划总图(图 3.4),长江口海域主要海洋功能区包括农渔业区、港口航运区、工业与城镇建设区、矿产与能源区、旅游娱乐区、河口海洋保护区、特殊利用区和保留区。本小节是针对上海市海洋功能区划(图 3.4,表 3.4)进行环境保护管理目标的评价,主要侧重水质环境保护管理目标的达标状况;而长江口水域及其典型功能区水环境的现状评价主要侧重从海水(或地表水)水质标准的角度进行水质状况的评价。

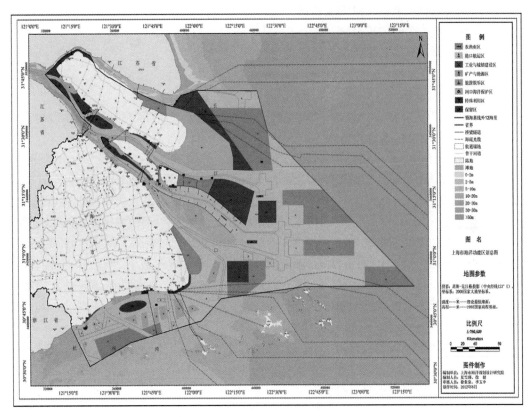

图 3.4　上海市海洋功能区划总图(后附彩图)

表 3.4　海洋功能区类型及水质环境保护管理目标

代　　码	名　　　称	水　　质
1	农渔业区	Ⅱ～Ⅲ
2	港口航运区	Ⅲ～Ⅳ
3	工业与城镇建设区	Ⅱ～Ⅲ
4	矿产与能源区	Ⅱ～Ⅳ
5	旅游休闲娱乐区	Ⅱ～Ⅲ
6	海洋保护区	Ⅱ
7	特殊利用区	Ⅱ～Ⅲ
8	保留区	Ⅱ

依据海洋功能区类型及环境保护目标管理(表 3.4)*,只有长江口外 122°30′以东的部分港口航运区是达到了环境保护目标,其他功能区由于受无机氮浓度的影响,基本都不能达到功能区环境保护目标。

3.3.4 典型海洋功能区水环境质量评价

根据《上海市海洋功能区划》(图 3.4),对上海市主要海洋功能区开展环境评价,研究典型海洋功能区的水环境特点。典型功能区包括:

(1) 自然保护区:金山三岛、九段沙湿地、长江口中华鲟、崇明东滩鸟类自然保护区。
(2) 重大海洋工程区:东海大桥区。
(3) 围垦区:奉贤围填海区。
(4) 旅游区:金山和奉贤滨海旅游度假区。

1. 海洋自然保护区

上海市主要的海洋自然保护区包括金山三岛海洋生态自然保护区、九段沙湿地自然保护区、上海市崇明东滩鸟类自然保护区和长江口中华鲟自然保护区。

金山三岛海洋生态自然保护区成立于 1993 年 6 月 5 日,该保护区位于杭州湾北部,坐落在上海市金山县,距离金山嘴海岸约 6.6 km。由核心区(大金山)和缓冲区(小金山岛、浮山岛以及邻近 1 km 范围内的海域)组成。该区主要保护对象为典型的中亚热带自然植被类型树种,常绿、落叶阔叶混交林,昆虫及土壤有机物,野生珍稀植物树种,近江牡蛎等。

九段沙湿地自然保护区位于长江口外南北槽之间的拦门沙河段,东西长 46.3 km、南北宽 25.9 km,由上沙、中沙、下沙、江亚南沙及附近浅水水域组成,东濒东海,西接长江,西南、西北分别与浦东和横沙岛隔水相望,总面积 420.0 km²。九段沙湿地是长江口地区唯一基本保持原生状态的河口湿地,是中国自然生态保护网络的重要组成部分。其优良的自然条件,为多种生物提供了优越的生活、生长环境。

上海市崇明东滩鸟类自然保护区位于长江入海口,崇明岛的东端,主要由团结沙外滩、东旺沙外滩、北八滧外滩、潮间带滩涂湿地和河口水域组成。上海崇明东滩鸟类自然保护区位于东滩的核心部分,总面积 326 km²,主要保护对象为水鸟和湿地生态系统。保护区划分为核心区、缓冲区和实验区,其中核心区的面积为 246 km²。

长江口中华鲟自然保护区于 2002 年成立,位于上海市的东北方,地处长江入海口,属于野生生物类型自然保护区,是我国鱼类生物多样性最丰富、渔产潜力最高的河口区域,保护区的主要保护对象为以中华鲟为主的水生野生生物及其栖息生态环境,其主要保护物种中华鲟是古棘鱼类的一支后裔,与距今一亿五千万年前白垩纪的恐龙同时代的孑遗种类,被誉为"水中熊猫"和"爱国鱼",列入国家一级保护动物名录。另外保护区分布有白鱀豚、白鲟、江豚、绿海龟、胭脂鱼、松江鲈等珍稀野生动物。

上海市崇明东滩鸟类自然保护区和长江口中华鲟自然保护区均位于长江入海口,由于两者所处位置相近,将两个保护区合并,同时进行调查评价。

---

* 各类海洋功能区定义与管理目标摘自国家海洋局编制的《海洋功能区划技术导则》(GB/T 17108-2006)。

采用单因子标准指数评价法对各保护区海域海洋环境质量进行评价。根据《海水水质标准》(GB 3097-1997),海上自然保护区执行第一类海水水质标准。

1) 金山三岛海洋生态自然保护区

表 3.5 和表 3.6 分别给出了 5 月份和 8 月份该金山三岛海洋生态自然保护区水质统计评价结果。

表 3.5　2013 年 5 月份金山三岛海洋生态自然保护区水质统计评价结果

项　目	范　围	平均值	平均标准指数	超标率
COD_{Mn}(mg/L)	1.75～2	1.83	0.92	—
DO(mg/L)	8.45～8.79	8.66	0.1	—
活性磷酸盐(mg/L)	0.038 4～0.067 8	0.050 3	3.35	100%
无机氮(mg/L)	1.11～1.93	1.42	7.09	100%
总氮(mg/L)	2.16～2.42	2.3	9.27	100%
总磷(mg/L)	0.158～0.365	0.278	5.75	100%
石油类(μg/L)	11.4～15.7	13.9	0.28	—
汞(ng/L)	22～30.4	25.8	0.52	—
铜(μg/L)	0.649～1.24	0.913	0.18	—
铅(μg/L)	0.202～1.45	0.582	0.58	25%
镉(μg/L)	0.011 2～0.057 5	0.031	0.03	—
砷(μg/L)	1.48～1.59	1.53	0.08	—
锌(μg/L)	3.95～5.68	4.58	0.17	—
铬(μg/L)	0.139～0.199	0.16	0.03	—

注:"—"表示该项未超标。

表 3.6　2013 年 8 月份金山三岛海洋生态自然保护区水质统计评价结果

项　目	范　围	平均值	平均标准指数	超标率
COD_{Mn}(mg/L)	1.56～1.9	1.67	0.83	—
DO(mg/L)	6.64～6.7	6.68	0.33	—
活性磷酸盐(mg/L)	0.081 2～0.109	0.089 9	5.99	100%
无机氮(mg/L)	1.72～1.96	1.83	9.14	100%
总氮(mg/L)	2.76～3.08	2.9	21.94	100%
总磷(mg/L)	0.573～0.724	0.658	7.24	100%
石油类(μg/L)	13.7～45.8	25.7	0.51	—
汞(ng/L)	18～27.3	21.8	0.44	—
铜(μg/L)	1.35～1.88	1.578	0.32	—
铅(μg/L)	0.265～2.32	1.338	1.34	50%
镉(μg/L)	0.018～0.052	0.04	0.04	—
砷(μg/L)	2.67～2.91	2.8	0.14	—
锌(μg/L)	0～1.79	0.45	0.02	—
铬(μg/L)	0.245～0.279	0.265	0.05	—

注:"—"表示该项未超标。

5 月份,超标因子为活性磷酸盐、无机氮、总磷、总氮和铅,不能满足自然保护区的水质要求。DO、COD_{Mn}、石油类、铜、铅、锌、镉、铬、汞和砷的测值符合第一类海水水质标准,能满足自然保护区的水质要求。

8月份,超标因子为活性磷酸盐、无机氮、总磷、总氮和铅,不能满足自然保护区的水质要求。DO、COD_{Mn}、石油类、铜、锌、镉、铬、汞和砷的测值均符合第一类海水水质标准,能满足自然保护区的水质要求。

2) 九段沙湿地自然保护区

表3.7和表3.8分别给出了5月份和8月份九段沙湿地自然保护区水质统计评价结果。

表3.7　2013年5月份九段沙湿地自然保护区水质统计评价结果

项　　目	范　　围	平均值	平均标准指数	超标率
COD_{Mn}(mg/L)	1.81～2.1	1.91	0.95	25%
DO(mg/L)	8.28～9.21	8.84	0.13	—
活性磷酸盐(mg/L)	0.051 3～0.070 3	0.06	3.83	100%
无机氮(mg/L)	1.29～2.42	1.88	9.41	100%
总氮(mg/L)	1.74～2.68	2.34	8.25	100%
总磷(mg/L)	0.174～0.335	0.248	5.85	100%
石油类(μg/L)	20.8～166	59.18	1.18	25%
汞(ng/L)	18.8～61.8	33.425	0.67	25%
铜(μg/L)	0.609～0.902	0.757	0.15	—
铅(μg/L)	0.363～1.11	0.66	0.66	25%
镉(μg/L)	未检出		0	—
砷(μg/L)	1.69～2.65	2.095	0.1	—
锌(μg/L)	4.15～6.28	5.32	0.27	—
铬(μg/L)	0.113～0.191	0.144	0.03	—

注:"—"表示该项未超标。

表3.8　2013年8月份九段沙湿地自然保护区水质统计评价结果

项　　目	范　　围	平均值	平均标准指数	超标率
COD_{Mn}(mg/L)	1.05～2.32	1.47	0.74	25%
DO(mg/L)	6.05～6.82	6.57	0.6	—
活性磷酸盐(mg/L)	0.048～0.079 3	0.06	3.87	100%
无机氮(mg/L)	1.90～2.52	2.26	11.28	100%
总氮(mg/L)	1.98～2.86	2.48	4.66	100%
总磷(mg/L)	0.101～0.191	0.14	6.2	100%
石油类(μg/L)	13.7～40.5	25.53	0.51	—
汞(ng/L)	16.9～38.5	29.4	0.59	—
铜(μg/L)	1.79～2.64	2.323	0.46	—
铅(μg/L)	0.278～1.71	0.884	0.88	50%
镉(μg/L)	0.015 6～0.070 3	0.035	0.04	—
砷(μg/L)	2.18～2.75	2.38	0.12	—
锌(μg/L)	3.58～5.48	4.698	0.23	—
铬(μg/L)	0.095～0.347	0.228	0.05	—

注:"—"表示该项未超标。

5月份,超标因子为活性磷酸盐、无机氮、总磷、总氮和石油类,不能满足自然保护区的水质要求。DO、COD_{Mn}、石油类、铜、铅、锌、镉、铬、汞和砷的含量符合第一类海水水质标准,能满足自然保护区的水质要求。

8月份,超标因子为活性磷酸盐、无机氮、总磷和总氮,不能满足自然保护区的水质要求。COD_{Mn}和铅含量总体符合第一类海水水质标准,但部分站位不能满足自然保护区的水质要求。所有站位pH、DO、石油类、铜、锌、镉、铬、汞和砷的测值均符合第一类海水水质标准,能满足自然保护区的水质要求。

3) 崇明东滩鸟类自然保护区和长江口中华鲟自然保护区

表3.9和表3.10分别给出了5月份和8月份崇明东滩鸟类自然保护区和长江口中华鲟自然保护区水质统计评价结果。

表3.9 2013年5月份崇明东滩鸟类自然保护区和长江口中华鲟保护区水质统计评价结果

项　　目	范　　围	平均值	平均标准指数	超标率
COD_{Mn}(mg/L)	1.3～1.43	1.35	0.68	—
DO(mg/L)	8.09～9.22	8.76	0.04	—
活性磷酸盐(mg/L)	0.0303～0.0655	0.05	3.28	100%
无机氮(mg/L)	1.03～1.86	1.35	6.74	100%
总氮(mg/L)	1.42～3.1	2.21	10.46	100%
总磷(mg/L)	0.0854～0.708	0.314	5.53	100%
石油类(μg/L)	3.67～102	44.72	0.89	33%
汞(ng/L)	6.77～76.6	31.8	0.64	33%
铜(μg/L)	1.12～1.64	1.44	0.29	—
铅(μg/L)	0.231～2.49	1.68	1.68	67%
镉(μg/L)	*～0.0895	0.0359	0.04	—
砷(μg/L)	1.91～2.92	2.28	0.11	—
锌(μg/L)	12.8～18.8	15.2	0.76	—
铬(μg/L)	*～0.104	0.063	0.01	—

注:"—"表示该项未超标。

表3.10 2013年8月份崇明东滩鸟类自然保护区和长江口中华鲟保护区水质统计评价结果

项　　目	范　　围	平均值	平均标准指数	超标率
COD_{Mn}(mg/L)	1.07～1.73	1.37	0.69	—
DO(mg/L)	6.38～7.02	6.72	0.45	—
活性磷酸盐(mg/L)	0.024～0.0414	0.03	2.24	100%
无机氮(mg/L)	1.47～2.38	1.83	9.16	100%
总氮(mg/L)	1.81～2.61	2.21	4.07	100%
总磷(mg/L)	0.112～0.133	0.122	5.52	100%
石油类(μg/L)	8.46～19.4	15.72	0.31	—
汞(ng/L)	15.6～52.2	39.9	0.8	67%
铜(μg/L)	0.97～2.32	1.57	0.31	—
铅(μg/L)	0.25～1.65	0.76	0.76	33%
镉(μg/L)	0.0249～0.0289	0.0264	0.03	—
砷(μg/L)	1.73～2.3	1.96	0.1	—
锌(μg/L)	3.99～10.7	7.8	0.39	—
铬(μg/L)	0.252～0.277	0.264	0.05	—

注:"—"表示该项未超标。

5月份,超标因子为活性磷酸盐、无机氮、总磷、总氮、锌、铅和汞,不能满足自然保护区的水质要求。DO、COD$_{Mn}$、油类、铜、镉、铬和砷的含量符合第一类海水水质标准,能满足自然保护区的水质要求。

8月份,超标因子为活性磷酸盐、无机氮、总磷和总氮,不能满足自然保护区的水质要求。铅和汞含量总体符合第一类海水水质标准,但部分站位不能满足自然保护区的水质要求。所有站位 pH、DO、COD$_{Mn}$、石油类、铜、锌、镉、铬、汞和砷的含量均符合第一类海水水质标准,能满足自然保护区的水质要求。

2. 东海大桥区

东海大桥区最北端距离南汇嘴岸线 8 km,最南端距岸线 13 km。工程区域属潮坪相和三角洲前缘地貌单元,在潮流作用下以淤积为主,滩地表层主要为淤泥,局部夹薄层粉土,滩面高程－10.0 m 左右,地形起伏不大。根据《上海市海洋功能区划图》,东海大桥海域主要为港口航运区和矿产能源区,水质单因子评价执行《海水水质标准》(GB 3097 -1997)中的第四类海水水质标准。表 3.11 给出了东海大桥区海水水质表、底层统计结果。

表 3.11 2013 年 8 月东海大桥区各要素表、底层统计结果

项　　目	表　　层			底　　层		
	最小值	最大值	平均值	最小值	最大值	平均值
DO(mg/L)	6.06	6.82	6.37	5.28	6.30	5.95
COD$_{Mn}$(mg/L)	1.2	2.3	1.9	1.4	2.2	1.7
磷酸盐(mg/L)	0.035 4	0.051 2	0.046 9	0.037 2	0.054 1	0.047 4
无机氮(mg/L)	0.866	1.93	1.32	0.643	1.18	0.97
石油类(μg/L)	9.94	31.3	19.2	/	/	/
镉(μg/L)	0.012 1	0.081 1	0.045 2	0.021 1	0.054 1	0.038 5
铬(μg/L)	0.178	0.478	0.276	0.162	0.501	0.278
铅(μg/L)	0.374	3.53	1.09	0.394	3.11	1.25
汞(ng/L)	15.6	37.2	26.1	12.2	24.8	18.4
砷(μg/L)	1.75	2.23	1.95	1.65	2.25	1.94

注:"—"表示无数据。

采用单因子标准指数评价法对东海大桥区进行评价,活性磷酸盐和无机氮分别为 66.7% 和 100% 超第四类海水水质标准外,其他水质因子均符合第四类海水水质标准。

3. 奉贤围填海活动

该工程地处上海市奉贤区,长江口与杭州湾交汇处南汇咀以西,距离上海市中心约 50 km。奉贤围填海活动功能区划为工业与城镇建设区,水质单因子评价执行《海水水质标准》(GB 3097 - 1997)中的第四类海水水质标准。

表 3.12 和表 3.13 分别为 5月份和 8月份上海市奉贤围填海海域水质统计评价结果。结果表明:

表 3.12　2013 年 5 月份奉贤围填海海域水质统计评价结果

项　目	最小值	最大值	平均值	超标率
DO(mg/L)	7.98	8.87	8.37	—
COD$_{Mn}$(mg/L)	1.61	2.76	1.99	—
活性磷酸盐(mg/L)	0.023 1	0.046 8	0.035 3	—
无机氮(mg/L)	0.73	1.17	1.00	100%
石油类(μg/L)	12.3	17.0	15.2	—

注:"—"表示该项未超标。

表 3.13　2013 年 8 月份奉贤围填海海域水质统计评价结果

项　目	最小值	最大值	平均值	超标率
DO(mg/L)	6.06	6.40	6.18	—
COD$_{Mn}$(mg/L)	1.65	1.74	1.70	—
活性磷酸盐(mg/L)	0.058 2	0.075 4	0.063 0	100%
无机氮(mg/L)	1.37	1.47	1.40	100%
石油类(μg/L)	23.7	33.8	28.6	—

注:"—"表示该项未超标。

5 月份,DO、COD$_{Mn}$、活性磷酸盐和石油类均符合第四类海水水质标准,满足围填海活动的功能要求;超标因子为无机氮,超标率为 100%,不能满足功能区要求。

8 月份,DO、COD$_{Mn}$和石油类均符合第四类海水水质标准,满足围填海活动的功能要求;超标因子为无机氮和活性磷酸盐,超标率均为 100%,不能满足功能区要求。

4. 滨海旅游度假区

奉贤碧海金沙滨海旅游度假区位于上海市奉贤区内,通过隐堤围海、碧水成湾、铺沙造滩、植树造林,构筑"水清、沙软、林密、湾美"的海洋风景,形成环境优美、功能齐全,集风景、旅游、度假、文化、休闲于一体的"碧海金沙—黄金海岸"。上海金山城市滨海旅游度假区地处上海市金山区,是长三角最具海派风格的城市海岸景观。该旅游度假区海水处理除采用物理沉淀、生物降解、人工造浪、自然循环外,辅以陆上的雨水收集系统和水中的动、植物链,同时科学改造沙滩,打造金沙碧水的城市景观岸线。

随着两个滨海旅游度假区知名度的不断提高,每年旅游旺季到来,成千上万的人涌向海滨,在金色的海滩上徜徉,在蓝色的大海里畅游,沉浸在海的氛围中,分享着大海的快乐。因此,每年旅游旺季对两个度假区开展海洋环境监测,发布旅游度假区海洋环境预报,以满足人民群众环境状况知情权、保障人民群众生命安全和身心健康。

1) 奉贤滨海金沙滨海旅游度假区

2013 年,对上海奉贤碧海金沙滨海旅游度假区开展监测,共监测 167 d。由于奉贤碧海金沙滨海旅游度假区和金山城市沙滩滨海旅游度假区位置相近,水文气象要素监测结果相同,仅水质监测结果和度假区内休闲人数不同,此处不再详细介绍度假区内的水文气象要素结果,仅对休闲人数和评价结果进行介绍,监测结果见表 3.14。

表 3.14 2013 年奉贤碧海金沙滨海旅游度假区监测结果

月　　份	4	5	6	7	8	9	10	全年
水温（℃）	15.0	19.2	23.6	28.7	30.5	26.8	24.2	25.2
浪高（m）	0.3	0.5	0.4	0.5	0.5	0.6	1.1	0.5
风速（m/s）	6.6	7	6.4	7.3	8	7.2	10.3	7.3
降水量（mm）	0.0	1.1	3.0	0.0	0.1	0.1	0.0	0.8
气温（℃）	19.3	21.6	24.8	33.1	33.5	28.3	26.1	27.8
能见度（km）	16.7	13	13.7	21.1	27.8	30.5	16.3	20.8
休闲人数（人）	1 671	1 970	1 379	4 484	4 813	7 250	6 929	4 002

对奉贤碧海金沙滨海旅游度假区的环境指数和专项休闲、观光活动（运动）指数进行月度评价，并在月度评价的基础上进行年度评价，具体结果见表 3.15。

表 3.15 2013 年奉贤碧海金沙滨海旅游度假区环境和休闲指数评价结果

月份	环境指数			专项休闲观光活动指数						
	防晒指数	水质指数	海面状况指数	海上观光指数	海滨观光指数	游泳指数	海上休闲活动	沙滩娱乐	海钓指数	平均休闲活动指数
4	3.6	4.0	1.0	3.0	4.1	1.0	1.0	2.6	3.7	2.6
5	4.5	4.5	2.6	3.6	4.0	1.8	1.9	3.3	4.2	3.2
6	4.6	4.5	3.9	4.1	4.2	3.5	3.6	3.7	4.3	3.9
7	3.4	4.5	3.8	3.2	3.8	3.5	3.3	2.9	3.4	3.3
8	3.8	4.0	3.7	3.6	4.3	3.3	3.6	3.0	3.6	3.6
9	4.6	5.0	4.6	4.4	4.9	4.5	4.5	4.1	4.6	4.5
10	5.0	5.0	3.1	3.1	3.7	3.1	3.1	2.9	3.3	3.2
全年	4.2	4.5	3.6	3.7	4.2	3.2	3.3	3.3	4.0	3.6

防晒指数　4～10 月份防晒指数都在 3.5 以上，紫外线辐射强度一般，进行户外活动时可适当涂擦防晒霜。

水质指数　全年水质指数范围为 4.0～5.0，平均值为 4.5。全年水质指数都在 3.5以上，水质优良。

海面状况指数　全年海面状况指数范围为 1.0～4.6，平均值为 3.6，海面状况为优良。4 月份和 5 月上旬水温偏低，造成海面状况指数较低；10 月份个别天数风浪较大，对海面状况也造成一定影响。

休闲观光活动指数　全年平均休闲观光活动指数范围为 2.6～4.5，平均 3.6。4 月份最低，9 月份最高。全年适宜旅游度假月份为 6 月、8 月和 9 月，4 月和 5 月上旬水温、气温偏低，不适宜游泳，但海滨观光等休闲活动未受到影响。

2）金山城市沙滩滨海旅游度假区

2013 年，对上海金山城市沙滩滨海旅游度假区开展监测，共监测 167 d，每月监测结果见表 3.16。

表 3.16　2013 年金山城市沙滩滨海旅游度假区监测结果

月份	4	5	6	7	8	9	10	全年
水温(℃)	15.0	19.2	23.6	28.7	30.5	26.8	24.2	25.2
浪高(m)	0.3	0.5	0.4	0.5	0.5	0.6	1.1	0.5
风速(m/s)	6.6	7	6.4	7.3	8.0	7.2	10.3	7.3
降水量(mm)	0.0	1.1	3.0	0.0	0.1	0.1	0.0	0.8
气温(℃)	19.3	21.6	24.8	33.1	33.5	28.3	26.1	27.8
能见度(km)	16.7	13	13.7	21.1	27.8	30.5	16.3	20.8
休闲人数(人)	2 786	5 882	1 379	4 484	4 813	7 250	6 929	4 002

对金山城市沙滩滨海旅游度假区的环境指数和专项休闲、观光活动(运动)指数进行月度评价,并在月度评价的基础上进行年度评价,具体结果见表 3.17。

表 3.17　2013 年金山城市沙滩滨海旅游度假区环境和休闲指数评价结果

月份	环境指数			专项休闲观光活动指数						
	防晒指数	水质指数	海面状况指数	海上观光指数	海滨观光指数	游泳指数	海上休闲活动	沙滩娱乐	海钓指数	平均休闲活动指数
4	3.6	4.0	1.0	3.0	4.1	1.0	1.0	2.6	3.7	2.6
5	4.5	4.2	2.6	3.6	4.0	1.8	1.9	3.3	4.2	3.2
6	4.6	4.2	3.9	4.1	4.2	3.4	3.6	3.7	4.3	3.9
7	3.4	4.0	3.8	3.2	3.8	3.3	3.3	2.9	3.4	3.3
8	3.8	3.6	3.7	3.6	4.3	3.1	3.6	3.0	3.6	3.5
9	4.6	4.4	4.6	4.4	4.9	4.5	4.5	4.1	4.6	4.5
10	5.0	5.0	3.1	3.1	3.7	3.1	3.1	2.9	3.3	3.2
全年	4.2	4.2	3.6	3.7	4.2	3.1	3.3	3.3	4.0	3.6

防晒指数　4～10 月份防晒指数都在 3.5 以上,紫外线辐射强度一般,进行户外活动时可适当涂擦防晒霜。

水质指数　全年水质指数范围为 3.6～5.0,平均值为 4.2。全年水质指数都在 3.5以上,水质优良。

海面状况指数　全年海面状况指数范围为 1.0～4.6,平均值为 3.6,海面状况为优良。4 月份和 5 月上旬水温偏低,造成海面状况指数较低;10 月份个别天数风浪较大,对海面状况也造成一定影响。

休闲观光活动指数　全年平均休闲观光活动指数范围为 2.6～4.5,平均 3.6。4 月份最低,9 月份最高。全年适宜旅游度假月份为 6 月、8 月和 9 月,4 月和 5 月上旬水温、气温偏低,不适宜游泳,但海滨观光等休闲活动未受到影响。

3.4　长江口水域环境变化趋势分析

3.4.1　水环境变化趋势

20 世纪 80 年代初期,长江河口徐六泾以下水质优良,而现在根据陆地水质标准基本为Ⅱ类,岸边水质及南港局部河段为Ⅲ类或不足Ⅲ类;河口拦门沙地区附近水质也呈显著的恶化趋势,硝酸盐含量近20年增加近4倍(陈吉余等,2003)。然而,据2000～2014年《中国海洋环境质量公报》显示,长江自徐六泾以下均属劣Ⅳ类海水水质。虽然陆地水质和海洋水质标准有所差异,但近30多年来长江河口水质恶化趋势则是一致的。

近年来,由于长江流域农药、化肥施用量的增加和工业化、城市化进程的加快,大量污染物排泄入海,长江河口及邻近海域营养盐、污染物含量显著增加。长江口邻近海域水环境迅速恶化,现在口外水质已是Ⅳ类或劣于Ⅳ类,几乎每5年水质降低一个类别,而且恶化程度和趋势还在增加。范海梅(2015)进行了长江口水域营养盐趋势与长江排海量相关性研究,结果表明,近30年来,该海域无机氮和活性磷酸盐具有上升趋势且趋势明显。2000年以来,长江口水域水环境变化趋势基本体现了营养盐类物质上升趋势。

3.4.2 水环境变化趋势分析

1. DO

DO是评价海水水质恶化的重要指标,其对海洋生物具有重要的作用,它是海洋生物进行新陈代谢所必需的物质。DO含量的变化直接影响区域生态系统的结构。

通常DO含量低于2 mg/L,被称为供氧不足,低于0.1 mg/L被称为缺氧。对大多数水生生物来说,DO低于2 mg/L会对生物带来了较大的危害。2006年,联合国专家报告:由于化肥、污水、动物废弃物和化石燃料的污染,在过去两年里,含氧量不足的海洋"死亡区"的数量增长了1/3。2006年10月19日,海洋学家在北京召开的联合国会议上公布的最新评估数据表明,海洋"死亡区"数量已经上升到200个,而2004年时只有149个。

图3.5给出了2000～2011年长江口水域DO含量的变化趋势。总体上,近12年来长江口水域水质DO表、底层无明显变化趋势,基本在一定范围内波动。表、底层总体趋势基本一致,但表层含量总是略高于底层(除2000年)。

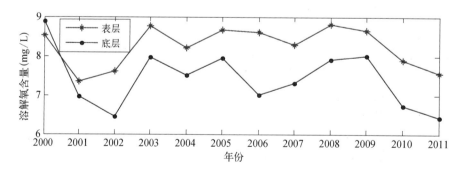

图3.5　2000～2011年长江口水域DO含量变化趋势

图3.6给出了2000～2011年长江口水域不同月份DO平均含量变化特征。不同水期的DO含量差异比较显著:汛期(8月份)<非汛期(5月份和11月份)<非汛期(2月份),这与汛期水生生物生命活动旺盛,大量消耗氧有关,也与不同季节水温差异有关。不同水期的变化趋势略有不同:非汛期表层略高于底层(除2000年),均呈下降趋势;非汛

期表层略高于底层(除 2000 年和 2001 年),略有上升趋势;汛期表层与底层差值明显增大,变化趋势不显著。

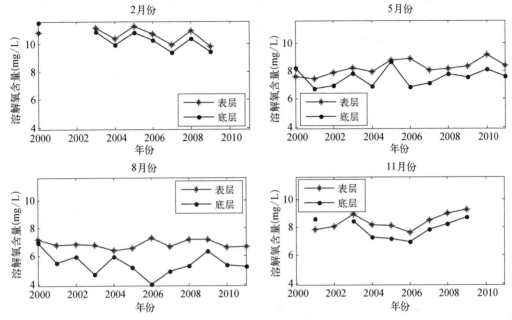

图 3.6　2000～2011 年长江口水域不同月份 DO 含量变化趋势

夏季汛期,在长江口外海域一直存在一个低氧区,近年来其核心区 DO 最小值有所降低,没有明显变化趋势。

2. COD_{Mn}

COD_{Mn} 是表示水中还原性物质多少的一个指标。水中的还原性物质有各种有机物、亚硝酸盐、硫化物、亚铁盐等,主要的是有机物,因此,COD 又作为衡量水中有机物质含量多少的指标。COD 越大,说明水体受有机物的污染越严重。

图 3.7 给出了 2000～2011 年长江口水域 COD 含量的变化趋势。总体上,2000～2003 年 COD 含量较高,2003～2006 年具有明显的下降,而 2006 年以来略有上升趋势。表、底层总体趋势基本一致,但表层含量总是略高于底层。

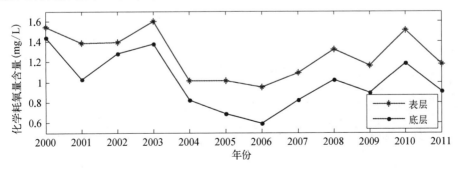

图 3.7　2000～2011 年长江口水域 COD 含量变化趋势

图3.8给出了2000～2011年长江口水域不同月份COD平均含量变化特征。从图中可以看出,2月(非汛期)、5月(非汛期)、8月(汛期)、11(非汛期)的COD相近,没有明显的季节差异,这说明该水域COD含量受径流影响较小。总体上,变化曲线以2006年为分界点,前面呈下降趋势,后面上升趋势明显。表、底层总体趋势基本一致,但表层含量总是略高于底层,汛期(8月份)表、底层差异相对较大。

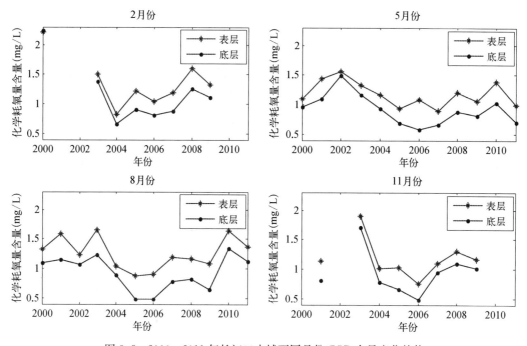

图3.8　2000～2011年长江口水域不同月份COD含量变化趋势

3. 活性磷酸盐

图3.9给出了2000～2011年长江口水域活性磷酸盐含量的变化趋势。总体而言,该水域活性磷酸盐含量呈上升趋势,2000～2007年波动缓慢上升,2008年明显上升,并在其后的几年内高水平波动。表底层总体均成上升走势,表层含量基本高于底层。

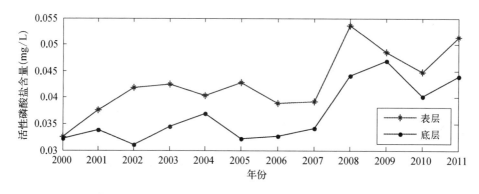

图3.9　2000～2011年长江口水域活性磷酸盐含量变化趋势

图 3.10 给出了 2000～2011 年长江口水域不同月份活性磷酸盐平均含量变化特征。从图中可以看出,2 月份(非汛期)和 5 月份(非汛期)上升趋势不显著,8 月份(汛期)和 11 月份(非汛期)上升趋势明显。除个别年份外,8 月份(汛期)活性磷酸盐含量基本高于 2 月份(非汛期)和 5 月份(非汛期),但不同水期之间差异量不大。除个别年份,表层含量略高于底层。

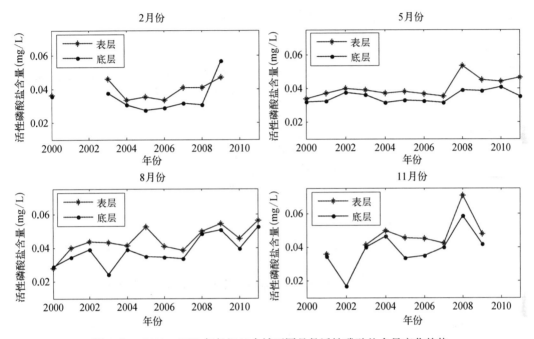

图 3.10　2000～2011 年长江口水域不同月份活性磷酸盐含量变化趋势

4. 氨氮

图 3.11 给出了 2000～2011 年长江口水域氨氮含量的变化趋势。总体而言,该水域氨氮含量波动下降趋势,尤其近两年该水域氨氮平均含量低于 0.02 mg/L。表、底层总体趋势一致,均略有下降,表层含量高于底层。

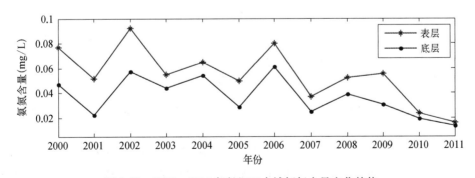

图 3.11　2000～2011 年长江口水域氨氮含量变化趋势

图 3.12 给出了 2000～2011 年长江口水域不同月份氨氮平均含量变化特征。从图中可以看出,不同季节的总体变化趋势不显著。2 月份(非汛期)氨氮平均含量明显高于 5

月份(非汛期)、8月份(汛期)和11月份(非汛期)。2月份,表层含量高于底层,其他季节表底差异较小(除个别年份)。

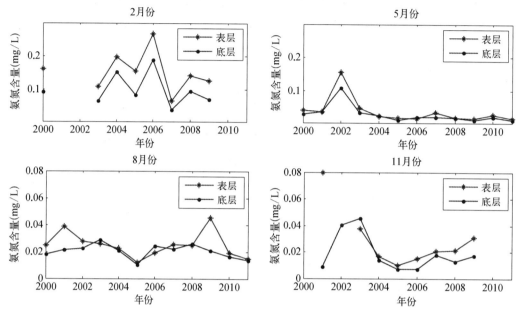

图3.12　2000～2011年长江口水域不同月份氨氮含量变化趋势

5. 无机氮

图3.13给出了2000～2011年长江口水域无机氮的变化趋势图。由图可以明显看出,2000～2006年长江口水域营养盐的呈现高水平波动形态,2006～2011年无机氮的含量存在一定程度的上升趋势。总体上,表、底层无机氮含量差别较大,表层含量明显高于底层,最大差值达0.7 mg/L。

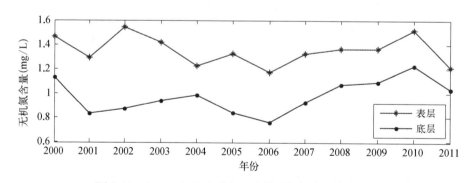

图3.13　2000～2011年长江口水域无机氮含量变化趋势

图3.14给出了2000～2011年长江口水域不同月份无机氮平均含量变化特征。从图中可以看出,5月份该水域无机氮含量明显高于8月份。2月份(非汛期)变化趋势不明显,5月份(非汛期)2000～2006年无机氮含量略有下降,2006～2011年又有上升趋势,8月份(汛期)和11月份(非汛期)整体上均有缓慢上升趋势。

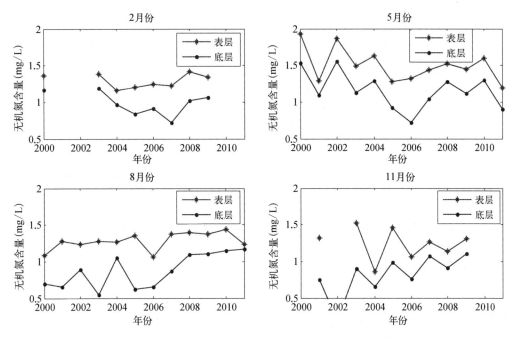

图 3.14 2000~2011 年长江口水域不同月份无机氮含量变化趋势

6. 总氮

从图 3.15 和图 3.16 可以看出,只有最近 5 年进行了总氮的检测,月份也不全。该水域总氮含量总体水平较高,表层含量高于底层。5 月份和 8 月份平均总氮含量明显比 2 月份高。

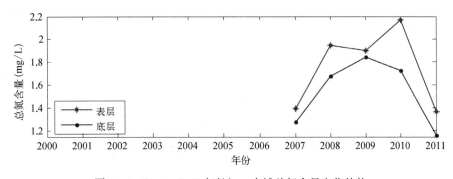

图 3.15 2000~2011 年长江口水域总氮含量变化趋势

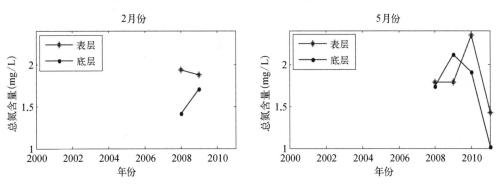

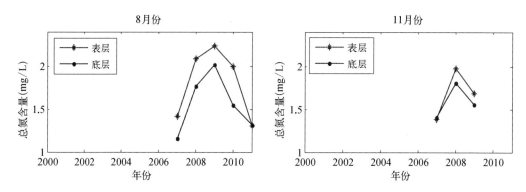

图 3.16　2000～2011 年长江口水域不同月份总氮含量变化趋势

7. 总磷

从图 3.17 和图 3.18 可以看出,同总氮数据相似,总磷的数据量也比较少。该水域总磷含量总体水平较高,与总氮表层含量高于底层的特征相反,总磷是底层含量高于表层。总体上,总磷近几年呈上升趋势,2 月份和 8 月份平均总磷含量也呈上升趋势。

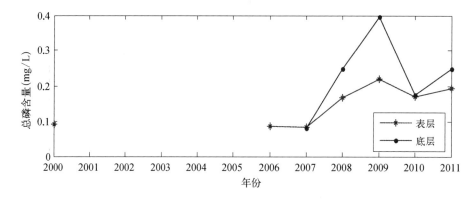

图 3.17　2000～2011 年长江口水域总磷含量变化趋势

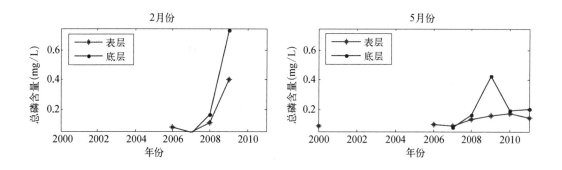

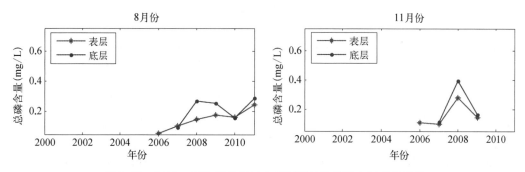

图 3.18　2000～2011 年长江口水域不同月份总磷含量变化趋势

8. 油类

油类含量主要反映人类活动对海洋环境的影响。近年来,长江口水域航运发展与工程开发力度大,工程建设开发过程中,施工船舶油污水、生活污水等污染源将对工程区及其邻近海域水质、沉积物和生态环境产生不同程度的影响。特别是航道与港口工程建成投产,船舶的生活垃圾、含油污水给海域环境带来威胁。

图 3.19 给出了 2000～2011 年长江口水域表层油类的变化趋势。由图可以明显看出,从 2000～2008 年,表层油类年均值震荡降低,2008～2011 年,表层油类年均值上升迅速。

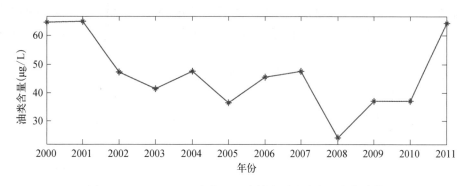

图 3.19　2000～2011 年长江口水域表层油类含量变化趋势

图 3.20 给出了 2000～2011 年长江口水域不同月份表层油类平均含量变化特征。不同月份表层油类含量没有明显趋势变化,月份之间油类含量没有显著差异。

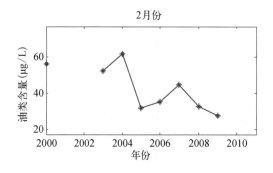

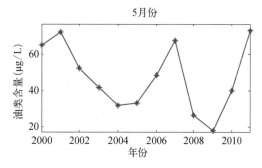

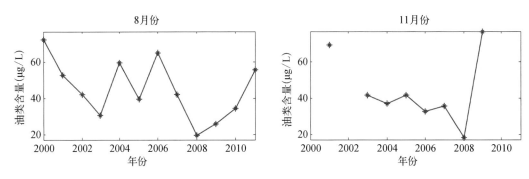

图 3.20　2000～2011 年长江口水域不同月份表层油类含量变化趋势

9. 总汞、砷、镉、铜、铅

重金属类污染物具有来源广、毒性强、不易分解、有积累性的特点,并易在生物体内富集并沿食物链放大,甚至严重危害人类健康,因此,被认为是环境中最主要的污染物之一,日益受到公众的关注。重金属中特别是 Hg、Pb、Cd 等具有显著的生物毒性,且大多数重金属具有可迁移性差、不能降解等特点,会在生态系统中不断积累,毒性不断增强,从而导致生态系统的退化,并通过食物链影响人体健康。铅可抑致血红蛋白合成,导致溶血性贫血。大多数有毒重金属会在机体的肝脏等器官内累积,且半衰期长,很难排出体外,长期少量摄入可以产生慢性毒性反应,也可能有致畸、致变、致癌的潜在危害。海洋环境重金属主要来源包括入海河流输入、陆源入海排污口、大气沉降等方面。

依据长江口水域 2000～2011 年的历史资料,统计分析重金属变化趋势。

图 3.21 给出了 2000～2011 年长江口水域总汞的变化趋势,从图中可以看出,2000～2002 年,呈快速下降趋势,2002～2010 年则缓慢上升,最近两年又有所下降,且底层含量高于表层。

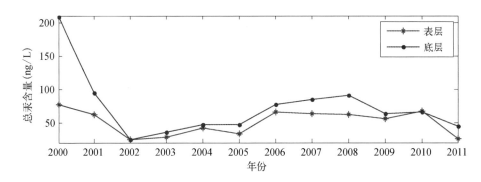

图 3.21　2000～2011 年长江口水域总汞含量变化趋势

图 3.22 给出了 2000～2011 年长江口水域不同月份总汞(Hg)平均含量变化特征,5月份总汞含量比其他月份的显著高,并且 5 月份变化趋势与图 1.25 的趋势相似;而其他月份基本总汞含量呈现波动形态,趋势不显著;同样底层含量高于表层。

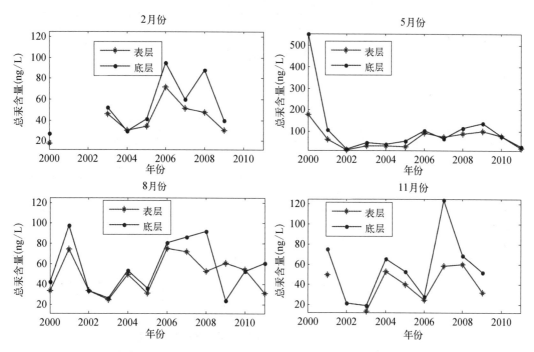

图 3.22　2000～2011 年长江口水域不同月份总汞含量变化趋势

图 3.23 给出了 2000～2011 年长江口水域砷（As）的变化趋势，从图中可以看出，2000～2002 年，呈快速下降趋势，2002～2006 年，基本处于较低的含量水平，2007～2011 年有所上升，仍然处于较低的含量水平；且表底层含量差异不显著。

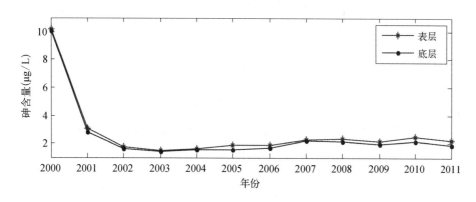

图 3.23　2000～2011 年长江口水域砷含量变化趋势

图 3.24 给出了 2000～2011 年长江口水域不同月份砷平均含量变化特征，各个月份砷含量差异不显著，并且各个月份变化趋势与图 4.19 的趋势相似；表底层含量基本相同。

图 3.25 给出了 2000～2011 年长江口水域镉（Cd）的变化趋势，从图中可以看出，2000～2011 年，表层镉变化趋势不显著；底层 2000～2008 年有较明显的下降趋势，近几年有所回升。

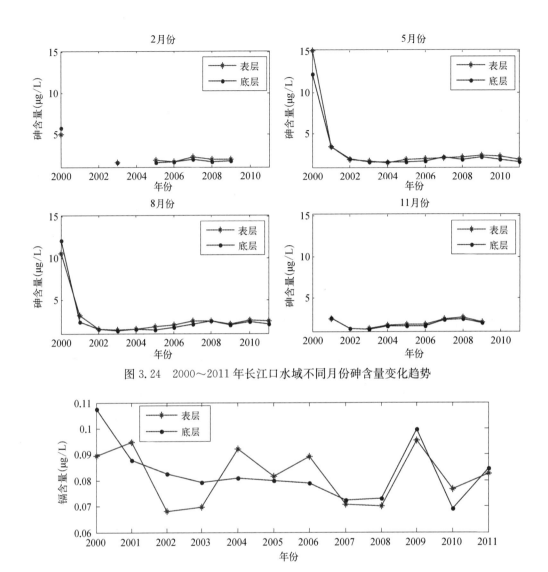

图 3.24　2000～2011 年长江口水域不同月份砷含量变化趋势

图 3.25　2000～2011 年长江口水域镉含量变化趋势

　　图 3.26 给出了 2000～2011 年长江口水域不同月份镉平均含量变化特征,各个月份隔含量差异不显著,并且各个月份变化趋势不显著。

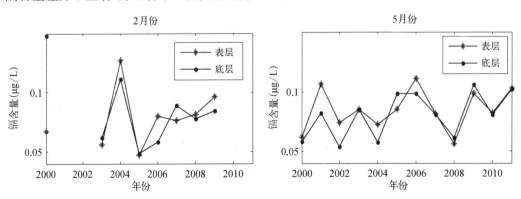

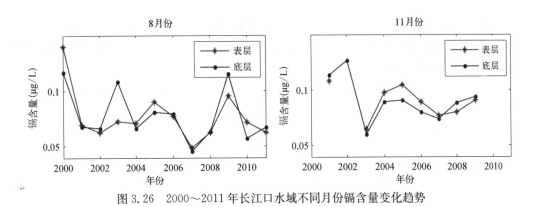

图 3.26　2000～2011 年长江口水域不同月份镉含量变化趋势

图 3.27 给出了 2000～2011 年长江口水域铜（Cu）的变化趋势，从图中可以看出，2000～2011 年，铜含量有较明显的下降趋势。表底层含量差别不大，趋势一致。

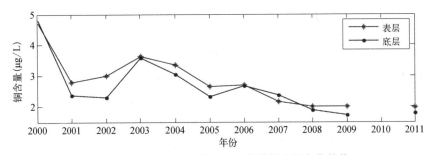

图 3.27　2000～2011 年长江口水域铜含量变化趋势

图 3.28 给出了 2000～2011 年长江口水域不同月份铜平均含量变化特征，各个月份铜含量差异不显著，各个月份变化趋势比较一致，基本呈下降趋势。

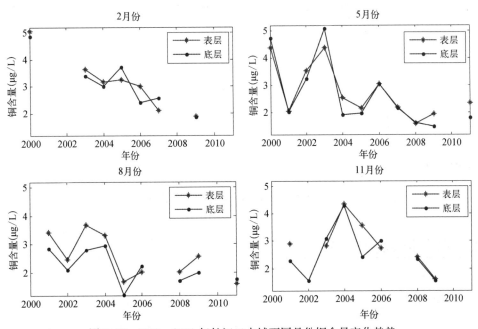

图 3.28　2000～2011 年长江口水域不同月份铜含量变化趋势

图 3.29 给出了 2000～2011 年长江口水域铅（Pb）的变化趋势，从图中可以看出，2000～2011 年，铅含量先下降、再上升、又下降，呈波动形态，没有明显趋势变化。表底层含量差别不大，趋势一致。

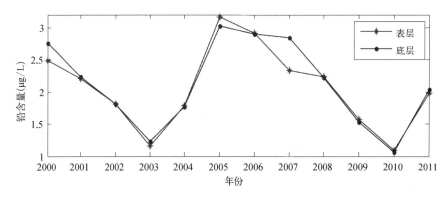

图 3.29　2000～2011 年长江口水域铅含量变化趋势

图 3.30 给出了 2000～2011 年长江口水域不同月份铅平均含量变化特征，各个月份铅含量差异不显著，各个月份波动变化形态比较一致。表、底层含量差别不大，趋势一致。

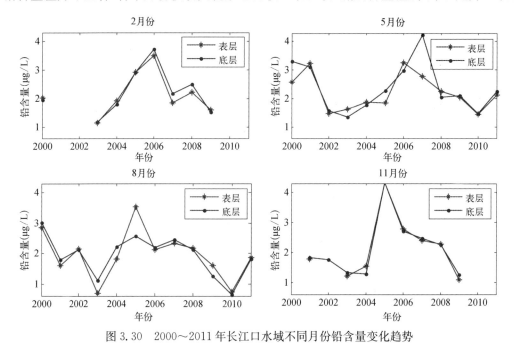

图 3.30　2000～2011 年长江口水域不同月份铅含量变化趋势

3.5　水环境综合评价

3.5.1　数据处理

由于每年 8 月份的数据站位和要素最全，因此综合评价应用的数据为 2000～2011 年的 8 月份趋势性的数据,要素包括 DO、COD$_{Mn}$、活性磷酸盐、氨氮、无机氮、油类、总汞、砷、镉、铜、铅。

利用最邻近插值方法,将原始数据插值到相同的坐标系统下(李峋等,2009)。将插值后得到的数据求得 12 年的平均态,根据各个要素在不同站位上的平均态的量值,得到不同指标的权重。

3.5.2 指标标准化及其权重的确定

利用最大最小值方法对指标进行标准化。

对正指标(DO)采用如下的数学公式进行处理:

$$C_i = (X_i - X_{min})/(X_{max} - X_{min}); \qquad (3-1)$$

对逆指标采用如下的数学公式进行处理:

$$C_i = (X_{max} - X_i)/(X_{max} - X_{min}); \qquad (3-2)$$

其中,C_i 为 i 指标的标准化值;X_i 为 i 指标的原始调查值;X_{max}、X_{min} 分别为选定集合中 i 指标的最大值和最小值。

应用主成分分析法确定指标权重的步骤(范海梅等,2011):

(1) 计算标准化后的指标相关系数矩阵。

(2) 计算相关系数矩阵的特征根 $\lambda_1 \geqslant \lambda_2 \geqslant \cdots \geqslant \lambda_n$,以及对应的特征向量 $u_1, u_2, \cdots, u_n$。

(3) 当累计贡献率 $\sum_{i=1}^{m} \lambda_i / \sum_{i=1}^{n} \lambda_i$ 大于 75% 时,得到前 m 个主成分量 $y_i = \sum_{j=1}^{n} u_{ij} x_j$,$i = 1, 2, \cdots, m$,其中 u_{ij} 为特征向量 u_i 的第 j 个分量(表 3.18)。

表 3.18 整个海域水质指标前四个主成分载荷

	PC1	PC2	PC3	PC4
DO	0.108	-0.363	-0.729	0.087
COD$_{Mn}$	0.781	0.366	0.108	-0.137
PO$_4$-P	0.899	-0.275	0.030	-0.129
NH$_4$-N	-0.282	0.500	-0.302	-0.463
DIN	0.935	0.062	0.003	0.005
Hg	0.161	-0.747	0.140	-0.469
As	0.447	0.605	0.130	0.335
Cd	-0.706	-0.267	0.248	-0.162
Cu	0.367	-0.444	0.636	0.186
Pb	-0.575	0.310	0.529	0.023
Oil	0.243	0.356	0.184	-0.685
特征值	3.6	2.0	1.5	1.1
方差贡献(%)	33.0	18.3	13.2	10.2

(4) 根据各主成分量方差贡献率,计算水环境评价指标的权重:第 i 个主成分的方差贡献率 $g_i = \lambda_i / \sum_{i=1}^{m} \lambda_i$,其中 λ_i 为第 i 个主成分量对应的特征根,从而得到水环境指标的权

重 $(W_{CB})_j = \sum_{i=1}^{m} g_i u_{ij}$，$j = 1, 2, \cdots, n$。通过 MATLAB 编程实现以上步骤,得到指标的权重,见表 3.19。

表 3.19　水质指标的权重

指标	DO	COD$_{Mn}$	PO$_4$-P	NH$_4$-N	DIN	Hg	As	Cd	Cu	Pb	Oil
指标权重	0.083	0.094	0.110	0.077	0.107	0.100	0.085	0.080	0.094	0.086	0.084

通过主成分分析表明,从多年的平均态的角度,长江口水域主要污染物为营养盐类(无机氮、活性磷酸盐),其次为重金属类(Hg、Cu),然后为 COD$_{Mn}$、石油类等。

3.5.3　水质要素分布特征

DO　图 3.31 给出了多年平均的 8 月份 DO 分布特征,从图中可以看出,122.5°E 以西的长江口口内、杭州湾内等区域的 DO 浓度均不大于 7 mg/L。在长江口外约 123°E 附近存在一个表层的 DO 高值区,该高值区附近等值线比较密集。

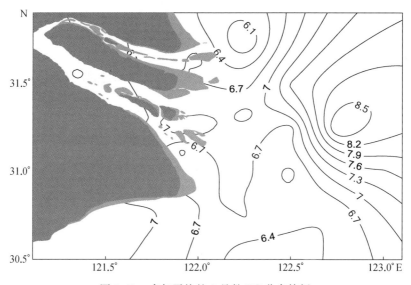

图 3.31　多年平均的 8 月份 DO 分布特征

COD$_{Mn}$　图 3.32 给出了多年平均的 8 月份 COD$_{Mn}$ 分布特征,从图中可以看出,长江口口内、杭州湾内的浓度值较高,并且分布较均匀。从口门向口外呈现出较明显的舌状分布,并向东北延伸,可见,长江径流对长江口海域的 COD$_{Mn}$ 浓度具有重要影响。

活性磷酸盐　图 3.33 给出了多年平均的 8 月份活性磷酸盐分布特征,从图中可以看出,杭州湾内的浓度值高于南支,南支高于北支。从长江口南支向外海呈现出舌状分布,杭州湾及外海等值线呈南北走向,口内和湾内浓度远大于口外。

氨氮　图 3.34 给出了多年平均的 8 月份氨氮分布特征,从图中可以看出,在口内和湾内等值线呈现出点源分布,外海区域氨氮浓度变化不大,均在 0.021~0.030 mg/L 之间。

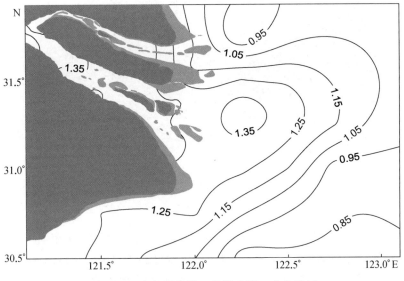

图 3.32　多年平均的 8 月份 COD_{Mn} 分布特征

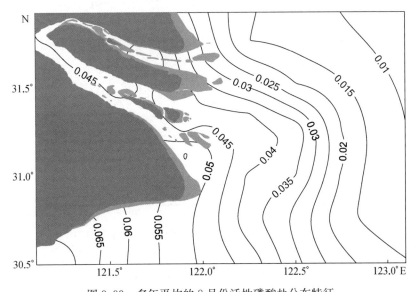

图 3.33　多年平均的 8 月份活性磷酸盐分布特征

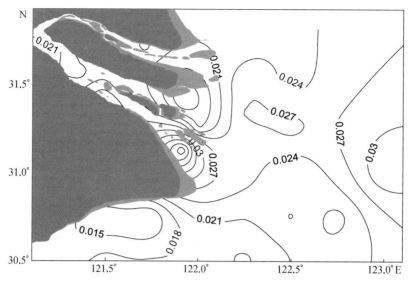

图 3.34　多年平均的 8 月份氨氮分布特征

无机氮　图 3.35 给出了多年平均的 8 月份无机氮分布特征,从图中可以看出,杭州湾内的浓度值高于南支,南支高于北支,口内湾内浓度高于口外。从口门向外海呈现出明显舌状分布,说明长江径流对营养盐的输入是该海域的重要来源。

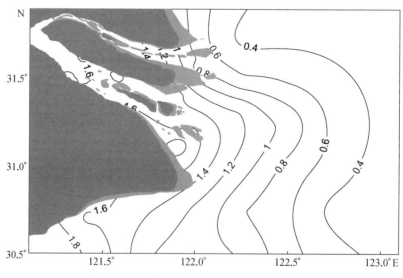

图 3.35　多年平均的 8 月份无机氮分布特征

3.5.4　综合指数分析

通过对指标权重和无量纲化后的指标值进行加权求和,得到水环境状况综合指数:

$$A_j = \sum_{i=1}^{11} W_i C_{ij} \qquad (3-3)$$

其中，W_i，$i = 1, 2, \cdots, 11$ 对应水质要素 11 个指标的权重；C_{ij}，$i = 1, 2, \cdots, 11$、$j = 1, 2, \cdots$ 对应 j 站点上 i 指标的标准化值。

图 3.36 给出了 2011 年 8 月份长江口水域水环境综合指数分布特征，从图中可以看出，整个海域水环境状况比较恶劣，水质综合指数较小区域超过 0.7，杭州湾北部水质状况最差，北支口外水域状况较好。杭州湾外从西向东逐渐增大，等值线呈南北走向，梯度较大；南支北支口门指数变化较大；口门向外海呈冲淡水舌状分布，不同年份向外海延伸的范围不同，且在 122.5°E 处梯度较大，外海区域水质状况较好。

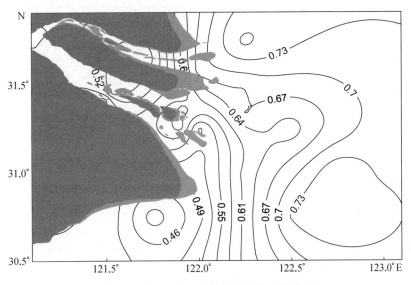

图 3.36　2011 年 8 月份综合指数分布特征

长江口水域水环境综合状况评价标准（范海梅等，2011）：A≥0.8 一等、0.6≤A<0.8 二等、0.4≤A<0.6 三等、0.2≤A<0.4 四等。依据此分类标准：四等水环境区域范围比较小，在长江口内、杭州湾内或口门附近偶尔会有出现，这些区域的水环境受到上游来水的影响明显，尤其在崇明浅滩、九段沙等区域水深较浅，水交换能力变弱，造成污染物质的积累，使得综合水环境非常差，所以这些区域水质环境有待人为修复改善。三等水环境区域占长江口内、口门及杭州湾大部分区域，根据分布特征推断其污染物主要通过径流携带到长江口海区的大部分区域，控制污染物总量排放是改善这些区域水质环境的关键；二等水环境区域主要是淡水和海水交汇处，因此这些区域的水质环境受三等水的影响比较大，三等水区域水质环境整治改善后，二等水区域水质会有相应改善；一等水区域是外海区。

图 3.37 给出了 2000～2011 年长江口水域水质环境综合指数变化趋势。从图中可以看出，2000 年以来该水域水环境综合指数存在年际波动现象，整体趋势不显著。从 2000～2005 年，该水域水质环境综合指数缓慢上升，水质环境状况略有转好；而 2005～2009 年，水质综合指数又有所下降，回落到 2000 年的水平。总之，2002～2006 年水域环境总体比其他年份好，水环境综合指数较高；而 2000 年、2001 年和 2007～2009 年水质环境状况偏差，水环境综合指数较低。

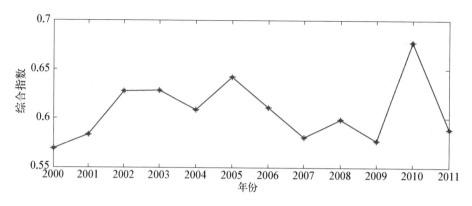

图 3.37 2000~2011 年水质环境综合指数变化趋势

3.6 江河入海污染物通量估算

3.6.1 长江入海污染物通量

1. 入海污染物月通量

1) COD(CODCr)

长江 COD_{Cr} 入海月通量随时间如图 3.38 所示。COD_{Cr} 入海月通量范围为 10.5 万~128 万 t,最大出现在 2006 年 8 月,最小出现在 2006 年 11 月。

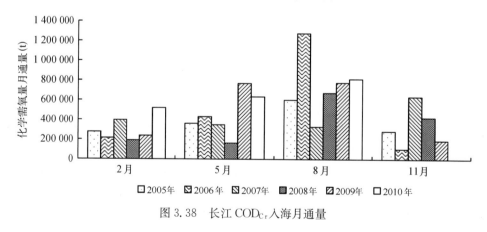

图 3.38 长江 COD_{Cr} 入海月通量

除 2007 年 COD_{Cr} 的高值出现在 11 月外,其他 5 年均出现在 8 月;低值出现的月不能反映其季节性变化的趋势,在 2 月、5 月、8 月、11 月均有出现,以出现在非汛期居多,这说明 COD_{Cr} 入海通量除了受到长江季节性径流量变化的影响外,还受到生活、工业、农业的排污活动的影响。

2) 氨氮和无机氮

氨氮入海月通量的变化趋势如图 3.39 所示,月通量范围为 325~45 414 t,分别出现在 2009 年 11 月和 8 月。

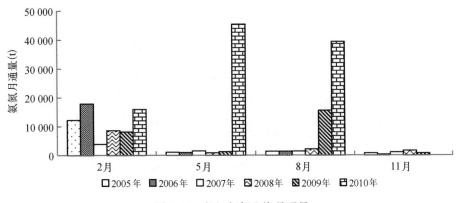

图 3.39　长江氨氮入海月通量

2005～2008 年，2 月(冬季)氨氮入海月通量均高于其他三个季节，5 月、8 月、11 月氨氮入海月通量比较接近，变化不大。2010 年氨氮各月通量明显较高，五月的通量是六年来的最高值，高达 45 414 t，8 月通量也非常高，为 39 372 t。

将三氮的月通量相加得到无机氮的月通量数据，2010 年只有氨氮的数据，没有硝酸盐氮和亚硝酸盐氮，因此，仅分析 2005～2009 年的无机氮入海月通量。无机氮入海月通量的变化趋势如图 3.40 所示，月通量范围为 37 067～213 578 t，分别出现在 2009 年 2 月和 2005 年 8 月。

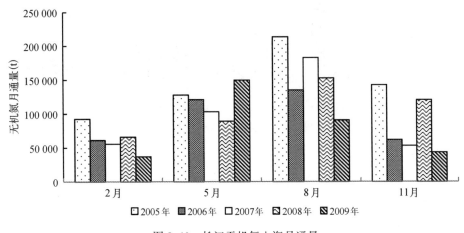

图 3.40　长江无机氮入海月通量

2005～2008 年四年间，无机氮入海月通量随着时间的推移，具有较为明显的季节性变化规律，都是在 8 月达到峰值，最低值出现在 2 月或 11 月，但 2009 年 5 月无机氮通量高于 8 月。

3) 总磷

2005～2010 年六年间，总磷入海月通量随着时间的推移，具有季节性变化规律，在 8 月达到峰值，最低值出现在 2 月和 11 月。2007 年 8 月出现极大值 25 082 t，2007 年 2 月最低值 2 309 t。

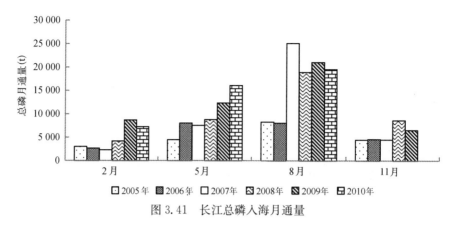

图 3.41　长江总磷入海月通量

4）石油类

石油类入海月通量范围为 458～15 115 t，分别出现在 2006 年 11 月和 2010 年 2 月。

2005～2010 年期间，除极大值出现在 2010 年 2 月外，石油类的入海月通量多于 8 月达到峰值，低值多出现在 2 月或 11 月。

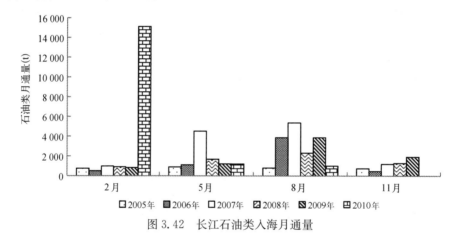

图 3.42　长江石油类入海月通量

5）重金属（含砷）

长江重金属（含砷）入海月通量变化，如图 3.43 所示。

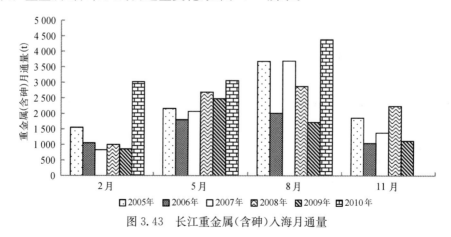

图 3.43　长江重金属（含砷）入海月通量

2005~2010 年期间,除 2009 年外,长江重金属(含砷)的入海月通量都于 8 月达到峰值,最大值为 2010 年 8 月的 4 382.51 t;年度低值除 2006 年外,均出现在 2 月,最小值为 2007 年的 827.52 t。

2. 入海污染物年通量

长江污染物年排放总量以 2008 年为分界线,2008 年前的三年总体呈下降趋势,至 2008 年出现最低点,这一年的污染物排放总量为 579.7 万 t;之后逐年上升,2010 年达到最高点,污染物排放总量为 913.4 万 t(图 3.44),2010 年入海年通量是 2008 年的 1.6 倍。

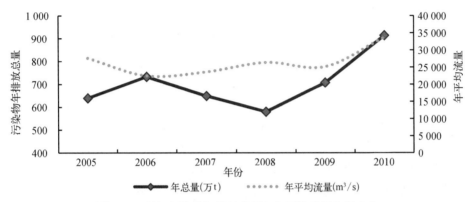

图 3.44　长江污染物年排放总量与年平均流量年际变化

长江年平均流量变化趋势较平缓,流量范围为 22 470.75~33 713.33 m³/s。长江污染物年排放总量与年平均流量之间的吻合程度不高,呈现出较明显的不同。在年平均流量较高的 2008 年,污染物年排放总量反而呈现最低值。根据之前对长江主要污染物(指标)入海年通量的年际变化及各主要污染物在年总通量中所占的比例两个因素的分析,2008 年占年排放总量比例最高的 COD 达到其最低值,这是直接导致 2008 年污染物年排放总量跌至谷底的主要原因。

将 2005~2010 年长江主要入海污染物质(指标)年通量进行整理,绘制无机氮、总磷、石油类、COD、重金属(总汞、铜、铅、锌、镉)和砷等污染物质入海年通量年际变化图(图 3.45)。

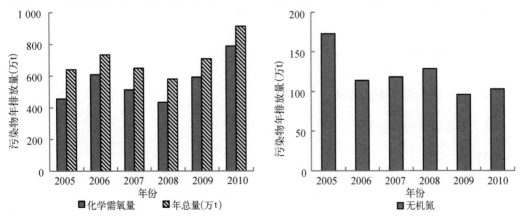

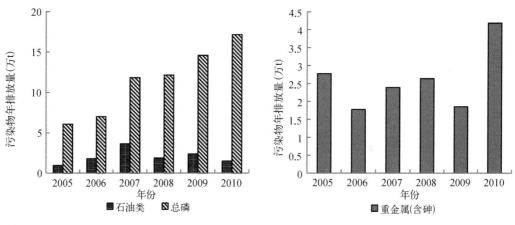

图 3.45　长江主要污染物(指标)入海年通量年际变化

COD_{Cr} 入海年通量变化较平缓,2010 年增加较多,最高值为 787 万 t;2008 年最低,为 434 万 t。无机氮入海年通量 2005 年最高,为 173 万 t;其余五年相差不大,以 2009 年最低,为 96 万 t。总磷入海年通量呈现出逐年递增的趋势,到 2010 年达到最高,为 17 万 t; 2005 年最低,仅 6 万 t。石油类入海年通量逐年递增,2008 年略有下降,以 2007 年最高, 为 3.6 万 t;2005 年最低,为 1.0 万 t。重金属(含砷)入海年通量在 2010 年出现较大增长,达 4.2 万 t;2006 年最低,为 1.77 万 t。

分析长江每年主要污染物排放量占总排放量的比重,结果见表 3.20。

表 3.20　长江主要污染物入海年通量占本年度年总通量比例表

年份	COD_{Cr}	无机氮	总磷	石油类	重金属
2005	71.4%	27.1%	1.0%	0.1%	0.4%
2006	77.7%	20.2%	1.2%	0.3%	0.5%
2007	77.1%	19.9%	2.0%	0.6%	0.4%
2008	82.1%	16.0%	1.5%	0.2%	0.3%
2009	83.7%	13.6%	2.1%	0.3%	0.3%
2010	85.7%	11.2%	1.9%	0.8%	0.5%

长江主要污染物(指标)中,以 COD_{Cr} 占年总通量比例最多,约 71.4%～85.7%,六年间呈现逐年递增的规律;其次是无机氮,约 11.2%～27.1%,呈现逐年递减的规律;总磷、石油类和重金属占年总通量的比例非常小,均不大于 2.0%。

综合考虑长江主要污染物(指标)入海年通量的年际变化及各主要污染物在年总通量中所占的比例两个因素,长江的污染以 2008 年为分界线近三年来有日益增加的趋势。

3.6.2　黄浦江入海污染物通量

1. 入海污染物月通量

1) COD_{Cr}

黄浦江 COD_{Cr} 入海月通量随时间变化趋势如图 3.46 所示,月通量范围为 3 811～ 62 472.8t,分别出现在 2006 年 11 月和 2009 年 2 月。

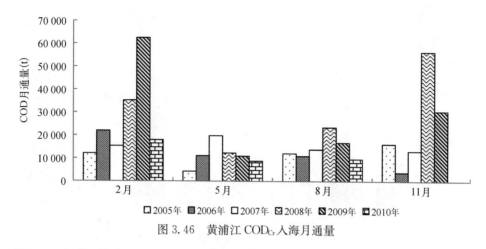

图 3.46　黄浦江 COD_{Cr} 入海月通量

除 2006 年外,黄浦江 COD_{Cr} 入海月通量呈现出较明显的逐年增加趋势。2005～2008 年间的 COD_{Cr} 入海月通量变化趋势与流量的季节性变化趋势不相吻合,未呈现出随丰、非汛期的季节性变化趋势。

综合考虑,上海市 2005～2010 年间通过黄浦江入海的有机污染物通量有增加趋势,除受到黄浦江季节性径流量变化的影响外,生活、工业、农业的排污活动对 COD_{Cr} 入海通量也存在较大的影响。

2) 氨氮和无机氮

黄浦江氨氮入海月通量的变化趋势如图 3.47 所示。2005～2010 年六年间,黄浦江氨氮入海月通量的最大值出现在 2009 年的 11 月,为 2 589 t(2010 年 11 月无监测数据);最低值出现在 2006 年 8 月,仅 16t,极大值达 2 573 t。从图 3.48 可以看到氨氮入海月通量的季节性变化规律,但不是很明显。氨氮最大值在 5、8、11 月均有出现;最低值多分布在 2 月,但 5 月和 8 月也有出现。

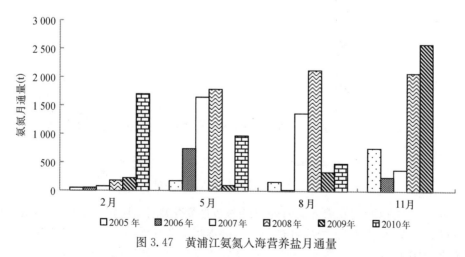

图 3.47　黄浦江氨氮入海营养盐月通量

黄浦江无机氮入海月通量的变化趋势如图 3.48 所示。2005～2010 年六年间,黄浦江无机氮入海月通量的最大值出现在 2009 年的 11 月,为 10 455 t;无机氮月通量的最低值出现在 2006 年 11 月,为 639 t。

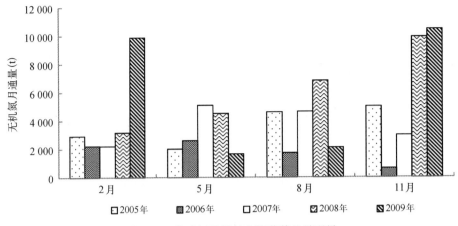

图 3.48 黄浦江无机氮入海营养盐月通量

黄浦江无机氮入海月通量趋势比较复杂,从图 3.48 可以看到无机氮入海月通量的季节性变化规律,但不是很明显。无机氮最大值平均分布在 11 月和 5 月两个月份,与流量的变化趋势不相吻合,特别是在 2006 年 11 月流量有一个小峰值时无机氮的月通量却为最低值,从原始数据看,这个月的硝酸盐浓度值仅为其他三年的同期数据的 1/20。

3) 总磷

黄浦江总磷入海月通量的变化趋势如图 3.49 所示。2005~2010 年六年间,黄浦江总磷入海月通量的最大值出现在 2009 年的 2 月,为 2 538.6 t,最低值出现在 2007 年 3 月,为 60 t。

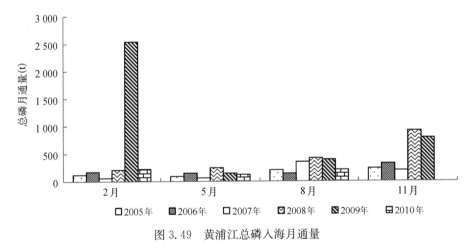

图 3.49 黄浦江总磷入海月通量

从图 3.49 可以看到总磷入海月通量的季节性变化规律,但不是很明显,峰值出现的季节也很不一致,2005 年和 2007 年的最大值基本都在 8 月汛期,2006 年则出现在 11 月,2009 年非汛期(2 月、11 月)更是一路上升,这种变化规律与流量的变化趋势比较吻合。

4) 石油类

黄浦江石油类入海月通量的变化趋势如图 3.50 所示,月通量范围为 26~426 t,最低值和最高值分别出现 2005 年 5 月和 2009 年 11 月。

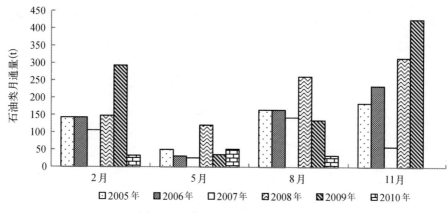

图 3.50 黄浦江石油类入海月通量

石油类的月通量峰值除 2007 年和 2010 年分别出现在 8 月和 5 月外,其他四个年度均出现在 11 月,尤以 2009 年 11 月为最高;年度低值出现的月份非常一致,均出现在 5 月,尤以 2005 年 5 月最低。

黄浦江石油类的入海月通量与流量的趋势线吻合度不高,说明石油类除受到黄浦江季节性径流量变化的影响外,其他污染源的排污活动对其入海通量也存在一定的影响。

5) 重金属(含砷)

黄浦江重金属(含砷)的入海月通量的变化趋势如图 3.51 所示,月通量范围为 14.77～82.4t,分别出现在 2009 年 2 月和 5 月。

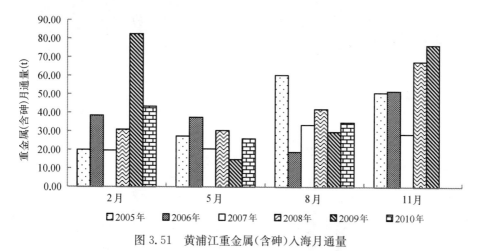

图 3.51 黄浦江重金属(含砷)入海月通量

2005～2010 年期间,黄浦江重金属(含砷)的入海月通量在 2005 年和 2007 年峰值均出现在 8 月,其余四年的峰值则出现在 2 月或 11 月。

值得一提的是,黄浦江重金属(含砷)的入海月通量与流量的趋势线高度吻合,这说明,来自黄浦江的重金属(含砷)污染源比较稳定,其入海通量可能主要受黄浦江径流量的影响。

2. 污染物入海年通量分析

将 2005～2010 年黄浦江主要入海污染物质(指标)年通量进行整理,绘制无机氮、总磷、石油类、COD$_{Cr}$、重金属(总汞、铜、铅、锌、镉)和砷的入海年通量及年入海总量年际变化图,如图3.52和图3.53所示。

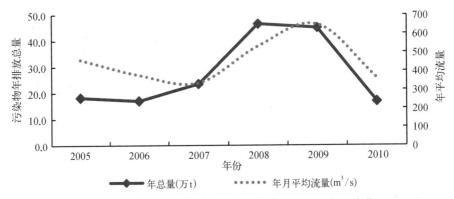

图 3.52 黄浦江污染物年排放总量与年平均流量年际变化

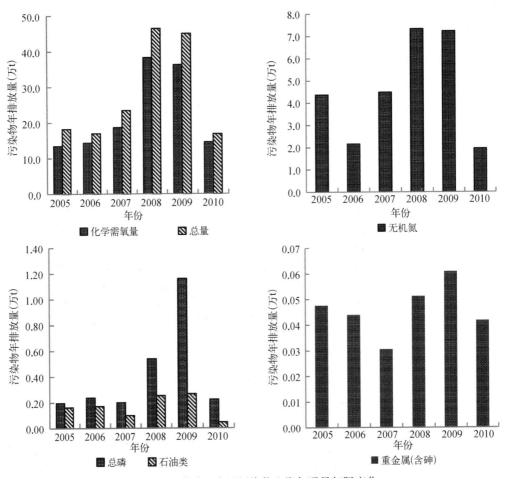

图 3.53 黄浦江主要污染物入海年通量年际变化

年入海总量以2008年为分界线,2008年前的四年逐年递增,直至2008年达到最大值,为46.5万t,随后的两年逐年递减,2010年更是锐减至16.8万t。2008年11月,

COD$_{Cr}$浓度比 2007 年同期增加了 92.3％,流量增加了 125％,两个因素的叠加导致 2008 年污染物年入海总量剧增。2009 年的 COD$_{Cr}$浓度比 2008 年同期略有下降,但该年度 2 月和 11 月的流量非常大,比 2007 年同期流量分别增加了 295％和 165％,这是导致 2009 年污染物年排放总量仍居高不下的主要原因。

COD$_{Cr}$入海年通量逐年递增的趋势非常明显,2005 年最低,为 13.4t,2008 年最高,为 38.3t,是 2005 年的 2.8 倍。

无机氮入海年通量 2008 年最高,为 7.3 万 t;2010 年最低,为 2.0 万 t。

总磷入海年通量 2009 年最高,为 1.16 万 t;2005 年和 2007 年最低,均为 0.20 万 t。2008 年总磷的年通量几乎为其余五年通量平均值的 4 倍,究其原因,主要有两个,首先是该年度总磷的年平均浓度值是其余五年平均浓度值的 2.6 倍,其次是该年度黄浦江月平均径流量是其余五年年月平均径流量的 1.6 倍,两个因素的叠加效应使得 2009 年总磷年通量异乎寻常地高。

石油类入海年通量 2009 年最高,为 0.27 万 t;2010 年最低,为 0.05 万 t。

重金属(含砷)入海年通量 2009 年最高,为 0.06 万 t;2007 年最低,为 0.03 万 t。

分析每年主要污染物排放量占总排放量的比重,结果见表 3.21。

表 3.21　黄浦江主要污染物入海年通量占年总通量比例表

年份	COD$_{Cr}$	无机氮	总磷	石油类	重金属
2005	73.8％	24.0％	1.1％	0.9％	0.3％
2006	84.6％	12.7％	1.4％	1.0％	0.3％
2007	79.5％	19.1％	0.9％	0.4％	0.1％
2008	82.4％	15.8％	1.2％	0.5％	0.1％
2009	80.6％	16.1％	2.6％	0.6％	0.1％
2010	86.5％	11.6％	1.3％	0.3％	0.2％

黄浦江主要污染物(指标)中,以 COD$_{Cr}$占年总通量比例最多,约 73.8％～86.5％;其次是无机氮,约 11.6％～24.0％,总磷、石油类和重金属占年总通量的比例非常小,均小于 3.0％。几种污染物(指标)所占比例随年度时升时降,趋势不明显。

综合考虑黄浦江主要污染物(指标)入海年通量的年际变化及各主要污染物在年总通量中所占的比例两个因素,黄浦江的污染以 2008 年为分界线近三年来有日益减缓的趋势。这与长江的入海年通量变化趋势恰好相反。

3.6.3　入海江河对上海海域污染贡献分析

2005～2010 年期间,长江入海污染物(无机氮、总磷、COD$_{Cr}$、石油类、重金属和砷)的年通量约在 579 万 t～913 万 t 之间;黄浦江入海污染物(无机氮、总磷、COD$_{Cr}$、石油类、重金属和砷)的年通量约在 16.8 万 t～46.5 万 t 之间。

长江和黄浦江是进入长江口水域的主要污染物源头。从污染物的等标污染负荷比较而言,长江对上海海域污染的贡献比率远高于黄浦江。2005～2010 年,二者在 2 月、5 月、8 月、11 月的污染贡献率范围分别为(3.8∶1)～(35∶1),(21.6∶1)～(82.3∶1),(37.5∶1)～(86∶1),(6.1∶1)～(22∶1),以 8 月长江对上海海域污染的贡献比率最大,11 月最小,且在任何季节长江对海域污染的贡献率都远高于黄浦江。

3.7 长江口水环境变化致因分析

3.7.1 营养盐类是导致河口水域环境质量下降的主要原因

营养盐类是长江口水域的主要污染物质。海域 DO、COD_{Mn}、总汞、砷、镉、铜和铅等指标符合第一类或第二类海水水质标准;活性磷酸盐和无机氮符合第四类海水水质标准或超第四类海水水质标准。劣于第四类海水水质标准的海域污染面积占整个监测海域面积的 74% 以上。

通过 12 年的水环境要素年际变化分析表明,活性磷酸盐、无机氮和总磷等营养盐类均具有一定上升趋势;而其他要素和重金属(含砷)均处于正常波动,无明显变化趋势。通过水质指标多年平均的主成分分析方法和指标权重,长江口水域主要污染物为营养盐类。

从现状和趋势分析均表明,营养盐类污染是长江口水域水质环境下降的主要原因。

3.7.2 长江通量是营养盐类物质主要来源

长江和黄浦江是进入长江口水域的主要污染物源头。从污染物的等标污染负荷比较而言,长江对上海海域污染的贡献比率远高于黄浦江。2005~2010 年,二者在 2 月、5 月、8 月、11 月的污染贡献率范围分别为(3.8∶1)~(35∶1),(21.6∶1)~(82.3∶1),(37.5∶1)~(86∶1),(6.1∶1)~(22∶1),以 8 月长江对上海海域污染的贡献比率最大,11 月最小,且在任何季节长江对海域污染的贡献率都远高于黄浦江。范海梅(2015)进行了长江口水域营养盐趋势与长江排海量相关性研究,结果表明"无机氮、硝酸盐氮和活性磷酸盐的长江排海通量的年增长量(率)与上海海域年均浓度增长量(率)具有很好的一致性。"因此,长江通量是长江口水域营养盐类物质的主要来源。

长江将大量营养物质从陆地带入长江口海域,加上黑潮、台湾暖流等水团的影响,使得长江口海域的生态环境趋于复杂化、多样化(陆赛英等,1996)。30 多年来,人类活动的增加,长江口无机氮含量数倍增加,水域富营养化日趋严重,长江口海区赤潮增多,关于长江口富营养化变化趋势的报道较多(高利利等,2010;王奎等,2013)。富营养化是长江口水域水体最突出的环境问题之一,而富营养化又是导致有害赤潮发生的主要因素之一,赤潮对生态环境和人类健康都造成了巨大的破坏,不但打破了海域生态系统的平衡,还给水产养殖业造成了巨大的损失,引起国内外的广泛关注(ZHU et al.,2014)。氮、磷是浮游植物生长、繁殖必不可少的营养要素,在生物活动中起着重要作用,其在水环境中的分布变化在一定程度上控制着水体生态系统中的初级生产过程,是水域初级生产力的主要限制因素。化学需氧量用来衡量有机物对水体污染总体程度的一个综合性指标,化学需氧量过高则是水体中有大量有机物的标志,在微生物降解有机物过程中,水中溶解氧减少,水体变得浑浊,透明度降低,散发出恶臭味,破坏水体的生态平衡(蔡晓明,2001)。因此,无机氮、磷、化学需氧量是长江口水域重要的水质评价指标之一。

3.7.3 经济发展使得长江口水域污染压力持续存在

《全国海洋经济发展"十二五"规划》(国发〔2012〕50 号)提出:"十二五"期间,海洋经济总体实力进一步提升,海洋科技创新能力进一步加强,海洋可持续发展能力进一步增强,海洋产业结构进一步优化,海洋经济调控体系进一步完善。到 2020 年,我国海洋经济综合实力显著提高,海洋经济发展空间不断拓展,海洋产业布局更为合理,对沿海地区经济的辐射带动能力进一步增强,海洋资源节约集约利用水平明显提高,海洋生态环境得到持续改善,海洋可持续发展能力不断提升,沿海居民生活更加舒适安全。由江苏、上海、浙江沿岸及海域组成的东部海洋经济圈港口航运体系完善,海洋经济外向型程度高,是我国参与经济全球化的重要区域、亚太地区重要的国际门户,具有全球影响力的先进制造业基地和现代服务业基地。上海沿岸及海域发展的功能定位是国际经济、金融、贸易、航运中心。建设重点是:推进上海国际航运中心建设,提升上海港国际地位,统筹规划集疏运体系,提高码头泊位的大型化和专业化水平,形成以深水港为枢纽、中小港口相配套的沿海港口和现代物流体系。结合发展休闲渔业,积极倡导生态、健康型水产养殖。不断提高船舶自主设计制造能力,重点开发海洋工程装备及关键配套系统,加快建设长兴岛海洋工程装备制造基地。推进海洋可再生能源开发,重点建设东海大桥、临港新城和奉贤海上风电场。

工业化往往导致污染化,长江流域的经济发展也带来了环境污染问题,并影响到河口及其邻近海域,长江流域的污染状况已日益引起人们的重视。虽然长江是我国七大江河中污染程度较轻的河流,但长江沿程污染加重,趋势加快,特别在三角洲地区污染严重。长江流域接纳工业废水和生活污水分别占全国排放总量的 45.2% 和 35.7%。河口是流域物质流的归宿,流域人类活动所导致的生态环境变化将在河口最终表现出来。长江河口徐六泾以下在 20 世纪 80 年代初水质优良,而现在根据陆地水质标准基本为 Ⅱ 类,岸边水质及南港局部河段为 Ⅲ 类或不足 Ⅲ 类。河口拦门沙地区附近水质也呈显著的恶化趋势,硝酸盐含量近 20 年增加近 4 倍。根据中国海洋环境质量公报显示,长江自徐六泾以下均属劣 Ⅳ 类水质。

主要受营养盐类物质的影响,长江口水域基本都不能达到功能区划环境保护目标。包括河口海洋保护区、旅游娱乐区和各类工程海域,例如,金山三岛海洋生态自然保护区、九段沙湿地自然保护区、崇明东滩鸟类自然保护区、金山和奉贤两个滨海旅游度假区、东海大桥区、奉贤围填海区等均不能满足海洋功能区要求。由此可见,社会经济以及海洋经济发展需求是海域污染压力持续存在的主要原因。

3.8 小结

多年监测表明,营养盐类是长江口、杭州湾海域的主要污染物质。COD_{Mn}、无机氮、活性磷酸盐、总氮、总磷的分布特征均表现为自长江口内向外浓度含量逐渐降低。综合评价表明,杭州湾北部水质环境最差,其次是南支、北支,外海区水质环境好;水质综合指数在口门向外海呈舌状分布特征,杭州湾口及长江口外 122.5°E 处是指数等值线较密集,表明长江污染物输入对该海域水质环境的影响是非常关键的。无机氮、活性磷酸盐和 COD_{Mn} 是长江口水域重点关注的指标。

多年环境变化趋势表明,营养盐类是导致河口水域环境质量下降的主要原因,长江通量是营养盐类物质主要来源,其通量远高于黄浦江流域。社会经济的持续发展使得长江口水域污染压力持续存在,主要受营养盐类物质的影响,长江口水域基本都不能达到功能区划环境保护目标,包括河口海洋保护区、旅游娱乐区和各类工程海域等。长江口区域是海洋产业开发热点,未来经济开发与环境保护如何协调发展将是长期存在的课题。

4 河口水域 COD 检测方法研究

4.1 概况

化学需氧量(chemical oxygen demand,COD),水体环境常规监测最重要的项目之一,是表征水体中还原性污染物的综合指标,是衡量和评价水体环境质量的一个重要的环境参数。COD 是指在一定条件下(加酸、加热等)用氧化剂处理水样时所消耗氧化剂的量,以每升水样消耗氧的毫克数表示。COD 反映了水体受还原性物质污染的程度,水体还原性物质包括有机物、亚硝酸盐、亚铁盐、硫化物等。因此,在一定程度上,COD 可表征水体受有机污染物的污染程度,是水质监测的重要参数之一(国家环境保护总局,2002)。

近年来,国内外科研工作者一直致力于对标准方法的改进和新方法的开发。随着科学技术的发展,COD 分析测试技术不断更新,目前主流的方法包括标准方法以及对标准方法的改进、分光光度法、电化学法、化学发光法、光催化法、紫外吸收光谱法和相关系数法等。这些方法的原理各异,采用哪一种方法作为河口区咸淡水的检测方法? 这些方法两两之间的相关性如何? 本章对这些问题进行系统研究。

4.2 COD 检测方法综述

1. 重铬酸钾法

重铬酸钾法(简称铬法)为国家标准(GB 11914-89)COD 检测方法,该方法采用重铬酸钾作为氧化剂,氧化能力最强,最能真实反映水体污染状况,可以测定氯离子浓度小于 2 000 mg/L 的水样。方法检出限和检测下限均较高,分别为 10 mg/L 和 30 mg/L,仅适用于生活污水和工业污水等重污染水域的 COD 的检测。方法测定原理为在强酸性溶液中,用一定量的重铬酸钾氧化水样中的还原性物质,过量的重铬酸钾以试亚铁灵作指示剂,用硫酸亚铁铵溶液回滴。根据硫酸亚铁铵的用量算出水样中还原性物质的耗氧量(国家环境保护总局,2002)。

重铬酸钾的氧化作用按下列反应式进行:

$$Cr_2O_7^{2-} + 14H^+ + 6e \rightarrow 2Cr^{3+} + 7H_2O$$

加入硫酸银作催化剂,促进不易氧化的直链烃氧化,过量的重铬酸钾以试亚铁灵为指示剂用硫酸亚铁铵滴定,反应式如下:

$$Cr_2O_7^{2-} + 14H^+ + 6Fe^{2+} \rightarrow 6Fe^{3+} + 2Cr^{3+} + 7H_2O$$

根据硫酸亚铁铵的用量算出水样中还原性物质消耗氧的量。

在铬法测定中,标准电极电位是:

$$Cr_2O_7^{2-} + 14H^+ + 6e \rightarrow 2Cr^{3+} + 7H_2O \qquad E^0 = 1.33 \text{ V}$$

$$Cl_2 + 2e = 2Cl^- \qquad E^0 = 1.36 \text{ V}$$

根据上式可以看出,重铬酸钾的标准氧化电位低于氯离子的氧化电位,理论上氯离子不被酸性重铬酸钾氧化(张士权等,2005)。但是由于回流时温度为146℃,重铬酸钾的氧化电极电位升至1.55 V,导致氯离子同其他有机物一起被氧化,影响了测定的准确度,同时银离子也会同氯离子反应,一定程度上影响了硫酸银的催化效率。因此,为了减少氯离子的干扰,加入了毒性很大的硫酸汞,但此法除了引入了剧毒物质外也不能完全消除氯离子的影响(张红进等,2007)。因此,消除氯离子的干扰,提高COD测定的准确度,同时减轻二次污染的方法引起了广大研究者的关注。

研究者的方法改进主要从以下几个方面入手:

1) 消解方法的改进

铬法中消解回流过程需要2 h,耗时较长。为缩短消解时间,科研工作者提出了密封消解法、开管消解法、微波消解法、超声波消解法等。其中,密闭消解法已作为国家标准推荐方法。

开管消解法是由沈歆忱等(1994)率先提出的,它是将水样在开启的试管中加热消解,消解体系同标准回流法,消解时间12 min,可同时消解十几甚至几十个水样,适用于大批样品的测定,且试剂用量仅为标准法的1/10。该消解过程避免了密闭消解法的高温高压,较为安全。

微波消解法是随着微波技术的广泛应用而发展起来的,消解体系和结果计算同标准回流法,但加热采用高能量的电磁波(聂华生,1998),可分为密封消解和开管消解两种类型,该方法的特点是在高频微波能量的作用下,反应液分子会产生高速摩擦运动。若同时采用密封消解方式,消解管内的压力迅速升高,在高温高压下完成消解过程,消解时间可大幅缩短(仅需约5 min)。该方法缩短了分析时间,减少了试剂用量,从而减轻了银、汞、铬盐造成的二次污染。

超声波消解法方便,设备简单,且不受污染物种类及浓度的限制,近年来已有一些应用研究(Antonio et al.,2002)。钟爱国(2001)使用自制的声化学反应器对不同水样进行了声化学消解试验,提高了分析效率,减少了试剂用量,COD测定范围150~2 000 mg/L。超声波消解时,超声波辐射频率和声强是两个重要的影响因素。

2) 氧化剂的选择

铬法以$K_2Cr_2O_7$作氧化剂,能氧化水体中大部分有机物,但对芳香族类有机物的氧化能力偏低,而吡啶则不能被氧化;挥发性直链脂肪族化合物、苯等有机物存在于蒸汽相中,不能与氧化剂液体接触,氧化也不明显(国家环境保护总局,2006)。李可等(2003)提出用

硫酸高铈代替 $K_2Cr_2O_7$ 作氧化剂,测定芳烃含量较高的印钞废水,效果较好。Donald 等 (2001)提出了用三价锰离子作为氧化剂,并用铋酸钠氧化 Cl^- 以消除干扰,从而消除了重铬酸盐法测定中三价铬、六价铬以及汞盐的二次污染。

3) 酸体系的研究

对酸体系的研究主要有 $H_2SO_4-H_3PO_4-Ag_2SO_4$ 体系代替 $H_2SO_4-Ag_2SO_4$ 体系(魏海娟,2006)和提高反应体系酸度以增强 $K_2Cr_2O_7$ 的氧化能力(谢珊,1999)。这两种方法均可以缩短反应时间,但均不能消除 Cl^- 的干扰,仍需使用剧毒性的硫酸汞、昂贵的银盐和大量的浓酸。

4) 替代催化剂的研究

Ag_2SO_4 是测定 COD 最常用的催化剂,应用已有近 40 年的历史,但它价格昂贵、消解回流时间长,致使分析费用较高。为此,国内外科研工作者在寻找替代 Ag_2SO_4 方面做了大量工作。目前使用过的催化剂主要有 $Ag_2SO_4-(NH_4)_2MoO_4-KAl(SO_4)_2$、$Ag_2SO_4-CuSO_4$、$MnSO_4$、$Mn(H_2PO_4)_2$、$MnSO_4-Ce(SO_4)_2$、$NiSO_4$、$Ag_2SO_4-NiSO_4$、$Ag_2SO_4-MgSO_4$、$Ag_2SO_4-Al(SO_4)_3-MgSO_4$、$Ag_2SO_4-KAl(SO_4)_2$、$CuSO_4-KAl(SO_4)_2-Na_2MoO_4$ 等(张磊,1989;胡国强,1989;姚淑华,2003;王军,1992;Selvapathy,1991;王照龙,1997;叶芬霞,2000)。这些替代催化剂各有特点,为今后 COD 测定方法的完善奠定了基础。

5) 氯离子干扰的消除

Cl^- 是 COD 测定中的主要干扰物质,它不仅与 Ag_2SO_4 反应产生 $AgCl$ 沉淀,也可被氧化剂氧化为 Cl_2,而影响测定结果。重铬酸盐法中规定 Cl^- 含量低于 1 000 mg/L 时采用 0.4 g $HgSO_4$ 来消除干扰,对高氯废水采用氯气校正法。这两种标准方法均使用了剧毒性的 $HgSO_4$,对环境造成极大的二次污染。为降低或消除汞盐的二次污染,有人(闫敏,1998;于令第,1990;杨士建)用银盐沉淀法来掩蔽 Cl^- 干扰,但该方法使用了昂贵的银盐,所以分析费用仍较高,实际应用价值不大。刘真、陶大钧等(刘真,2000;陶大钧,1999)采用降低 $K_2Cr_2O_7$ 溶液的浓度来抑制 Cl^- 干扰,但降低 $K_2Cr_2O_7$ 的浓度势必会对有机物的氧化产生影响。Vaidya 等(1997)提出把 Cl^- 转化成 HCl,用铋吸附剂吸附 HCl,去除效果较好,但使用烘箱耗能耗时。田冬梅等(2002)在此基础上作了一些改进,提出在 140℃利用密闭的石英玻璃-聚四氟乙烯反应器,在酸性条件下,使水样中的 Cl^- 以 HCl 气体的形式释放出来,被悬放在反应管中的铋吸收剂吸收,采用电位滴定法测定 COD 值,取得较好的效果。

2. 高锰酸盐指数法

高锰酸盐指数法为国家标准(GB 11892 - 89)测定 COD 的另一种方法,按介质的不同,分为酸性法和碱性法。该法对有机物的氧化能力相对较弱,所测得的数值不能完全准确地反映水体有机污染程度,但它具有简便、快速的优点,消耗费用较低、环境污染较少等优点,在某种程度上能比较出水体相对污染的程度,所以仍被视为衡量水体污染程度的标志之一。

高锰酸盐指数酸性法是在水样中加入硫酸使呈酸性后,加入一定量的高锰酸钾溶液,再在沸水浴上加热反应一定的时间,剩余的高锰酸钾用草酸钠溶液还原并过量,再用高锰酸钾溶液回滴过量的草酸钠,通过计算求出高锰酸盐指数值。

$$MnO_4^- + 8H^+ + 5e \rightarrow Mn^{2+} + 4H_2O$$
$$2MnO_4^- + 5C_2O_4^{2-} + 16H^+ \rightarrow 2Mn^{2+} + 8H_2O + 10CO_2$$

在酸性锰法的测定中,标准电极电位是:

$$MnO_4^- + 8H^+ + 5e \rightarrow Mn^{2+} + 4H_2O \qquad E^0 = 1.52 \text{ V}$$
$$Cl_2 + 2e = 2Cl^- \qquad E^0 = 1.36 \text{ V}$$

由于高锰酸钾在酸性条件下标准氧化电位比氯离子高,因此氯离子完全可被酸性高锰酸钾氧化。因此在酸性锰法的测定中,规定氯离子含量不得超过 300 mg/L。

高锰酸盐指数碱性法只是将消解的硫酸改为一定浓度的氢氧化钠,使其在碱性条件下反应,该条件下反应方程式如下:

$$MnO_4^- + 2H_2O + 3e \rightarrow MnO_2 + 4OH^-$$
$$2MnO_4^- + 5C_2O_4^{2-} + 16H^+ \rightarrow 2Mn^{2+} + 8H_2O + 10CO_2$$
$$MnO_2 + C_2O_4^{2-} + 4H^+ \rightarrow Mn^{2+} + 2H_2O + 2CO_2$$

在碱性锰法的测定中,标准电极电位是:

$$MnO_4^- + 2H_2O + 3e \rightarrow MnO_2 + 4OH^- \qquad E^0 = 0.58 \text{ V}$$
$$Cl_2 + 2e = 2Cl^- \qquad E^0 = 1.36 \text{ V}$$

根据碱性条件下,高锰酸钾和氯的标准电极电位可知,高锰酸钾的氧化能力比酸性条件下稍弱,此时不能氧化水中的氯离子,故可用于氯离子浓度较高的水样。

3. 碱性高锰酸钾法

碱性高锰酸钾法(简称锰法)是国标法(GB 17378.4 - 2007)规定海水的 COD 测量方法。在碱性加热条件下,用已知并且是过量的高锰酸钾氧化海水中的需氧物质,然后在硫酸酸性条件下,用碘化钾还原二氧化锰和过量的高锰酸钾,生成的游离碘用硫代硫酸钠标准溶液滴定。本方法专门针对海水成分复杂,干扰离子多,氯离子浓度高、COD 含量低的特性设计。

$$MnO_4^- + 2H_2O + 3e \rightarrow MnO_2 + 4OH^-$$
$$2MnO_4^- + 10I^- + 16H^+ \rightarrow 2Mn^{2+} + 8H_2O + 5I_2$$
$$MnO_2 + 2I^- + 4H^+ \rightarrow Mn^{2+} + 2H_2O + I_2$$
$$I_2 + 2S_2O_3^{2-} \rightarrow 2I^- + S_4O_6^{2-}$$

根据高锰酸盐指数碱性法对碱性条件下高锰酸盐及氯离子的氧化电极电位的比较可以看出,碱性高锰酸钾法同样不受氯离子影响,具有较高的准确度。

4. 分光光度法

分光光度法是指在酸性或碱性溶液中加入过量的重铬酸钾或高锰酸钾等氧化剂,氧化水样中的还原性物质,再通过分光光度法原理进行 COD 的测定。分光光度法的优势主要依赖流动注射分析技术,该技术设备简单,分析速度快,精密度高,重现性好,能很好地满足环境样品在线分析的要求,使自动连续监测成为现实。目前研究的分光光度法按氧化剂的种类分,主要为重铬酸钾体系、高锰酸钾体系和硫酸高铈体系。

重铬酸钾氧化体系主要是根据氧化反应后体系中 Cr^{6+}、Cr^{3+}、$K_2Cr_2O_7$ 等物质在一定波长下吸光值的变化计算 COD 的量(Korenaga et al.,1981;Korenaga et al.,1982;Appleton et al.,1986;Chen et al.,1994)。在国内外研究者科研成果的支持下,该方法于2008 年正式成为行业标准——快速消解分光光度法(HJ/T 399‐2007),指导生活污水和工业废水的 COD 的检测。虽然这个方法研究比较深入,但是氧化体系使用了对流路腐蚀性较大的重铬酸钾,氧化体系仍受氯离子影响,不适用于海水分析。

高锰酸钾具有氧化性强,反应体系酸度小,对流路腐蚀小等特点,因此众多研究者(乐琳等,2005;Appleton et al.,1986;范世华等,1996;张志忠等,2004;张世强等,2008;张一等,2007;徐学仁等,2003;李景印等,2006;刘莹等,2006;李俊生等,2009;肖玲等,2012)均依据 $KMnO_4$ 在反应前后一定波长下吸光值的变化对 COD 值进行定量,并且该方法测定海水中的 COD 是可行的,目前大量科研工作者致力于该方法的开发,但想要达到现场应用的水平,还有大量工作要做。

硫酸高铈在酸性介质中也具有很强的氧化能力,利用它作为氧化剂不受氯离子影响,体系反应条件温和,不存在重金属的二次污染。因此 Ce(Ⅳ)非常适合水样中有机物的分析,Korenaga(1993)、范世华等(1996)建立了以 $Ce(SO_4)_2$ 作氧化剂的流动注射分光光度法测定各种不同类型废水中的 COD 的方法,测量结果令人满意。

5. 电化学法

电化学方法测定 COD 具有操作简便、试剂用量少、消解时间短等特点(丁红春,2006;王娟等,2004;LEE KH,1999)。目前主要有库仑分析法、极谱分析法、电位分析法、安培滴定法等(苏文斌等,2007;李雨仙等,1982)。

在电化学研究的范畴中,用氧化体系氧化有机污染物,再利用有机物消解信号,如电位、电流等的变化估算 COD 成为主流,国内试行的方法即为库仑法(杨先锋等,1997)。该方法利用电解产生的亚铁离子作为库仑滴定剂进行库仑滴定,根据消耗的电量求剩余的氧化剂的量,计算 COD。此外,Lee(1999)运用薄层电化学方法在很小的池体积内对水样进行耗竭电解,通过消耗电量求 COD。

袁洪志(1994)利用单扫描极谱测定在强酸溶液中产生的氧化剂中六价铬的量,间接求 COD。DAN 等(2000)同样提出了一种通过单扫描示波极谱测定 COD 的方法,使用重铬酸钾结合硫酸磷酸混合消解,使回流时间缩短到 15 min,通过研究混合酸浓度、回流时间、重铬酸钾浓度以及干扰物质,最终实现的方法与标准回流相对偏差小于 1.5%。

另外,电位法也被列入研究范围,主要的方法包括将一定比例的反应溶液回流 10 min后,冷却稀释,用示波器指示终点进行示波电位滴定,或根据氧化过程的电势变化,利用pH 电极或氧化还原电极直接测定电势,从而测定 COD(朱洪涛等,2003)。陈云南等(2012)即依据上述电位法后者的原理,开创性地使用电位滴定法测定水中的高锰酸盐指数,并取得了良好的结果。

综上所述,电化学法建立在经典氧化体系的基础上,通过库仑滴定、电位滴定和极谱法,使 COD 的测定方法向自动化方向迈进了一步。

6. 化学发光法

化学发光分析是近年来迅速发展的一种高灵敏的微量和痕量分析技术，具有线性范围宽、仪器简单和没有空白等优点。目前主要开发了以 $K_2Cr_2O_7$、$KMnO_4$ 和 O_3 作为氧化剂的三种体系检测 COD。$K_2Cr_2O_7$ 体系的反应原理是在酸性体系下，产生的 Cr^{3+} 可以催化 Luminol - H_2O_2 体系产生强的化学发光，且产生的化学发光强度与 Cr^{3+} 成良好的线性关系。杨泽玉（2003）、Hu（2004）等进行了此类体系的研究，前者提出了该体系下采用一种光电二极管做检测器测定水体的 COD 的新方法。Tian（2008）、Yao（2009）、Li（2003）等均以 $KMnO_4$ 消解体系测量其催化各类 Luminol 体系前后的发光强度的变化来测量 COD 值。

臭氧是氧的同素异形体，是一种强氧化剂，它的氧化还原电位在酸性介质中为 2.07 V，仅次于氟，在碱性介质中为 1.24 V。臭氧是高效的无二次污染的氧化剂，氧化反应之后生成物是氧气，臭氧可以氧化大部分有机物（储金宇等，2002；陈琳等，2004）。因此目前利用臭氧这个特性开发了很多技术。以臭氧作氧化剂的反应机理是水体中的还原性物质被氧化后，剩余的臭氧能氧化 Luminol 体系发光，发光强度与臭氧的浓度呈线性关系，通过测量臭氧的消耗量来计算 COD 值（Jin et al.，2004），研究者通过对标准物质-萘酚的研究，确定了最佳实验条件，对实际水样的测定值相对于经典高锰酸钾法一致偏高，说明臭氧的氧化效率比高锰酸钾高。但是该方法由于海水基体干扰严重，因此在海水检测中应用性不广，优势无法体现。实验表明，在紫外光的照射下，臭氧可加快分解产生羟基自由基，从而加快废水中有机物的降解速率。刘岩（2007）、靳保辉等（2005）利用 O_3/UV 与化学发光法联用测定海水中 COD，效果较好。

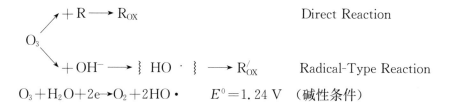

$$O_3 + H_2O + 2e \rightarrow O_2 + 2HO \cdot \qquad E^0 = 1.24 \text{ V} \quad （碱性条件）$$

7. 光催化法

光催化氧化法是将宽禁带 n 型半导体制备染料敏化太阳能电池和光催化降解有机物的高级氧化技术应用到 COD 的测定中而发展起来的一种测定方法。其原理是以半导体纳米材料作为催化剂，当受到能量大于或等于带隙宽度（3.2 eV）的紫外光照射时，纳米材料价带上的电子受激跃迁到导带，在半导体的导带和禁带上分别形成光生电子和空穴对，在外界作用下，分别迁移至纳米材料表面不同位置，光生空穴与水反应生成羟基，空穴与羟基自由基均具有强氧化性，可催化降解水体中的有机污染物；光生电子具有还原性，可直接还原金属原子，也可与纳米材料表面吸附的氧分子反应生成单线态氧与羟基。整个催化反应最关键的步骤是光的激发和电荷迁移，一般可通过对纳米材料进行金属掺杂、半导体复合、贵金属沉积、施加电场等方式拓宽半导体的光吸收波长范围和提高电荷迁移的性能，其中，利用外加电场的氧化方式又称为光电催化氧化法。目前，所使用的纳米材料主要有 ZnO、SnO$_2$ 和 TiO$_2$（Yang et al.，2002；Cossu et al.，1998；Borgarello et al.，1981），相比之下，TiO$_2$来源丰富、价格低廉、耐酸碱腐蚀、耐光蚀、化学稳定性好。利用 TiO$_2$所构成的体系有 TiO$_2$- K$_2$Cr$_2$O$_7$ 体系（Ai et al.，2004）、TiO$_2$- KMnO$_4$ 协同体系（李嘉庆等，2003）、TiO$_2$-Ce（SO$_4$）$_2$ 共存体系（Chai et al.，2006）、TiO$_2$ 薄膜电极体系（Chen et al.，2005）、CdS - TiO$_2$ 复合半导体电极（方艳菊等，2005）等。

该方法氧化效率高，准确度高，无二次污染，测定成本低，但较适用于清洁或微污染水体 COD 的测定。纳米 TiO$_2$ 作为一种绿色的环境功能材料，对生物体无毒害性，利用 TiO$_2$光催化降解污染物测定 COD，也可从根本上解决传统 COD 测定过程中的二次污染问题，若能将其应用于污染或重污染水体，在将来 COD 测定中将占据主导地位。

8. 紫外吸收光谱法

水中多数有机污染物在紫外区都有特征吸收，有机物污染物的浓度与对特定波长下的吸光度遵循朗伯-比尔定律（林桢，2006）。研究表明，对于某些组分单一且稳定的水样，在波长为 254 nm 处的紫外吸光度 A$_{254}$ 与 COD 之间有较好的相关性（Chen et al.，1994）。早在 1965 年，Norio 和 Ogura 就发现了不同种类水体中有机物浓度与其紫外吸光度之间具有一定的关系，经过 10 多年的深入研究后确定水体中有机物在波长 250 nm 处的紫外吸光度与水体 COD 有明显相关性。由此，日本 80% 的 COD 测定均采用 UV 法，该法被列入日本工业标准 K - 0807。

国内也有学者试图将此法用于海水监测，但是由于有机物组成不具有唯一性，同时时空变化大，方法本身不具有高分辨功能，特别是对长江口高悬浮物水体，吸光值的测定干扰较大，因此该法在海洋上不可能具有广泛的适用性。

9. 相关系数法

相关系数法就是利用适合某类水体的方法分别测定其 TOC 和 COD 值，然后找出两者之间的相关关系，以期使用 TOC 直接换算即可得出 COD。然而，在研究者众多的实验中发现各类水体的基本结论大同小异，即同一水体或一类水体，TOC 与 COD 具有相关性，能求得其线性回归方程或比值；不同的水体或非同一类水体，TOC 与 COD 相关性不同，具有不同的线性回归方程或比值（邱晓国，2010；陈光，2005）。

TOC 和 COD 的反映原理都是基于氧化还原反应，不同的是，TOC 的测定是采用高温燃烧法直接测定水中含碳量的方式，测定结果不受水中其他还原性物质的影响，且高温氧化消解体系可氧化水中几乎所有的有机物，因此可反映水中有机污染的程度。COD 采用的是测定与有机物反应的氧化剂的量，从而间接反映有机污染物含量的方式，若水中含有其他无机还原性物质，则会对测定结果产生正干扰；另 COD 的测量主要通过采用氧化剂，由于氧化剂氧化能力的局限，某些有机物很难被氧化或完全氧化。因此，COD 所表征的实际上是水样在测定条件下能被氧化剂氧化的污染物的量，不能反映水体中全部有机物的污染程度（袁懋，2008）。

4.3　数据处理方法

判定方法测定结果的准确度和精密度。准确度和精密度较高时，通过实验作图、相关性分析和回归分析来研究盐度对检测方法是否产生影响,评价检测方法的适用性。本节列举了第 4、5、6 章中相关数据的统计方法。

4.3.1 方法准确性评价

1) 准确度

准确度是指测得值与真值之间的符合程度。准确度的高低常以误差的大小来衡量。即误差越小,准确度越高;误差越大,准确度越低。

在检测方法筛选的预实验和室内优化试验中,实验结果与真值相比较,因此采用相对误差来表示准确度的高低:

$$相对误差(RE) = |\ 测量值 - 真实值\ | / 真实值 \times 100\% \qquad (4-1)$$

在检测方法现场应用验证中,实验结果与平均值相比较,采用相对偏差来表示准确度的大小。相对偏差是指某一次测量的绝对偏差占平均值的百分比。相对偏差是用来衡量单项测定结果对平均值的偏离程度。

对于一组数据(大于 2 个)相对偏差的计算方法:

$$绝对偏差 = 单次测定值 - 平均值 \qquad (4-2)$$

$$相对偏差(RD) = 绝对偏差 / 平均值 \times 100\% \qquad (4-3)$$

对于测定结果对来说,相对偏差的计算公式为:

$$相对偏差(RD) = |\ A_2 - A_1\ | / |\ A_2 + A_1\ | \times 100\% \qquad (4-4)$$

2) 精密度

精密度是指在相同条件下 n 次重复测定结果彼此相符合的程度,精密度是保证准确度的先决条件。本实验中采用相对标准偏差来表示精密度的大小:

$$相对标准偏差 RSD(\%) = 标准偏差 / 平均值 \times 100\% \qquad (4-5)$$

4.3.2 回归分析与相关性分析

利用 EXCEL 对实验数据进行作图和回归分析。

相关系数公式进行计算:

$$Correl(X, Y) = \left[\sum (x - x')(y - y') \right] / \sqrt{\left[\sum (x - x')^2 \sum (y - y')^2 \right]} \qquad (4-6)$$

式中,$x'\ y'$ 分别为样本 x,y 数据组的平均值。

利用 SPSS 19.0 对实验数据进行相关性分析,以及非线性拟合。

4.3.3 F 检验法

F 检验常用于两组数据是否具有相同的精密度或方差的齐性检验,即检验在不同的分析条件下所得的两组数据样本是都来自一个方差为 σ^2 的总体。例如用于进行 t 检验之前预测总体方差是否相等的检验,只有两方差相等时方可进行 t 检验。

进行 F 检验时,首先分别按式(4-6)和式(4-7)计算两组数据的样本方差:

$$S_1^2 = \frac{\sum(x_1 - \bar{x}_1)^2}{n-1} \tag{4-7}$$

$$S_2^2 = \frac{\sum(x_2 - \bar{x}_2)^2}{n-1} \tag{4-8}$$

再以两个方差中较大者为分子,较小者为分母,按式(4-9)计算两个方差的比值作为统计量 F 值:

$$F = \frac{S_1^2}{S_2^2} (S_1^2 \geqslant S_2^2) \tag{4-9}$$

对于显著性水平 α,S_1^2 和 S_2^2 属于同一总体方差 σ^2 的无偏估计这一假设的拒绝域为:

$$\frac{S_1^2}{S_2^2} > F_{(\alpha, V_1, V_2)} \tag{4-10}$$

4.3.4 显著性差异检验(t 检验)

对于采用两种完全不同的方法所得到的试验结果,通过显著性差异检验,来确定两组数据之间是否存在系统误差。

第 1 组数据:n_1,s_1,$\bar{x}_1$

第 2 组数据:n_2,s_2,$\bar{x}_2$

其中:n_1 为仪器法的平行测定次数;

$\quad$ s_1 为仪器法的各次平行测定结果的标准偏差;

$\quad$ $\bar{x}_1$ 为仪器法的各次平行测定结果的算术均值;

$\quad$ n_2 为国标法的平行测定次数;

$\quad$ s_2 为国标法的各次平行测定结果的标准偏差;

$\quad$ $\bar{x}_2$ 为国标法的各次平行测定结果的算术均值。

可按式(4-11)求算出统计量 t 值:

$$t = \frac{|\bar{x}_1 - \bar{x}_2|}{S}\sqrt{n} \tag{4-11}$$

其中 s 为合并标准偏差,计算方法如式(4-17)所示:

$$S = \sqrt{\frac{\sum(x_{1i} - \bar{x}_1)^2 + \sum(x_{2i} - \bar{x}_2)^2}{(n_1 - 1) + (n_2 - 1)}} \tag{4-12}$$

t 检验法的判定准则:

$t < t_{\alpha(0.05),f}$,差别不显著;

$t_{\alpha(0.05)} < t < t_{\alpha(0.01),f}$，差别较显著；

$t > t_{\alpha(0.01),f}$，差别很显著。

其中，$\alpha = 0.05$ 为显著性水平，f 为自由度，$f = n_1 + n_2 - 2$。

4.4 盐度影响实验

本节选用了三种 COD 测定方法，即碱性高锰酸钾法(海洋监测规范第 4 部分：海水分析 GB 17378.4 - 2007/32)、高锰酸盐指数法-碱性法(国家环境保护总局，2002，等同 GB 11892 - 89)和臭氧法(山东仪器仪表研究所科研成果)进行盐度对 COD 检测的影响研究，主要以浓度和盐度的正交实验方法开展。

方法研究选用腐殖酸钠作为标准物质，这主要是由于实验探索中发现葡萄糖易被氧化；邻苯二甲酸氢钾结构稳定，碱性高锰酸钾体系无法氧化该物质。传统的标准物质无法进行氧化能力的比对，而腐殖酸钠具有较为丰富的基团，可以比较全面地代表自然界中各种有机物的基团组成，被氧化的容易程度介于葡萄糖和邻苯二甲酸氢钾之间，因此被盐度与 COD 浓度正交实验选用。

4.4.1 实验试剂及仪器设备

1. 实验试剂

氢氧化钠、浓硫酸(GR)、硫代硫酸钠、高锰酸钾、淀粉、碘化钾、碘酸钾标准溶液 ($C(1/6KIO_3) = 0.010\ 0\ mol/L$)、草酸钠(基准试剂)、腐殖酸钠、氯化钠、硫酸镁、氯化镁、氯化钙、氯化钾和碳酸氢钠。

实验试剂未加特殊说明均为分析纯，实验用水均为二次去离子水。

实验所用试剂配制均按相关标准规范执行。

2. 仪器设备

碱式滴定管，酸式滴定管，电加热板，250 mL 锥形瓶，250 mL 碘量瓶，10 mL 移液管，10 mL 刻度移液管，100 mL 量筒，定量加液器 1 mL、5 mL。

4.4.2 试剂配制

1. 碱性高锰酸钾法

(1) 氢氧化钠溶液：称取 250 g 氢氧化钠，溶于 1 000 mL 水中，盛于聚乙烯瓶中。

(2) 高锰酸钾溶液的配制：称取 3.2 g 高锰酸钾，溶于 200 mL 水中，加热煮沸 10 min，冷却，移入棕色试剂瓶中，稀释至 10 L，混匀。放置 7 d 左右，用玻璃砂芯漏斗过滤。

(3) 硫代硫酸钠标准溶液(0.01 mol/L)：称取 25 g 硫代硫酸钠，用刚煮沸冷却的水溶解，加入 2 g 碳酸钠，移入棕色试剂瓶中，稀释至 10 L，混匀。置于阴凉处。

(4) 碘酸钾标准溶液($0.010\ 0\ mol/L$)：此标准溶液由国家海洋局第二海洋研究所配

制生产。

(5) H_2SO_4(1+3)：搅拌下，将 1 体积 H_2SO_4(1.84 g/mL)，缓慢加入 3 体积水中，趁热滴加高锰酸钾溶液(0.010 0 mol/L)，至显微红色不退为止，盛于试剂瓶中。

(6) 淀粉溶液(5 g/L)：称 1 g 可溶性淀粉，用少量水搅成糊状，加入 100 mL 煮沸的水，混匀，继续煮至透明。冷却后加入 1 mL 乙酸，稀释至 200 mL，盛于试剂瓶中。

2. 高锰酸盐指数-碱性法

(1) 草酸钠标准储备液($1/2Na_2C_2O_4$ = 0.100 0 mol/L)：称取 0.670 5 g 在 105～110℃烘干 1 h 并冷却的优级纯草酸钠溶于水，移入 100 mL 容量瓶中，用水稀释至标线。

(2) 草酸钠标准使用液($1/2Na_2C_2O_4$ = 0.010 0 mol/L)：吸取 10.00 mL 上述草酸钠溶液移入 100 mL 容量瓶中，用水稀释至标线。高锰酸钾溶液、氢氧化钠溶液及硫酸溶液的试剂配制同碱性高锰酸钾法。

3. 试验样品制备

腐殖酸钠标准溶液：准确称取 0.150 g 腐殖酸钠颗粒，溶解于 100 mL 去离子水中，摇匀。

人工海水：称取一定量的氯化钠、硫酸镁、氯化镁、氯化钙、氯化钾和碳酸氢钠溶解于去离子水中，配制得盐度为 30 的人工海水，以此逐级稀释得到盐度为 20、10、5、2、1 的盐度梯度的人工海水。

取用腐殖酸钠标准溶液 0.5、1.0、1.5、2.0、2.5、3.0、5.0、6.0 mL，用一定盐度的人工海水稀释定容至 1 L，混匀后，待测，得到的待测样的标准溶液浓度为 0.750、1.50、2.25、3.00、3.75、4.50、7.50、9.00 mg/L。

4.4.3 实验及计算方法

1. 碱性高锰酸钾法

(1) 量取 100 mL 水样置于 250 mL 锥形瓶中，加入 1 mL 40％氢氧化钠溶液，加 10.0 mL 0.01 mol/L 高锰酸钾溶液，混匀，加几粒玻璃珠。

(2) 加热至沸，准确煮沸 10 分钟(从冒出第一个气泡开始计时)，迅速冷却至室温。

(3) 加入 5 mL (1+3)硫酸溶液，加 0.5 g 碘化钾，混匀，于暗处放置 5 分钟。

(4) 在搅拌下用已标定的硫代硫酸钠标准溶液滴定至溶液呈淡黄色，加入 1 mL 5 g/L淀粉溶液，继续滴定至蓝色刚刚退去。将滴定管读数记于记录表中。两平行样读数相差不超过 0.10 mL。

(5) 取 100 mL 重蒸馏水，按以上步骤测定分析空白。

(6) 按下式计算 COD：

$$COD_{Mn} = C_{Na_2S_2O_3} \times (V_2 - V_1) \times 8.0 \times 1\,000/V \tag{4-13}$$

式中，$C_{Na_2S_2O_3}$——硫代硫酸钠的浓度，mol/L；

V_2——分析空白值滴定消耗硫代硫酸钠溶液的体积，mL；

V_1——滴定样品时硫代硫酸钠的体积,mL;

V——所取水样体积,mL;

COD_{Mn}——水样的 COD,mg/L。

(7) 硫代硫酸钠标准溶液的标定:移取 10.00 mL 0.010 0 mol/L 碘酸钾标准溶液于碘量瓶中,加 0.5 g 碘化钾,再加入 1.0 mL(1+3)硫酸溶液,塞好瓶塞,混匀,用少量水封口,在暗处放置 2 分钟后。取出加入 50 mL 水,在搅拌下,用硫代硫酸钠溶液滴定至淡黄色,加入 1 mL 5 g/L 淀粉溶液,继续滴定至蓝色刚刚褪去。重复标定至两次读数差小于 0.05 mL 为止。

按下式计算 $Na_2S_2O_3$ 浓度:

$$C_{Na_2S_2O_3} = 10.00 \times 0.010\ 0/V_{Na_2S_2O_3} \qquad (4-14)$$

式中,$C_{Na_2S_2O_3}$——硫代硫酸钠标准溶液浓度,mol/L;

$V_{Na_2S_2O_3}$——硫代硫酸钠标准溶液的体积,mL。

2. 高锰酸盐指数-碱性法

(1) 量取 100 mL 水样置于 250 mL 锥形瓶中,加入 1 mL 40%氢氧化钠溶液,加 10.0 mL 0.01 mol/L 高锰酸钾溶液,混匀。

(2) 将锥形瓶放入沸水浴中加热 30 min(从水浴重新沸腾起计时),沸水浴的液面要高于反应溶液的液面。

(3) 取下锥形瓶,冷却至 70~80℃,加入(1+3)硫酸 5 mL 并保证溶液呈酸性,加入 0.010 0 mol/L 草酸钠溶液 10.00 mL,摇匀。

(4) 迅速用 0.01 mol/L 高锰酸钾溶液回滴至溶液呈微红色为止。

(5) 高锰酸钾溶液浓度的标定:将上述已滴定完毕的溶液加热至约 70℃,准确加入 10.00 mL 草酸钠标准溶液(0.010 0 mol/L),再用 0.01 mol/L 高锰酸钾溶液滴定至显微红色。记录高锰酸钾溶液的消耗量,按下式求得高锰酸钾溶液的校正系数(K)。

$$K = 10.00/V \qquad (4-15)$$

式中,V——高锰酸钾溶液消耗量,mL。

(6) 高锰酸盐指数

$$高锰酸盐指数量(O_2,mg/L) = [(10+V_1)K - 10] \times M \times 8 \times 1\ 000/100$$

$$(4-16)$$

式中,V_1——滴定水样时,高锰酸钾溶液的消耗量(mL);

K——校正系数;

M——草酸钠溶液浓度(mol/L);

8——氧(1/2O)摩尔质量。

3. 臭氧法

(1) 开机检查:检查进水口过滤器是否有泥沙堵塞的状况。如有,拔下清洗或替换新的过滤器。

（2）开机：打开仪器的电源开关，仪器操作界面定格在主菜单。

（3）测量水样：按自动测量，等待5～10 min，观察结果和曲线。

（4）测量数据读取：按操作面板的"上、下切换键"，选定"历史数据"项，按"确认"键进入此项，出现仪器最新测量的数据，读取完成后，按"菜单"键返回主菜单。

（5）关闭仪器：清洗完仪器后，按下电源开关，关闭臭氧法海水COD自动分析仪。

4.4.4 结果分析

考察盐度对COD测定值是否影响时采用平行性检验方法，若各个盐度样品测得值同盐度为0的样品之间相对偏差符合质量控制要求（参考《GB 17378.2－2007海洋监测规范第2部分：数据处理与分析质量控制》具体指标见表4.1），即认为该样品测得值不受盐度影响。

表4.1　平行样相对偏差表

分析结果所在数量级	10^{-4}	10^{-5}	10^{-6}	10^{-7}	10^{-8}	10^{-9}	10^{-10}
相对偏差容许限/%	1.0	2.5	5.0	10.0	20.0	30.0	50.0

1. 碱性高锰酸钾法

取用配制好的水样，用碱性高锰酸钾法进行三平行测定，测定结果及相对标准偏差RSD、相对误差RE、相对偏差S计算结果见表4.2、4.3及4.4。其中相对标准偏差用来表征精密度的大小，相对误差用来表征准确度的高低，相对偏差用来表征COD测定结果是否受盐度影响。

表4.2　盐度梯度下碱性高锰酸钾法COD_{Mn}测定值及相对标准偏差

标准液浓度 (mg/L)	各盐度样品检测结果(mg/L)							相对标准偏差 RSD(%)
	0	1.0	2.0	5.0	10.0	20.0	30.0	
0.750	0.328	0.333	0.404	0.404	0.477	0.282	0.234	21.7
1.50	0.525	0.559	0.524	0.589	0.659	0.633	0.550	8.5
2.25	0.734	0.761	0.664	0.758	0.873	0.750	0.670	8.7
3.00	1.00	0.965	0.917	0.951	1.02	1.03	0.948	6.2
3.75	1.25	1.15	1.17	1.19	1.21	1.16	1.14	6.1
4.50	1.37	1.34	1.24	1.41	1.41	1.34	1.36	6.8
7.50	1.91	1.98	2.03	2.11	2.00	1.99	1.96	3.2
9.00	2.26	2.31	2.36	2.31	2.38	2.31	2.31	1.6

表4.3　盐度梯度下碱性高锰酸钾法COD_{Mn}测定值相对误差

标准液浓度 (mg/L)	相对误差$RE_{盐度}$（%）					
	$RE_{1.0}$	$RE_{2.0}$	$RE_{5.0}$	$RE_{10.0}$	$RE_{20.0}$	$RE_{30.0}$
0.750	1.56	23.1	23.1	45.4	14.1	28.7
1.50	6.42	0.233	12.2	25.6	20.5	4.83
2.25	3.63	9.47	3.31	18.9	2.15	8.72

标准液浓度 （mg/L）	相对误差 RE$_{盐度}$（%）					
	RE$_{1.0}$	RE$_{2.0}$	RE$_{5.0}$	RE$_{10.0}$	RE$_{20.0}$	RE$_{30.0}$
3.00	3.48	8.27	4.89	1.63	3.16	5.20
3.75	7.67	6.10	5.15	3.27	7.48	8.60
4.50	1.98	9.40	2.71	2.71	2.39	1.00
7.50	3.41	6.28	10.3	4.87	4.12	2.87
9.00	2.13	4.35	2.39	5.50	2.11	2.11

注：相对误差均采用 0 盐度的样品测定值为参比值计算所得。

表 4.4　盐度梯度下碱性高锰酸钾法 COD$_{Mn}$ 测定值相对偏差

标准液浓度 （mg/L）	相对偏差 S$_{盐度}$（%）					
	S$_{1.0}$	S$_{2.0}$	S$_{5.0}$	S$_{10.0}$	S$_{20.0}$	S$_{30.0}$
0.750	1.78	4.97	1.63	8.65	1.06	4.56
1.50	3.11	0.12	5.74	11.3	9.31	2.36
2.25	0.773	10.4	10.4	18.5	7.60	16.7
3.00	1.77	4.32	2.50	0.81	1.55	2.66
3.75	3.99	3.13	2.64	1.66	3.88	4.47
4.50	1.00	4.91	1.34	1.34	1.21	0.49
7.50	1.67	3.04	4.91	2.38	2.02	1.41
9.00	1.05	2.13	1.18	2.68	1.04	1.04

由于 COD 测定的各种方法氧化能力不一致，测定值不能达到理论 COD 值，因此中真实值取用盐度为 0 的样品 COD$_{Mn}$ 测得值（以下称参比样品）。

表 4.2 相对标准偏差计算结果表明，除了 0.750 mg/L 组数据外，其余组的数据相对标准偏差均小于 10%，证明该方法测定数据的精密度较高。

由表 4.3 相对误差计算结果及图 4.1 数据的分布情况可知，0.750 mg/L 标准样品组的盐度 1~30 的样品同参比样品之间的相对误差较大，最大值达到 45.4%；随着配制的标准浓度的增大，COD$_{Mn}$ 测定值同参比样品之间的相对误差逐渐减小，1.50~2.25 mg/L 组内仍存在个别测定值相对误差值大于 10%，甚至超过 20%；3.00~9.00 mg/L 组内的样品各含盐样品的 COD$_{Mn}$ 测定值参比样品相比，相对误差均小于 10%。相对误差的计算结果说明，在碱性高锰酸钾测定时，较低浓度的 COD$_{Mn}$ 样品（测定值<1 mg/L 时）测定的准确度相对较低，较高浓度的 COD$_{Mn}$ 样品（测定值>1 mg/L 时）测定的准确度较高。

根据图 4.2 绘制的各组数据的含盐样品同参比样品之间的相对偏差图可以得出，按照海洋监测规范第 2 部分：数据处理与分析质量控制的要求（表 4.1），在 COD$_{Mn}$ 测定值为 10^{-7} 量级时，除 0.750 mg/L 和 1.50 mg/L 组内个别样品外，其余样品均符合平行样质量控制要求，相对偏差均在 10% 以下；在 COD$_{Mn}$ 测定值为 10^{-6} 量级时，所有含盐样品同参比样品之间相对偏差均小于 5%，完全符合平行样品质量控制要求，因此可以证明该方法测定结果不受盐度影响。

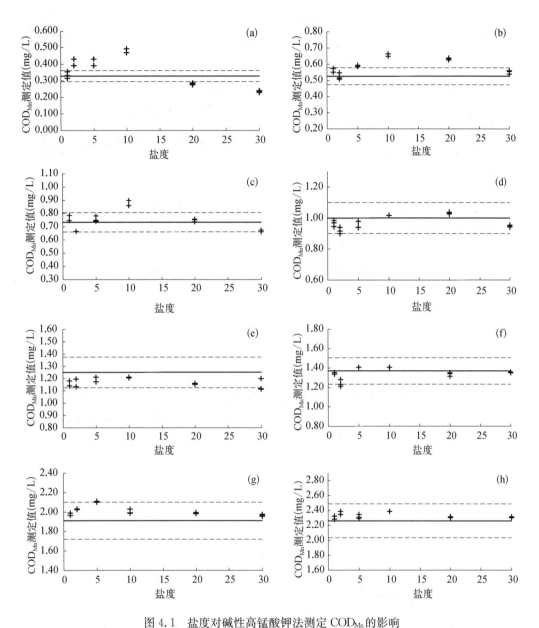

图 4.1 盐度对碱性高锰酸钾法测定 COD_{Mn} 的影响

（上下虚线为10%误差线；腐殖酸钠浓度(mg/L)：(a) 0.750；(b) 1.50；(c) 2.25；(d) 3.00；(e) 3.75；(f) 4.50；(g) 7.50；(h) 9.00)

　　为了进一步研究盐度对碱性高锰酸钾法测定 COD_{Mn} 的影响，利用 SPSS 19.0 软件对盐度(1～30)和 COD_{Mn} 测定值的相关性进行分析，采用的是 Pearson 相关系数，当显著性（双侧）小于 0.05 时，表示显著性相关；当显著性（双侧）大于 0.05 时，表示相关性不显著。由表 4.5 可知，标准物质浓度含量为 0.750～9.00 mg/L 时，显著性（双侧）均大于 0.05，即盐度对碱性高锰酸钾法测定 COD_{Mn} 的影响不明显。因此，碱性高锰酸钾法用于长江口水域水体的 COD 的测定可具有可行性。

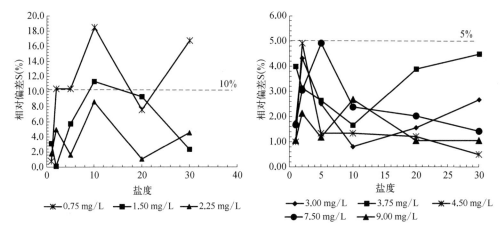

图 4.2　不同盐度配制样品 COD_{Mn} 相对偏差变化图

表 4.5　盐度与碱性高锰酸钾法 COD_{Mn} 测定值的相关性分析

	标准液浓度（mg/L）							
	0.750	1.50	2.25	3.00	3.75	4.50	7.50	9.00
Pearson 相关性	−0.594	−0.658	−0.191	0.154	−0.534	0.147	−0.146	0.045
显著性（双侧）	0.160	0.108	0.682	0.742	0.217	0.753	0.755	0.924
N	7	7	7	7	7	7	7	7

对以腐殖酸钠为标准物质配制的标准液浓度值和 COD_{Mn} 测定值进行线性拟合，图 4.3 表示碱性高锰酸钾法测定 COD_{Mn} 线性拟合结果；并以 COD_{Mn} 的测定值为因变量，记为 Y，以标准液浓度值为自变量，记为 X。对盐度为 1～30 的实验数据进行回归分析。

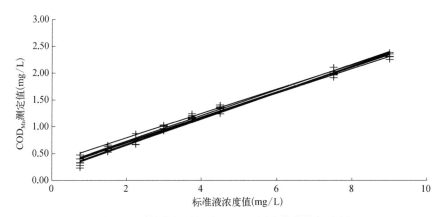

图 4.3　碱性高锰酸钾法 COD_{Mn} 测定值线性拟合图

回归方程及相关系数如下：

盐度 0：　　$Y = 0.229X + 0.248$　　$R = 0.983$，

盐度 1.0：　$Y = 0.235X + 0.224$　　$R = 0.995$，

盐度 2.0：　$Y = 0.243X + 0.182$　　$R = 0.995$，

盐度 5.0：　$Y = 0.239X + 0.249$　　$R = 0.993$，

盐度 10.0：$Y = 0.227X + 0.337$　　$R = 0.998$，

盐度 20.0: $Y = 0.235X + 0.237$ $R = 0.990$,

盐度 30.0: $Y = 0.244X + 0.162$ $R = 0.990$。

将各组数据平行样的平均值同配制得标准液浓度值之间进行线性拟合,相关系数均在 0.98 以上,且不同盐度的每组数据拟合所得曲线的斜率极其接近,几乎重合,进一步说明配制所得的不同浓度样品的 COD_{Mn} 测定值在盐度不断变化时非常稳定,由此可以证明,碱性高锰酸钾法测定 COD_{Mn} 不受盐度影响,该方法非常适用于长江口水域水体 COD_{Mn} 的测定。

2. 高锰酸盐指数-碱性法

取用配制好的水样,采用高锰酸盐指数-碱性法(以下称草酸钠法)进行测定,测定数据及精密度、准确度评判指标计算结果见表 4.6,4.7,4.8。

表 4.6 盐度梯度下草酸钠法 COD_{Mn} 测定值及相对标准偏差

标准液浓度 (mg/L)	各盐度样品检测结果(mg/L)							相对标准偏差 (RSD)(%)
	0	1.0	2.0	5.0	10.0	20.0	30.0	
0.750	0.786	0.944	0.887	0.851	0.940	0.939	0.701	9.89
1.50	1.08	1.10	1.18	1.19	1.17	1.07	1.01	5.63
2.25	1.41	1.52	1.54	1.53	1.50	1.29	1.30	7.06
3.00	1.62	1.69	1.77	1.79	1.73	1.59	1.54	5.22
3.75	2.00	2.23	2.20	2.19	2.19	2.00	1.97	5.06
4.50	2.42	2.65	2.56	2.50	2.56	2.46	2.41	3.16
7.50	3.06	3.10	3.27	3.35	3.36	3.31	3.34	3.58
9.00	3.74	3.99	3.75	3.85	4.03	3.86	3.93	2.65

表 4.7 盐度梯度下草酸钠法 COD_{Mn} 测定值相对误差

标准液浓度 (mg/L)	相对误差 $RE_{盐度}$(%)					
	$RE_{1.0}$	$RE_{2.0}$	$RE_{5.0}$	$RE_{10.0}$	$RE_{20.0}$	$RE_{30.0}$
0.750	18.7	11.6	7.09	18.2	18.1	11.7
1.50	1.81	9.57	10.5	8.39	1.23	6.09
2.25	7.88	9.22	8.27	6.62	8.85	7.81
3.00	4.20	9.54	10.3	6.99	1.58	4.99
3.75	11.5	10.2	9.67	9.67	0.23	1.49
4.50	9.35	5.97	3.31	5.98	1.65	0.33
7.50	1.28	6.97	9.60	9.73	8.28	9.08
9.00	6.73	0.33	2.94	7.79	3.24	5.10

注: 相对误差均采用 0 盐度的样品测定值为参比值计算所得。

表 4.8 盐度梯度下草酸钠法 COD_{Mn} 测定值相对偏差

标准液浓度 (mg/L)	相对偏差 $S_{盐度}$(%)					
	$S_{1.0}$	$S_{2.0}$	$S_{5.0}$	$S_{10.0}$	$S_{20.0}$	$S_{30.0}$
0.750	8.57	5.49	3.42	8.37	8.33	6.26
1.50	0.90	4.57	4.99	4.03	0.62	3.14
2.25	3.79	4.41	3.97	3.20	4.63	4.06
3.00	2.06	4.55	4.91	3.38	0.80	2.56
3.75	5.45	4.87	4.61	4.61	0.11	0.75
4.50	4.47	2.90	1.63	2.90	0.82	0.17
7.50	0.64	3.37	4.58	4.64	3.97	4.34
9.00	3.26	0.16	1.45	3.75	1.59	2.48

　　表 4.6 相对标准偏差计算结果表明,各组的数据相对标准偏差均小于 10%,证明该方法测定数据的精密度较高。

　　由表 4.7 相对误差计算结果及图 4.4 数据的分布情况可知,0.75 mg/L 的样品组内盐度 1~30 的样品同参比样品之间的相对误差较大,最大值达到 18.74%;随着配制的标准浓度的增大各含盐水的 COD_{Mn} 测定值同参比样品之间的相对误差逐渐减小,1.50~9.00 mg/L 组内的样品各含盐样品的 COD_{Mn} 测定值参比样品相比,除 2 个样品外其余样

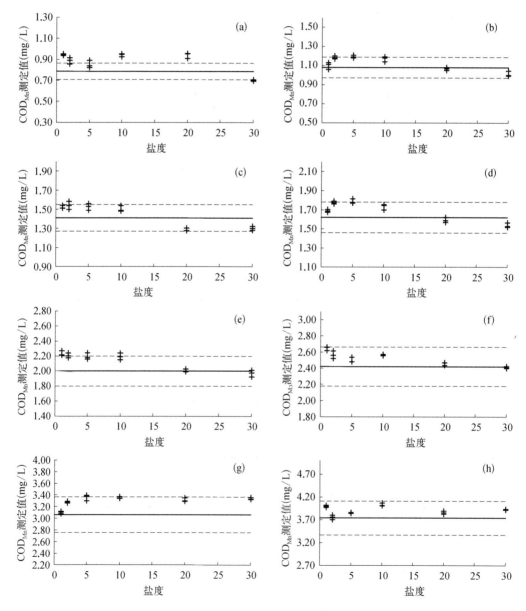

图 4.4　盐度对草酸钠法测定 COD_{Mn} 的影响

　　(上下虚线为 10% 误差线;腐殖酸钠浓度(mg/L):(a) 0.750;(b) 1.50;(c) 2.25;(d) 3.00;(e) 3.75;(f) 4.50;(g) 7.50;(h) 9.00)

品相对误差均小于 10%,相对误差的计算结果说明,在草酸钠法测定时,较低浓度的
COD_{Mn} 样品(测定值<1 mg/L 时)测定的准确度相对较低,较高浓度的 COD_{Mn} 样品(测定
值>1 mg/L 时)测定的准确度较高。

根据图 4.5 绘制的各组数据的含盐样品同参比样品之间的相对偏差图可以得出,按
照海洋监测规范第 2 部分:数据处理与分析质量控制的要求(表 4.1),在 COD_{Mn} 测定值为
10^{-7} 量级时,即 0.75 mg/L 组样品均符合平行样质量控制要求,相对偏差均在 10% 以下;
在 COD_{Mn} 测定值为 10^{-6} 量级时,除一个样品不合格外其余含盐样品同参比样品之间相对
偏差均小于 5%,完全符合平行样品质量控制要求,因此可以证明该方法测定结果不受盐
度影响。

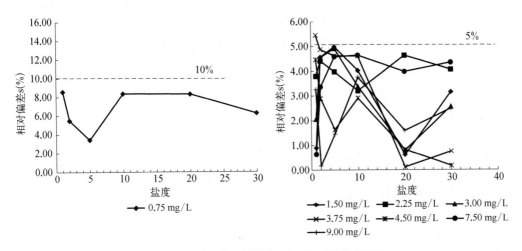

图 4.5　不同盐度配制样品 COD 相对偏差变化图

为了进一步研究盐度对草酸钠法测定 COD_{Mn} 的影响,利用 SPSS 19.0 软件对盐度
(1~30)和 COD_{Mn} 测定值的相关性进行分析,采用的是 Pearson 相关系数,当显著性(双
侧)小于 0.05 时,表示显著性相关;当显著性(双侧)大于 0.05 时,表示相关性不显著。由
表 4.9 可知,标准物质浓度含量为 0.750~9.00 mg/L 时,除 2.25 mg/L 样品外,其余样
品的显著性(双侧)均大于 0.05,即盐度对草酸钠法测定 COD_{Mn} 的影响不明显。因此,草
酸钠法用于长江口水域水体的 COD_{Mn} 的测定可具有可行性。

表 4.9　盐度与草酸钠法 COD_{Mn} 测定值的相关性分析

	标准液浓度(mg/L)							
	0.750	1.50	2.25	3.00	3.75	4.50	7.50	9.00
Pearson 相关性	−0.409	−0.645	−0.807*	−0.693	−0.641	−0.544	0.593	0.316
显著性(双侧)	0.362	0.118	0.028	0.084	0.121	0.207	0.161	0.490
N	7	7	7	7	7	7	7	7

注:* 表示在 0.05 水平(双侧)上显著相关。

对以腐殖酸钠为标准物质配制的标准液浓度值和草酸钠法 COD_{Mn} 测定值进行线性
拟合,图 4.6 表示草酸钠法测定 COD_{Mn} 的线性拟合结果;并以 COD_{Mn} 的测定值为因变量,

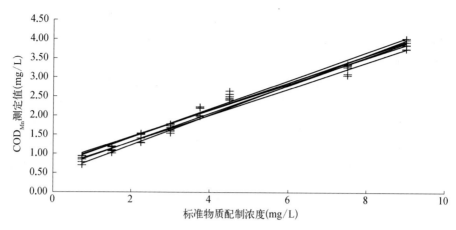

图 4.6　草酸钠法 COD_{Mn} 测定值线性拟合图

记为 Y，以标准液浓度值为自变量，记为 X。对盐度为 $1\sim30$ 的实验数据进行回归分析。

回归方程及相关系数如下：

盐度 0：　　$Y = 0.346X + 0.618$　　　$R = 0.985$，

盐度 1.0：　$Y = 0.357X + 0.712$　　　$R = 0.966$，

盐度 2.0：　$Y = 0.344X + 0.760$　　　$R = 0.981$，

盐度 5.0：　$Y = 0.358X + 0.712$　　　$R = 0.989$，

盐度 10.0：$Y = 0.372X + 0.686$　　　$R = 0.990$，

盐度 20.0：$Y = 0.368X + 0.578$　　　$R = 0.989$，

盐度 30.0：$Y = 0.392X + 0.444$　　　$R = 0.993$。

将各组数据平行样的平均值同配制的标准液浓度值之间进行线性拟合，相关系数除盐度为 1 的样品组是 0.966 外，其余组均在 0.98 以上，且不同盐度的每组数据拟合所得曲线的斜率极其接近，几乎重合。进一步说明配制所得的不同浓度样品的 COD_{Mn} 测定值在盐度不断变化时非常稳定。由此可以证明，碱性高锰酸钾法测定 COD_{Mn} 不受盐度影响，该方法非常适用用于长江口水域水体 COD_{Mn} 的测定。由于 COD 是条件指标，此法预处理时消解的时间较长，因此比碱性高锰酸钾法具有较高的氧化效率，然而由于该方法需要趁热滴定，因此数据的精密度和准确度相对难以控制，对操作的要求较高。

3. 臭氧法

取用配制好的水样，采用臭氧法进行测定，测定 COD 值见表 4.10。

表 4.10　盐度梯度下臭氧法 COD 测定值

标准液浓度（mg/L）	各盐度样品检测结果（mg/L）						
	0	1	2	5	10	20	30
0.750	1.48	0.700	0.690	0.570	0.520	0.560	0.480
	1.45	0.690	0.740	0.570	0.520	0.590	0.350
	1.45	0.790	0.690	0.560	0.520	0.610	0.350
平均值	1.46	0.727	0.707	0.567	0.520	0.587	0.393

续表

标准液浓度 (mg/L)	各盐度样品检测结果(mg/L)						
	0	1	2	5	10	20	30
1.50	2.23	2.25	1.84	1.56	1.46	1.03	0.710
	1.68	2.24	1.78	1.55	1.05	1.40	0.730
	2.71	2.24	1.67	1.55	1.05	1.47	0.740
平均值	2.21	2.24	1.76	1.55	1.19	1.30	0.727
2.25	4.36	4.16	2.96	2.27	1.87	1.42	1.03
	4.56	4.37	2.82	2.36	1.82	1.51	0.910
	4.38	4.72	2.70	2.35	1.87	1.45	1.03
平均值	4.43	4.42	2.83	2.33	1.85	1.46	0.990
3.00	6.06	4.94	3.73	2.24	2.45	1.88	1.85
	6.16	4.74	3.71	2.66	2.33	1.88	1.94
	6.06	4.74	3.70	2.66	2.30	1.76	1.77
平均值	6.09	4.81	3.71	2.52	2.36	1.84	1.85
3.75	8.61	6.10	5.50	3.62	2.52	2.10	2.10
	8.13	6.24	5.46	3.57	2.47	2.02	2.07
	8.05	6.34	5.53	3.5	2.50	1.92	2.15
平均值	8.26	6.23	5.50	3.56	2.50	2.01	2.11
4.50	10.7	6.57	5.70	4.79	3.79	2.89	2.41
	11.3	6.86	5.70	5.03	3.61	2.90	2.46
	11.3	6.98	5.69	4.88	3.58	2.82	2.45
平均值	11.1	6.80	5.70	4.90	3.66	2.87	2.44
7.50	20.8	16.2	12.4	8.78	6.51	4.24	3.91
	19.3	16.1	12.8	8.87	6.38	4.29	3.62
	21.0	16.1	12.6	8.28	6.35	4.25	3.84
平均值	20.3	16.1	12.6	8.64	6.41	4.26	3.79
9.00	26.0	18.0	14.4	9.98	7.53	4.28	4.70
	26.1	19.0	15.4	9.85	7.28	5.66	4.67
	26.3	18.7	14.8	9.68	6.95	5.18	4.56
平均值	26.1	18.5	14.8	9.84	7.25	5.04	4.64

　　根据图 4.7 臭氧法自制样品的 COD 测定值分布图显示,臭氧法测定 COD 值随着盐度的增加,同一浓度的样品测定值逐渐减小,且浓度越高,下降的趋势越明显,因此该方法受盐度影响明显,且均是负干扰。进一步探究其原因后初步推断出现这一现象的原因可能是海水水体中大量金属离子的存在对发光反应产生的光能量起了淬灭或者转移作用,虽然臭氧法反应的氧化还原电位比氯离子低,氯离子的影响消除,但是新的干扰又被引入,因此初步看该方法本身并不适用于统一长江口水域水体 COD 的测定。

　　对以上测定数据进一步分析研究发现,各自制样品的测定值同标准物质浓度之间的线性关系较好(图 4.8),只是由于盐度的增加,斜率有规律地下降,盐度升至一定值后,斜率下降的比例减小。且该台臭氧仪根据光能量总值换算 COD 值得数理模型采用简单的葡萄糖标准溶液一次回归,准确性有待考证。基于以上特征,结合上述实验采用了海水体系有机物代表性较强的腐殖酸钠作为标准物质,将引入数学模型,在理论 COD 值、原始光能量总值和盐度三者之间建立相关模型,相关关系式建立后,在测定不同盐度的样品时,只要通过原始光能量总值和盐度即可推算更为接近实际的 COD 值,以此优化该臭氧仪的数模系统,消除盐度对测定值的影响。

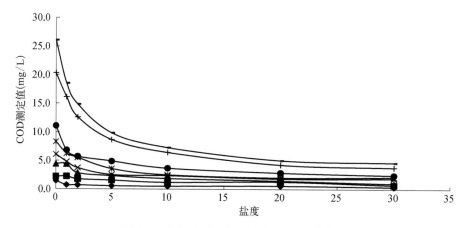

图 4.7 臭氧法测定自制样品 COD 值分布图

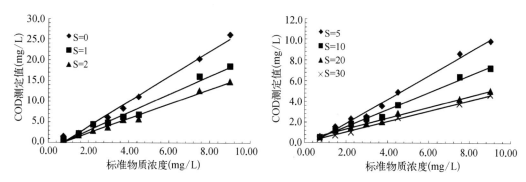

图 4.8 不同浓度梯度下 COD 测定值同标准物质浓度之间的相关性

　　准确称取 0.150 g 腐殖酸钠颗粒,溶解于 100 mL 去离子水中,得到浓度为 1 500 mg/L 标准溶液,此标准溶液的理论 COD 值为 1 911.5 mg/L。这是根据靳保辉博士论文中提到的理论化学耗氧量(ThOD)是指完全氧化某化合物为 CO_2、NH_3、SO_4^{2-}、$H_2PO_4^-$ 和 H_2O 时所消耗的氧化剂的量,以氧的质量浓度表示,计算化合物 ThOD 的公式如下:

$$C_nH_mO_eX_kN_jS_iP_h + bO_2 \rightarrow nCO_2 + [(m-k-3j-2i-3h)/2]H_2O$$
$$+ kHX + jNH_3 + iH_2SO_4 + hH_3PO_4$$
$$b = n + [(m-k-3j-2i-3h)/4] - (e/2) + 2i + 2h$$

　　根据以上计算公式,配制的样品的理论 COD 值为 0.96、1.91、2.87、3.82、4.78、5.73、9.56、11.47。

表 4.11 盐度梯度下臭氧法原始光能量测定值

标准液浓度 (mg/L)	盐 度						
	0	1	2	5	10	20	30
0.750	4 149	2 302	2 269	1 848	1 673	1 307	1 075
	4 152	2 263	2 443	1 828	1 670	1 314	1 073
	4 147	2 604	2 269	1 848	1 670	1 300	1 074
平均值	4 149	2 390	2 327	1 841	1 671	1 307	1 074

标准液浓度 (mg/L)	盐　　度						
	0	1	2	5	10	20	30
1.50	10 222	6 033	4 815	4 524	3 694	3 434	2 338
	10 282	6 016	4 623	4 405	3 493	3 503	2 410
	10 252	6 016	4 320	4 405	3 497	3 699	2 448
平均值	10 252	6 022	4 586	4 445	3 561	3 545	2 399
2.25	16 420	11 222	8 023	6 395	4 745	3 575	3 021
	16 389	11 782	7 328	6 405	4 896	3 822	2 985
	16 452	12 716	7 019	6 380	4 745	3 657	3 021
平均值	16 420	11 907	7 457	6 393	4 795	3 685	3 009
3.00	22 523	13 642	10 013	5 988	6 324	4 926	4 854
	22 553	13 280	10 013	7 216	6 191	4 920	5 105
	22 494	13 290	10 013	7 216	6 200	4 920	4 596
平均值	22 523	13 404	10 013	6 807	6 238	4 922	4 852
3.75	30 286	18 624	14 791	9 771	6 804	5 596	4 985
	30 259	18 676	14 791	9 663	6 698	5 343	5 014
	30 322	18 641	14 882	9 466	6 795	5 047	5 016
平均值	30 289	18 647	14 821	9 633	6 766	5 329	5 005
4.50	34 735	23 659	16 313	12 911	10 226	7 994	6 066
	34 854	23 726	16 313	13 531	9 752	7 994	6 119
	34 796	23 673	16 313	12 911	9 676	7 634	6 110
平均值	34 795	23 686	16 313	13 118	9 885	7 874	6 098
7.50	58 496	43 313	33 332	23 567	17 508	11 433	10 560
	58 442	43 093	34 220	23 812	17 138	11 576	9 778
	58 424	43 093	33 730	23 226	17 074	11 922	10 356
平均值	58 454	43 166	33 761	23 535	17 240	11 644	10 231
9.00	69 878	48 239	38 547	26 777	20 229	15 214	12 655
	69 878	50 718	41 240	26 415	19 560	14 948	12 545
	70 303	50 010	38 500	25 959	19 678	15 533	12 500
平均值	70 020	49 656	39 429	26 384	19 822	15 232	12 567

将上述光能量总值及盐度的数据,结合计算得的理论 COD 值画出三者之间的关系图,如图 4.9 所示。从图中可以清晰地看出仪器值与 COD 之间呈现线性关系,与盐度之间呈现非线性关系,并且在盐度发生变化时,仪器值与 COD 之间的线性斜率发生变化,而在 COD 发生变化时,仪器值与盐度之间的非线性关系也在发生变化,说明盐度与 COD 之间存在交互影响,鉴于此,在三者之间建立非线性回归模型较为合适。

将 COD 作为因变量 Y,仪器值(Result)和样品盐度(Salt)作为自变量 X_1 和 X_2,构建了多元非线性的多项式模型(式 4-16):

$$Y = F(X_1, X_2) = a + bX_1 + cX_2 + dX_1X_2 \qquad (4-16)$$

其中 a、b、c 和 d 为需要确定的参数值。

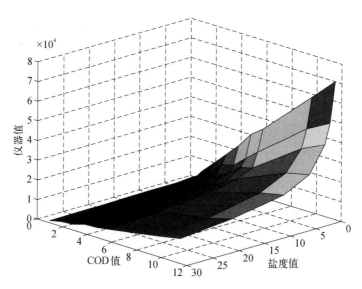

图 4.9　仪器值、盐度和 COD 关系图（后附彩图）

利用 SPSS 19.0 软件对数据进行非线性拟合,软件输出结果如表 4.12,4.13 所示。

表 4.12　非线性拟合结果参数估计值

参数	估计	标准误差	95%置信区间	
			下限	上限
a	1.256	.222	.810	1.702
b	.000	.000	.000	.000
c	−.082	.016	−.114	−.050
d	3.343E−5	.000	2.980E−5	3.706E−5

表 4.13　非线性拟合 ANOVA 值

源	平方和	df	均方
回归	2 108.449	4	527.112
残差	33.795	52	.650
未更正的总计	2 142.244	56	
已更正的总计	664.185	55	

注:因变量:COD;R2=1−(残差平方和)/(已更正的平方和)=.949。

根据拟合的结果,得到了 COD(Y)、仪器值(X_1)和样品盐度(X_2)三者之间的关系模型,如公式 4−17 所示:

$$Y = 1.256 − 0.082X_2 + 3.343^{-5}X_1X_2 \tag{4-17}$$

模型的决定系数为 0.949,从图 4.10 可以看出实际值和预测值基本为同一条直线,图 4.11 中可以看出残值绝对值的波动量很小,说明回归方程拟合精度很高。

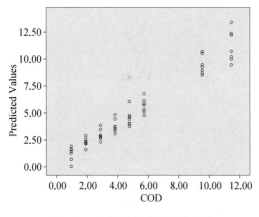

图 4.10 预测值与实际值关系图

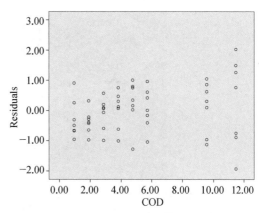

图 4.11 残值与实际值关系图

结合盐度研究结果,在长江口水域 COD 的推荐方法为两种:碱性高锰酸钾法、高锰酸盐指数-碱性法。臭氧法由于引入较复杂的数学模型,暂时还不适合推广为普适性的方法,新方法的开发还有待进一步探索。

碱性高锰酸钾法及高锰酸盐指数法-碱性法均适用氯离子浓度高于 300 mg/L 的河口水、近岸海水及大洋水,其中高锰酸盐指数法比碱性高锰酸钾法的氧化效率稍高,两者均适用于 COD 浓度较低的水体。

结合实验分别对三种方法的检出限及精密度进行了计算,计算结果见表 4.14。

表 4.14 COD 检测方法指标评价

推荐方法	相对误差(%)	检出限(mg/L)	精密度(RSD%)
碱性高锰酸钾法	2.11～5.50%	0.056 8	2.12
高锰酸盐指数-碱性法	0.33～7.79%	0.055 3	4.55

4.5 方法关联性分析

4.5.1 酸性高锰酸盐指数法和碱性高锰酸钾法

本节通过对长江口水域 COD_{Mn} 值的测定,探究高锰酸盐指数法和碱性高锰酸钾法之间的相关性,初步探讨两种检测方法的数据校正关系,实现这两种方法测定结果的相互转化,增加与完善评价体系中的指标,完成淡水和海水 COD 数据的衔接。

1. 试验区域

2014 年 8 月份在长江口内及黄浦江沿岸采集了若干实际水样,采集站位图 4.12。

2. 实验试剂及仪器设备

实验试剂:高锰酸钾溶液(0.01 mol/L),氢氧化钠溶液(25%),硫酸(GR)溶液

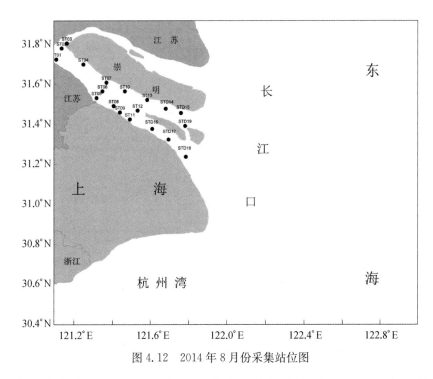

图 4.12　2014 年 8 月份采集站位图

（1∶3），草酸钠溶液（0.010 0 mol/L），硫代硫酸钠标准溶液（0.01 mol/L），淀粉溶液（5 g/L）以上试剂除特殊说明外其余均为分析纯药品配制，所用溶剂均为去离子水；碘酸钾标准溶液（0.010 0 mol/L），GBW08621；碘化钾。其中高锰酸钾溶液使用时需当天标定浓度。

仪器设备：碱式滴定管，酸式滴定管，电加热板，250 mL 锥形瓶，250 mL 碘量瓶，10 mL 移液管，10 mL 刻度移液管，100 mL 量筒，定量加液器 1 mL、5 mL。

3. 结果与分析

将采集样品冷冻（－20℃）保存后带回实验室，解冻后采用酸性高锰酸盐指数（GB 11892 - 89）和碱性高锰酸钾法（GB 17378.4 - 2007）同时测定，以此探究两种方法测定结果之间是否具有相关性，测定结果见表 4.15 及图 4.12。

表 4.15　酸性法和碱性法 COD 含量比对实验结果（mg/L）

样品号	酸性法测定值（mg/L）	碱性法测定值（mg/L）	相对偏差（%）
1	3.35	2.11	22.6
2	2.78	1.95	17.4
3	2.29	1.52	20.4
4	2.22	1.44	21.5
5	2.09	1.28	24.2
6	2.04	1.44	17.4
7	2.23	1.40	23.0

续表

样品号	酸性法测定值(mg/L)	碱性法测定值(mg/L)	相对偏差(%)
8	2.19	1.28	26.3
9	2.19	1.32	24.8
10	2.61	1.59	24.2
11	2.10	1.40	20.2
12	1.96	1.32	19.7
13	2.84	1.75	23.6
14	1.87	1.40	14.7
15	1.92	1.36	17.2
16	2.05	1.40	19.1
17	2.12	1.44	19.3
18	2.19	1.28	26.4
19	2.12	1.52	16.7

注：相对偏差＝(酸性法－碱性法)×100%/(酸性法＋碱性法)。

由表4.15和图4.12可以看出，酸性法和碱性法由于预处理方式及氧化体系的不同，两组数据之间有明显的误差，酸性法均比碱性法检测数据一致偏高，相对偏差在14.7%～26.4%之间，将酸性法和碱性法COD_{Mn}测定值之间通过相关性分析，根据公式4-6算得两组数据的相关系数为$ra = 0.905 < ra(0.05, n-2) = 0.5751$，其中$n$为样本量，由此可以证明两种方法之间线性相关显著。

将以上数据用SPSS生成的相关系数表，P值<0.05表示两组数据相关系数有显著意义，由此可以进一步证明两种方法之间线性相关。

表4.16　酸性法和碱性法相关系数表

		酸性高锰酸钾法	碱性高锰酸钾法
高锰酸盐指数	相关系数	1	0.905
	P值		0.000
	N	19	19
碱式高锰酸钾	相关系数	0.905	1
	P值	0.000	
	N	19	19

将以上两组数据应用一元相关回归分析法，将所测得的酸性法和碱性法COD_{Mn}值分别作为X和Y拟合成一次方程，由此得出的一元线性回归方程为：

$$Y = 0.560X + 0.207 \qquad (4-18)$$

拟合度$R^2 = 0.818$，其一元线性回归直线图如图4.14所示。

另外，对两组数据进行方差分析，根据下表可知回归平方和为2.033，均方为2.033，F观察值为77.905，相对应P值<0.05，可知回归所得的结果是显著的。

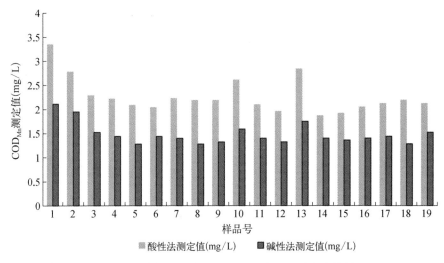

图 4.13　酸性法和碱性法 COD_Mn 含量比对实验结果

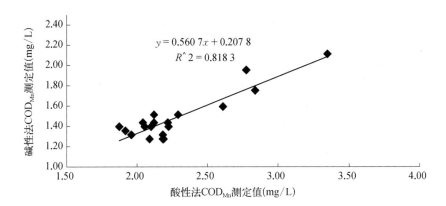

图 4.14　酸性法 COD_Mn 值和碱性法 COD_Mn 值的一元线性回归直线图

表 4.17　方差分析表

模　　型		平方和	df	均方	F	P 值
1	回归	2.033	1	2.033	77.905	0.000
	残差	0.444	17	0.026		
	总和	2.477	18			

注：预测变量：(常量)碱性法；因变量：酸性法。

　　根据数据关联性研究结果表明：酸性法和碱性法之间具有很好的线性相关性，通过了线性相关检验，并且通过测得的数据样本建立了相关模型。

4.5.2　TOC 法和碱性高锰酸钾法

　　目前，国内外对于 TOC 与 COD 相关性研究较多，不过其研究对象一般都集中在河水、湖水(陈光等，2005)或具有一定特性的废水(林晶，2004；林琦，2006)，如有机化工废水、污水处理厂废水和养殖水等,多数研究结果表明 TOC 与 COD 之间具有很好的相关性(王海燕等,2011;黄怡颖,2007;马永才等,2001),从而得出了 TOC 与 COD 间的线性回归方程或比值,并且部分研究认为可以用 TOC 标准替代 COD 标准(Chang et al.,1998)。

与陆地环境相比,海洋环境中 TOC 与 COD 的研究相对较少。胡利芳等(2010)针对深圳湾的 COD 与 TOC 进行了相关性的研究,发现 COD 与 TOC 之间有很好的相关性,说明在某一海洋水体中开展 COD 与 TOC 的相关性研究也存在可行性,若能够建立海洋水体中 TOC 与 COD_{Mn} 间统一相关性数学模型,将会为简化海水环境有机污染物综合指标的监测和控制、提高环境监测和环境管理效能奠定重要基础,为海洋水质评价、建立预报模型和水功能区纳污能力的计算提供技术支持,为以 TOC 值估算 COD 值及 TOC 标准制定提供依据。正是在这样的背景下,尝试在长江口及其邻近海域开展 TOC 与 COD_{Mn} 间统一相关数学模型的研究。

1. 试验区域

采用的原始数据来自长江口及其邻近海域 2014 年 5 月航次的 56 个监测点(如图 4.15 所示)的 TOC 和 COD_{Mn} 监测数据。

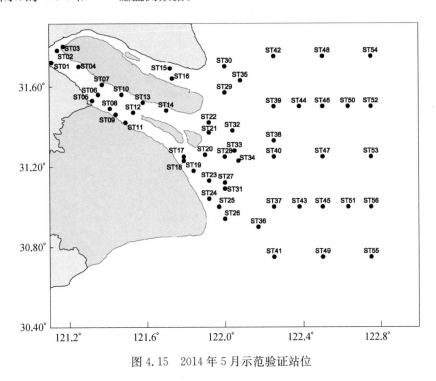

图 4.15 2014 年 5 月示范验证站位

2. 实验试剂及仪器设备

1) 实验试剂

高锰酸钾溶液(0.01 mol/L),氢氧化钠溶液(25%),硫酸(GR)溶液(1∶3),硫代硫酸钠标准溶液(0.01 mol/L),淀粉溶液(5 g/L)以上试剂除特殊说明外其余均为分析纯药品配制,所用溶剂均为去离子水;碘酸钾标准溶液(0.010 0 mol/L),GBW08621;碘化钾。其中高锰酸钾溶液使用时需当天标定浓度。

2) 仪器设备

总有机碳分析仪、碱式滴定管,电加热板,250 mL 锥形瓶,250 mL 碘量瓶 10 mL 移液管,10 mL 刻度移液管,100 mL 量筒,定量加液器 1 mL、5 mL。

TOC 采用总有机碳仪器法(GB 17378.4 - 2007)测定。

3. 结果与分析

经过数据分析测定,2014 年 5 月份的 COD 和总有机碳的测定结果见表 4.18。

表 4.18　TOC 与 COD_{Mn} 测定结果表

样品号	COD_{Mn} 测定值(mg/L)	总有机碳测定值(mg/L)	相对偏差(%)
1	1.34	1.23	4.28
2	1.26	1.29	−1.18
3	1.30	1.28	0.78
4	1.25	1.22	1.21
5	1.22	1.42	−7.58
6	1.22	1.23	−0.41
7	1.37	1.38	−0.36
8	1.35	1.33	0.75
9	1.32	1.35	−1.12
10	1.30	1.34	−1.52
11	1.30	1.39	−3.35
12	1.22	1.27	−2.01
13	1.26	1.20	2.44
14	1.27	1.32	−1.93
15	1.67	1.59	2.45
16	2.01	1.69	8.65
17	1.37	1.57	−6.80
18	1.54	1.65	−3.45
19	1.86	1.76	2.76
20	1.26	1.32	−2.33
21	1.30	1.43	−4.76
22	1.22	1.46	−8.96
23	2.28	1.90	9.09
24	1.57	1.90	−9.51
25	1.70	1.92	−6.08
26	1.81	1.84	−0.82
27	1.56	1.74	−5.45
28	1.26	1.37	−4.18
29	1.76	1.48	8.64
30	1.33	1.25	3.10
31	1.78	1.68	2.89
32	2.11	1.52	16.25
33	1.30	1.40	−3.70
34	1.27	1.40	−4.87

样品号	COD$_{Mn}$测定值(mg/L)	总有机碳测定值(mg/L)	相对偏差(%)
35	1.10	1.37	−10.93
36	0.696	1.04	−19.82
37	1.45	1.39	2.11
38	1.30	1.25	1.96
39	1.18	1.49	−11.61
40	1.10	1.62	−19.12
41	0.728	1.07	−19.02
42	0.726	1.12	−21.34
43	1.30	1.73	−14.19
44	0.930	1.32	−17.33
45	1.22	1.37	−5.79
46	0.895	1.06	−8.44
47	0.824	1.23	−19.77
48	0.653	0.960	−19.03
49	0.728	0.980	−14.75
50	1.01	0.960	2.54
51	1.06	1.05	0.47
52	0.626	1.03	−24.40
53	0.491	0.870	−27.85
54	0.897	0.900	−0.17
55	0.472	1.26	−45.50
56	0.467	0.810	−26.86

注:相对偏差=(酸性法−碱性法)×100%/(酸性法+碱性法)。

利用软件 SPSS 19.0,对 2014 年 5 月 TOC 与 COD$_{Mn}$的调查结果进行描述性统计分析,如表 4.19 所示,可以看出 TOC 与 COD$_{Mn}$的 Pearson 相关系数为 0.819,显著系数小于 0.05,说明两者之间显著性相关。

表 4.19 TOC 与 COD$_{Mn}$相关性分析

		TOC	COD$_{Mn}$
Pearson 相关性	TOC	1.000	0.819
	COD$_{Mn}$	0.819	1.000
Sig.(单侧)	TOC	.	0.000
	COD$_{Mn}$	.000	.
N	TOC	56	56
	COD$_{Mn}$	56	56

利用 TOC 与 COD$_{Mn}$的调查结果建立线性模型,如表 4.20、表 4.21 所示,其中表 4.20 是回归分析的方差分析表,从表中可以看出,回归的均方为 2.699,剩余的均方为 0.083,F 检验统计量的观察值为 110.097,相应的概率 p 值小于 0.005。表 4.22 给出了线性回归方程中的回归系数和常数项的估计值,其中回归系数为 0.556,常数项为 0.664,回归系数 T 检验的 t 统计量观察值为 10.493,常数项 T 检验的 t 统计量观察值为 9.589,并且两者

T 检验的概率 p 值均小于 0.054,所有可以认为回归系数和常数项均有显著意义。由此推断,回归方程,满足线性以及方差齐次的检验。线性回归结果如下(拟合度 0.671):

$$TOC = 0.556 \times COD + 0.664 \qquad (4-19)$$

表 4.20　方差分析表

模型		平方和	df	均方	F	Sig.
1	回归	2.699	1	2.699	110.097	0.000a
	残差	1.324	54	0.025		
	总计	4.023	55			

注:预测变量:(常量),COD;因变量:TOC。

表 4.21　回归系数表

模型		非标准化系数		标准系数 试用版	t	Sig.	B 的 95.0% 置信区间	
		B	标准误差				下限	上限
1	(常量)	0.664	0.069		9.589	0.000	0.525	0.803
	COD	0.556	0.053	0.819	10.493	0.000	0.450	0.662

注:因变量:TOC。

图 4.16 是回归标准化残差的直方图,正态曲线也被显示在直方图上,用来判断标准化残差是否服从正态分布,从图中可以看出,残差基本服从正态分布。图 4.17 是回归标准化的正态 P-P 图,该图给出了观察值的残差分布于假设的正态分布比较,如果标准化残差呈正态分布,则标准化的残差散点应分布在直线上或靠近直线,从图中可以看出残差散点基本分布在直线上或靠近直线。图 4.16 和图 4.17 一致表明残差服从正态分布,残差序列中不包含明显的规律性和趋势性,说明回归方程能够较好地解释变量的特征与变化规律。

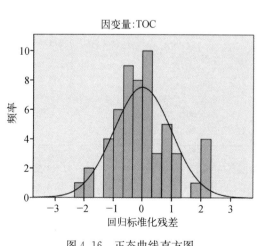

图 4.16　正态曲线直方图

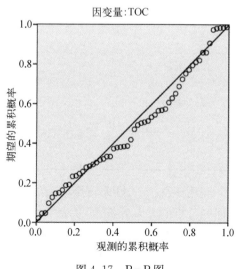

图 4.17　P-P 图

通过长江口及其邻近海域 2014 年 5 月 TOC 与 COD 的调查结果分析表明两者之间存在很好的线性相关性,通过线性回归得到了线性模型,并且回归方程通过各项检验,能够真实地反映 TOC 与 COD 之间的统计关系。

4.6 现场应用验证

4.6.1 酸性法和碱性法

1. 试验区域与结果

根据 COD 相关模型实验结果证明,建立酸性法和碱性法之间的相关模型为统一长江口地表水和海水 COD 衡量标准的最优方法,对上述数学相关模型进行了现场验证,于 2014 年 11 月份采集了若干长江口水域水体的样品,采集站位见图 4.18,分别采用酸性高锰酸盐指数法和碱性高锰酸钾进行测定,得到的酸性法 COD 值,代入通过 8 月份数据得出的一元回归直线,计算得出碱性法 COD 值,两个比较结果见表 4.22。

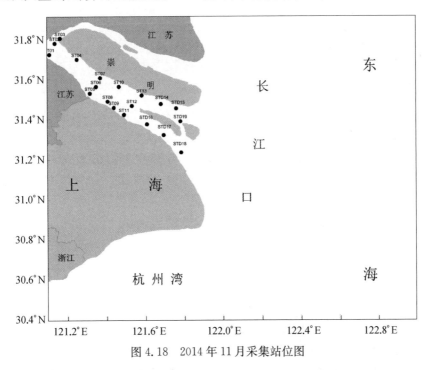

图 4.18　2014 年 11 月采集站位图

表 4.22　2014 年 11 月水样 COD 测定值与一元线性回归方程计算值

样品号	碱性法 (mg/L)	酸性法 (mg/L)	碱法拟合值 (mg/L)	d(计算值-实验值) (mg/L)	相对偏差 (%)
1	1.74	2.90	1.83	0.094	−2.65
2	1.70	3.21	2.01	0.310	−8.38
3	1.97	3.03	1.91	−0.065	1.67

样品号	碱性法 (mg/L)	酸性法 (mg/L)	碱法拟合值 (mg/L)	d(计算值-实验值) (mg/L)	相对偏差 (%)
4	1.94	2.82	1.79	−0.148	3.97
5	1.86	3.02	1.90	0.042	−1.11
6	1.82	3.15	1.98	0.158	−4.17
7	1.82	2.62	1.68	−0.141	4.02
8	1.78	2.48	1.60	−0.179	5.31
9	1.74	2.64	1.69	−0.049	1.44
10	1.78	2.50	1.61	−0.170	5.03
11	1.78	2.49	1.61	−0.172	5.09
12	1.82	2.62	1.68	−0.141	4.03
13	1.84	2.43	1.57	−0.271	7.95
14	1.88	2.71	1.72	−0.158	4.37
15	2.00	3.29	2.05	0.047	−1.17
16	2.04	3.07	1.93	−0.113	2.83
17	2.08	3.06	1.92	−0.163	4.07
18	2.04	3.01	1.90	−0.147	3.73
19	2.08	3.06	1.92	−0.160	3.99
20	2.08	3.02	1.90	−0.185	4.64

注：此处相对偏差计算＝（碱法拟合值－碱性法）×100%/（碱法拟合值＋碱性法）。

2. F 检验

从两研究总体中随机抽取样本，要对两个样本进行比较的时候，首先要判断两总体方差是否相同，即 F 检验。

根据表 4.22 分别计算出两个结果的均值 X'，碱性法测得的 COD 的均值 $X'_1=$ 1.889 9，通过计算得到的 COD 值的均值 $X'_2=1.809\ 4$，再根据公式 4-7 计算各样本的方差。$n=20$，计算得 $S_1=0.017\ 1$，$S_2=0.023\ 2$。

两种方法的自由度均为 $n-1=19$，查 F 值表，显著性系数取 0.05，$F_{0.05(19,19)}=2.12>F=$ 1.855。可认定两种结果的方差是齐次的，紧密度相等，可进行 t 检验。

3. t 检验

配对样本的 t 检验用于检验两个相关样本是否来自具有相同均值的总体，即对于两个配对样本推断两个总体的均值是否存在显著差异。

根据表 4.22 的结果，所有计算值和实验值的差值 d 之和＝−1.610 5，$n=20$ 为样品数均值 d' 为−0.08。根据式 4-19、4-20 计算相对偏差 S 为 0.141 9，t 为 2.53。

按自由度 $n-1=19$，查 t 值表得 $t_{(0.01,19)}=2.539\ 5$，$t<t_{(0.01,19)}$，在拒绝域以外，可知两组结果差异不显著。

由现场应用验证可知，碱性法 COD_{Mn} 和酸性法 COD_{Mn} 之间的线性关系建立是合理的，并且能通过线性方程对两种方法的测定数据进行校正，校正值同原始测定值之间的相对偏差在 ±10% 之内，两种结果的一致性较好，通过 F 检验和 t 检验之后，两个结果的差异不显著。因此河口及长江口内的数据均可采用以上相关关系统一两种方法的测定值，以此进一步为环境评价提供依据。

4.6.2　TOC 法和 COD$_{Mn}$法

1. 试验区域与结果

结合获得的 TOC 与 COD$_{Mn}$的线性模型，将 2014 年 8 月份（图 4.19）获得的 COD$_{Mn}$监测数据代入，计算得到 TOC 的模拟结果，与 2014 年 8 月份的 TOC 的实测值进行对比，如表 4.23 所示。

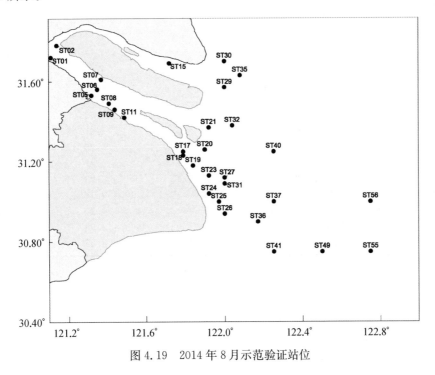

图 4.19　2014 年 8 月示范验证站位

从表 4.23 中可以看出，通过模型推算的 TOC 结果与实际调查结果之间的偏差均未超过±10%。

表 4.23　TOC 实测值与模拟值对比

样品号	COD$_{Mn}$(mg/L)	TOC 模拟值(mg/L)	TOC 实测值(mg/L)	偏差(%)
1	1.57	1.54	1.81	−8.06
2	1.46	1.48	1.46	0.68
3	1.60	1.55	1.72	−5.20
4	1.76	1.64	1.43	6.84
5	1.73	1.63	1.34	9.76
6	1.36	1.42	1.40	0.71
7	1.68	1.60	1.37	7.74

样品号	COD_{Mn}(mg/L)	TOC 模拟值(mg/L)	TOC 实测值(mg/L)	偏差(%)
8	1.50	1.50	1.80	−9.09
9	2.15	1.86	1.94	−2.11
10	1.68	1.60	1.97	−10.4
11	1.54	1.52	1.42	3.40
12	1.65	1.58	1.49	2.93
13	1.62	1.56	1.40	5.41
14	1.24	1.35	1.64	−9.70
15	2.01	1.78	2.19	−10.3
16	1.93	1.74	1.61	3.88
17	1.95	1.75	1.51	7.36
18	1.98	1.76	1.64	3.53
19	1.42	1.45	1.78	−10.2
20	1.95	1.75	1.77	−0.57
21	1.19	1.33	1.48	−5.34
22	1.57	1.54	1.72	−5.52
23	1.40	1.44	1.70	−8.28
24	1.72	1.62	1.61	0.31
25	1.42	1.45	1.56	−3.65
26	1.06	1.25	1.47	−8.09
27	1.41	1.45	1.23	8.21
28	0.836	1.13	1.18	−2.16
29	0.608	1.00	1.20	−9.09
30	0.887	1.16	1.08	3.57
31	1.20	1.33	1.55	−7.64

注：偏差计算方式：（实测值−模拟值）×100/（实测值＋模拟值）。

2. F 检验

表 4.24 是对两组数据的 F 检验结果，从表中可以看出，在 F 检验计算出的 p 值为 0.247，在显著性水平为 0.05 的前提下，通过 F 检验，说明两样本的方差没有显著性差异。

表 4.24　方差齐性检验

Levene 统计量	df_1	df_2	显著性
1.366	1	60	0.247

3. t 检验

表 4.25 是两配对样本 t 检验的最终结果。表中第二列是配对样本的平均差值；第三列是差值的标准差；第四列是差值的均值标准误差；第五列和第六列分别是在置信度为 95% 时差值的置信下限和置信上限，共同构成了该差值的置信区间。第七列是统计量的观测值；第八列是自由度；最后一列为双尾检验概率 p 值，在置信水平为 95% 时，显著性水平为 0.05，p 值大于 0.05，故两组数据没有显著差异。

表 4.25　成对样本检验

对 1	成　对　差　分					t	Df	Sig（双侧）
TOC 模拟值	均值	标准差	均值的标准误	差分的 95% 置信区间				
－TOC 实测值				下限	上限			
	－0.055 16	0.200 4	0.035 4	－0.127 4	0.017 1	－1.557	31	0.130

利用 2014 年 8 月份的 COD 调查结果，结合 TOC 与 COD_{Mn} 的线性模型，模拟计算了部分站位的 TOC 值，与 TOC 实测值进行对比发现偏差均小于 $\pm 10\%$，并且通过 F 检验和 t 检验表明两组数据之间没有显著性差异。

4.7　小结

碱性高锰酸钾法和高锰酸盐指数-碱性法由于具有相同的氧化体系，高锰酸钾在碱性条件下氧化还原电位低于干扰离子氯离子的氧化还原电位，因此以上两种方法测定 COD 均不受盐度影响；推荐碱性高锰酸钾法和高锰酸盐指数-碱性法为长江口水域水体的检测方法。

对酸性高锰酸钾法和碱性高锰酸钾法之间及总有机碳和 COD_{Mn} 相关性的研究。实验表明，以上各组研究对象均具有较好的相关性，以测得的数据样本建立的相关模型经过现场应用验证后均取得了较好的结果。但 TOC 能否取代 COD 还需要进一步考证，根据多年的研究表明，由于水体成分不一，两者之间的相关性并不一致，TOC 取代 COD 只能在较稳定的水体中执行，适用性并不广泛。因此建立各方法之间相关性成为解决目前 COD 方法不统一的首选途径。

盐度的存在对臭氧法 COD 的测定产生负干扰，但与传统的氯离子影响不同，这种现象的出现可能是由于金属离子的存在对发光的能量起了淬灭或者转移的作用，从而导致盐度越高 COD 的测定值越低的现象。为了消除盐度的影响，同时改进该仪器之前以葡萄糖作为标准物质进行一次回归的不足，引入了新的数学二次模型，以理论 COD 值为标准，盐度和光总能量为变量，得到的数学模型能够很好地消除盐度的影响，通过测定数据反演计算后表明该模型的拟合精密度较高，此研究探索为 COD 的新方法及新领域的开拓提供了依据。

河口水域硝酸盐氮检测方法研究

5.1 概况

硝酸盐氮是地表水、地下水、河口和海水中普遍监测的指标之一。目前,国内外关于硝酸盐氮的检测方法有许多,主要包括分光光度法、紫外分光光度法、离子色谱法、化学发光法、镉柱还原法等。在水利、环保以及海洋环境监测机构中,硝酸盐氮常用的标准检测方法包括:酚二磺酸光度法(GB 7480 - 87)、紫外分光光度法(HJ/T 346 - 2007)、离子色谱法(HJ/T 84 - 2001)、镉柱还原法(GB 17378.4 - 2007)、流动分析法(HY/T147.1 - 2013)等。这些方法的原理各异,采用哪一种方法作为河口区咸淡水的检测方法? 这些方法两两之间的相关性如何? 本章对这些问题进行系统研究。从地表水和海水的标准检测方法出发,研究其对不同盐度梯度水样的适用性,筛选出适合于长江口水域咸淡水体的受盐度影响最小的硝酸盐氮检测方法。

5.2 硝酸盐检测方法综述

1. 酚二磺酸光度法

酚二磺酸光度法测定水中的硝酸盐氮是最常用的方法。该方法由于测量范围较大,显色稳定,在控制好试验条件的情况下,测定结果准确度高,是水和废水监测的推荐方法(张航等,2012)。然而由于该方法对反应条件要求严格、较难控制,造成回收率不稳定,并且还可能存在氯化物、氨氮、亚硝酸盐氮等干扰物质,影响硝酸盐氮的测定需作复杂的前期处理(阿比达等,2012)。酚二磺酸光度法的干扰物质较多,10 mg/L 氯离子、0.2 mg/L以上亚硝酸盐氮,以及铵盐、有机物、碳酸盐等都要用相应的方法除去(岳梅,1998)。

2. 镉柱还原法

镉柱还原法(GB 17378.4 - 2007)是水样通过镉还原柱,将硝酸盐定量的还原为亚硝酸盐氮,然后按重氮-偶氮光度法测定亚硝酸盐氮的总量,扣除原有亚硝酸盐氮,得硝酸盐氮的含量。镉柱还原法适用于大洋和近岸海水、河口水中硝酸盐氮的测定。该方法盐效应稳定,受到 Mg^{2+},Ca^{2+},SO_4^{2-},Cl^-,Br^- 等共存离子的干扰较小,具有较高的分析灵敏度;也存在操作复杂,试剂耗费量大,分析时间长,镉柱的保存及活化麻烦等缺点(杨素霞,2006);干扰因素包括 pH、过柱流速及水样的前处理等。

镉柱还原法的还原率受镉粒粒径、柱长、停留时间、pH 等的影响(魏福祥等,2011)。另外还有镉-铜还原法,其测定水体中硝酸盐的优点在于还原率高,无需做盐效应校正,重复性较好(Thabanoh et al.,2004),但镉柱制备和再生工序复杂,且柱寿命较短(Legnerova et al.,2002),操作麻烦、费时,设备不适宜船测。

流动分析法(HY/T 147.1 - 2013)是镉柱还原法与流动分光光度法的结合,水样通过镀铜的镉还原圈,将硝酸盐定量地还原为亚硝酸盐,在酸性条件下亚硝酸盐与磺胺进行重氮化反应,然后与盐酸萘乙二胺偶合生成红色偶氮染料,在 550 nm 波长处检测,测定出的亚硝酸盐氮总量,扣除水样中原有的亚硝酸盐氮,即可得到硝酸盐氮的含量。流动分析法适用于海水、河口水及入海排污口水中硝酸盐氮的测定,该方法受共存离子的干扰小,分析速度快,试剂耗量少(邱进坤等,2011),适合大批量样品的测定(覃燕丽等,2008),具有更好的精密度和准确度;干扰因素包括镉反应器的活化和水样的前处理等。

锌-镉还原法原理与镉柱还原法类似,但存在很强的盐误差(于志刚等,1997)。

3. 紫外分光光度法

紫外分光光度法(HJ/T 346 - 2007)是利用硝酸根离子在 220 nm 波长处的吸收而定量测定硝酸盐氮。溶解的有机物在 220 nm 处也会有吸收,而硝酸根离子在 275 nm 处没有吸收。因此,在 275 nm 处做另一次测量,以矫正硝酸盐氮值,水样分别在 220 nm 和 275 nm 处测定吸光度,利用吸光度差求硝酸盐氮含量(戴云,1998)。紫外分光光度法适用于地表水、地下水中硝酸盐氮的测定,方法具有良好的选择性,节省试剂、简便、批量样品测定快速、灵敏度高、重现性好,适合实验室及现场测定。当有机物的含量较低时,可以通过 275 nm 的吸光度进行校正,当有机物的含量较高时,必须在前处理中去除有机物的干扰。对测定干扰较大的常见物质主要有:部分可溶性有机物、六价铬、亚硝酸盐和碳酸盐等,需采用絮凝共沉淀和大孔中性吸附树脂进行处理,以排除水样中大部分常见的有机物、浊度和 Fe^{3+}、Cr^{6+} 对测定的干扰。

4. 化学发光法

硝酸盐氮的化学发光法检测方法在国外已有一定的研究历史了。Cox(1980)首次用化学发光法测定水体中低浓度的硝酸盐和亚硝酸盐;Garside(1982)成功用此法测定海水中的 NO_2^- 和 NO_3^-;Braman 等(1989)改进了方法的还原剂,实现了样品的批量测定。另外,还有臭氧化学发光法,其测定水体中硝酸盐和亚硝酸盐的原理是将硝酸盐和亚硝酸盐选择性地还原为 NO 后,NO 与臭氧反应生成激发态 NO_2^*,激发态 NO_2^* 在返回基态的过程中放出光子,产生化学发光。当臭氧过量时,反应放出的光子数与 NO 浓度呈正比,即反应信号值与硝酸盐和亚硝酸盐含量成正比。鲁米诺化学发光法是将水体中的 NO_2^- 和 NO_3^- 转化为过氧亚硝酸根阴离子,并与碱性鲁米诺发光剂反应,产生化学发光,光信号的强弱与 NO_2^- 或 NO_3^- 的浓度成正比。

将水体中的 NO_2^- 和 NO_3^- 转化为过氧亚硝酸根阴离子的方法主要有两种：

（1）向海水样品中加入碱（如 KOH）后用紫外线照射，样品中的 NO_2^- 和 NO_3^- 就转化为过氧亚硝酸盐（Mikuska et al.，2002）；

（2）向海水样品中加入酸（如 H_2SO_4）后再加入过氧化氢溶液，样品中的 NO_2^- 就转化为过氧亚硝酸盐（Mikuska et al.，2003）。

化学发光法测定天然水体中硝酸盐和亚硝酸盐的含量，具有灵敏度高、检出限低、样品用量少、样品批量测定、不受悬浮颗粒物及有色物质影响等优点（王燕等，2011）。同时，此法干扰杂质少，亚硝基化合物中，只有亚硝基二苯胺产生 NO，烷基类硝酸盐和亚硝酸盐在酸性条件下可分解生成 NO_3^- 和 NO_2^- 离子，对反应产生干扰。此法测定样品时间稍长，每个样品需 3 min，测样速度稍慢。

5. 离子色谱法

离子色谱法主要通过水样中待测阴离子随碳酸盐-重碳酸盐淋洗液进入离子交换系统，根据分离柱对阴离子的不同亲和度进行分离。由电导检测器测量各阴离子组分的电导率，以相对保留时间和峰高或峰面积定性和定量（张贵灵等，2010）。该方法测定水中硝酸盐氮，快速简便、重现性好。离子色谱法的色谱柱不适合分析离子浓度太高的样品，如需测定高盐度的样品，进样前必须进行大体积稀释，这样就容易造成分析误差。

5.3 盐度影响研究

河口是一位于河流—海洋交互区的水体，水的盐度从河水的接近于零连续增加到正常海水的数值。因此，选择的检测方法应该能适应较广的盐度范围，本节内容就是要筛选出受盐度影响小的硝酸盐氮检测方法。

从标准检测方法出发，研究其受不同盐度梯度水样的影响大小，采用的实验方法包括紫外分光光度法（HJ/T 346‒2007）和镉柱还原法（GB 17378.4‒2007），其中前者是地表水的标准检测方法，后者是海水的标准检测方法。分别采用以上两种方法测定了不同盐度的硝酸盐氮标准溶液中硝酸盐氮的含量，来研究盐度对这两种方法测定硝酸盐氮的影响，并对实验的可行性进行分析。

5.3.1 盐度对紫外分光光度法的影响

1）实验仪器
实验采用的仪器为：TU‒1901 紫外/可见分光光度计，仪器编号：20‒1900‒01‒0318，测定波长：220 nm 和 275 nm。

2）试剂配制
（1）人工海水配制

根据长江口水域水体盐度的变化范围，用 NaCl 配制了 6 个盐度梯度 1.0、2.0、5.0、10.0、20.0、30.0 的人工海水。用盐度计测定其盐度，实际测定盐度应不超过设定盐度的 5%；如不在这个范围，应进行一定调整。

（2）标准溶液配制

购买硝酸盐氮含量为 500 mg/L 的标准溶液（批号：130408），使用人工海水将该标准溶液稀释 50 倍，分别配制盐度为 1.0、2.0、5.0、10.0、20.0、30.0 的硝酸盐氮含量为 10.0 mg/L 的储备溶液。在进行实验时，通过硝酸盐氮储备溶液和人工海水配制成一系列盐度梯度、硝酸盐氮浓度为 0.50、1.00、1.50、2.00、2.50 和 3.00 mg/L 的标准溶液作为样品，每份样品做三个平行样。

（3）盐酸溶液：$c(HCl) = 1 \, mol/L$

3）实验步骤

根据紫外分光光度法（HJ/T 346 - 2007）绘制标准曲线，然后取 50 mL 标准溶液和水样于 50 mL 比色管中，加入 1 mL 盐酸溶液于样品和标准管中摇匀，用光程长 10 mm 石英比色皿，在 220 nm 和 275 nm 波长处测定吸光度。

4）实验结果

（1）对硝酸盐氮检测的影响

不同盐度梯度下硝酸盐氮的测定值及相对标准偏差和相对误差分别见表 5.1 和 5.2。由表 5.1 可知，在硝酸盐氮含量在 0.50～3.00 mg/L 时，相对标准偏差较小，实验结果的精密度较好。还发现随着盐度增加，实验结果偏低的程度有一定的增加，但是增加程度较低，都没有超过 5% 的范围，这说明盐度对紫外分光光度法测定硝酸盐氮具有微弱影响。由表 5.2 可知，在盐度为 1.0～30.0，硝酸盐氮含量在 0.50～3.00 mg/L 时，测定结果相对误差的平均值均小于 10%；而且除盐度为 1.0，硝酸盐氮为 0.50 mg/L 时，测定结果的相对误差均小于 5%，这说明实验数据具有较高的准确度。

表 5.1 盐度梯度下硝酸盐氮测定值及相对标准偏差

硝氮标准溶液 (mg/L)	各盐度样品检测结果(mg/L)						相对标准偏差 (RSD)（%）
	1.0	2.0	5.0	10.0	20.0	30.0	
0.50	0.530	0.496	0.492	0.491	0.486	0.487	3.3
1.00	1.018	0.981	0.990	0.969	0.979	0.971	1.8
1.50	1.500	1.473	1.470	1.466	1.459	1.458	1.1
2.00	1.993	1.955	1.973	1.961	1.956	1.934	1.0
2.50	2.477	2.453	2.458	2.429	2.431	2.411	1.0
3.00	2.950	2.905	2.917	2.909	2.916	2.887	0.7

表 5.2 盐度梯度下硝酸盐氮测定值的相对误差

硝氮标准溶液 (mg/L)	各盐度样品检测结果的相对误差 RE（%）					
	$RE_{1.0}$	$RE_{2.0}$	$RE_{5.0}$	$RE_{10.0}$	$RE_{20.0}$	$RE_{30.0}$
0.50	5.9	0.8	1.7	1.9	2.8	2.7
1.00	1.8	1.9	1.0	3.1	2.1	2.9
1.50	0.3	1.8	2.0	2.3	2.7	2.8
2.00	0.3	2.2	1.4	1.9	2.2	3.3
2.50	0.9	1.9	1.7	2.9	2.8	3.5
3.00	1.7	3.2	2.8	3.0	2.8	3.8

（2）对硝酸盐氮空白的影响

不同盐度梯度下空白试验的吸光度见表 5.3。随着盐度的变化，空白试验的吸光度虽然没有呈现逐级升高或降低，但是总体上有升高的趋势，这说明盐度增加对空白试验具有一定的正干扰。高盐度时空白试验的吸光度较高，在一定程度上也导致了高盐度时硝酸盐氮测定结果偏低的程度较大。

表 5.3 盐度梯度下空白试验的吸光度（A）

	各盐度空白吸光值					
	1.0	2.0	5.0	10.0	20.0	30.0
空白 吸光度（A）	0.013	0.013	0.022	0.029	0.027	0.032
	0.013	0.013	0.022	0.029	0.028	0.032

5）实验分析

研究表明，在盐度为 1.0～30.0，硝酸盐氮含量在 0.50～3.00 mg/L 时，盐度对紫外分光光度法测定硝酸盐氮只具有微弱影响。在这种影响下，准确度和精密度仍然可以满足要求。对硝酸盐氮的测定结果作图（图 5.1），其中横轴表示盐度，纵轴表示硝酸盐氮的测定值，图 5.1 表示各盐度条件下硝酸盐氮的测定值。由图 5.1 可知，在硝酸盐氮含量为 0.50～3.00 mg/L 时，测定结果随盐度的增加呈现出减少的趋势，说明盐度对紫外分光光度法测定硝酸盐氮具有负干扰，但负干扰作用较小。因此，紫外分光光度法测定咸淡水中硝酸盐氮具有一定的可行性。

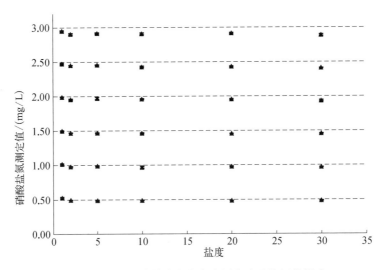

图 5.1 盐度对紫外分光光度法测定硝酸盐氮的影响

对硝酸盐氮的标准值和测定值进行线性拟合，图 5.2 表示紫外分光光度法测定硝酸盐氮的线性拟合结果，图中横轴表示标准液浓度值，纵轴表示硝酸盐氮测定值，通过深浅不同的圆圈表示不同盐度（0～30）的硝酸盐氮测定值，通过紫外分光光度法拟合线的离散情况，可以看出紫外分光光度法受盐度影响的差异不大。以硝酸盐氮的测定值为因变量，记为 Y；以硝酸盐氮的标准值为自变量，记为 X，对盐度为 1～30 的实验数据进行回归分析,并与理想方程 $Y=X$ 进行比较。通过观察回归方程,不难发现紫外分光光度法回归方程的相关系数 R 均大于 0.99,回归分析线性良好,斜率误差均小于 $<5\%$,截距 <0.05,回归方程与理想方程相当接近,说明盐度对方法的影响比较小。

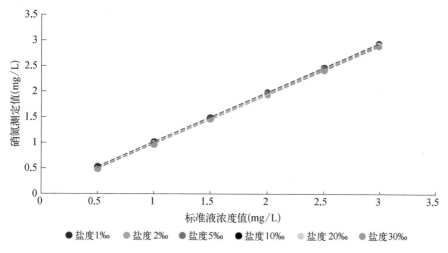

图 5.2　紫外分光光度法测定硝酸盐氮的线性拟合图

回归方程及相关系数如下:

盐度 1.0:	$Y=0.969\,7X+0.047\,7$	$R=0.999\,9$
盐度 2.0:	$Y=0.968\,2X+0.016\,2$	$R=0.999\,9$
盐度 5.0:	$Y=0.973\,3X+0.013\,5$	$R=0.999\,9$
盐度 10.0:	$Y=0.969\,4X+0.007\,7$	$R=0.999\,9$
盐度 20.0:	$Y=0.971\,6X+0.004\,2$	$R=0.999\,9$
盐度 30.0:	$Y=0.959\,8X+0.011\,7$	$R=0.999\,9$

5.3.2　盐度对镉柱还原法的影响

1) 实验仪器

实验采用的仪器为: TU‑1901　紫外/可见分光光度计,仪器编号: 20‑1900‑01‑0318,测定波长: 543 nm。

2) 试剂配制

(1) 镉柱: 使用直径为 1 mm 的镉屑或镉粒制备镉柱。

(2) 氯化铵缓冲溶液: 称取 10 g 氯化铵溶于 1 000 mL 水中,用约 1.5 mL 氨水调节 pH 至 8.5(用精密 pH 试纸检验)。

(3) 磺胺溶液: 称取 5.0 g 磺胺,溶于 350 mL 盐酸溶液(1+6),用水稀释至 500 mL,混匀,盛于棕色试剂瓶。

(4) 盐酸萘乙二胺溶液: 称取 0.50 g 盐酸萘乙二胺,溶于 500 mL 水中,混匀,盛于棕色试剂瓶,于冰箱内保存。

(5) 人工海水配制

用 NaCl 配制 6 个盐度梯度 1.0、2.0、5.0、10.0、20.0、30.0 的人工海水。用盐度

计测定其盐度,实际测定盐度应不超过设定盐度的 5%;如不在这个范围,应进行一定调整。

(6) 硝酸盐氮标准溶液的配制

购买硝酸盐氮含量为 500 mg/L 的标准溶液(批号:130408),使用人工海水将该标准溶液稀释 50 倍,分别配制盐度为 1.0、2.0、5.0、10.0、20.0、30.0,硝酸盐氮含量为 10.0 mg/L 的储备溶液。在进行实验时,通过硝酸盐氮储备溶液和人工海水配制成一系列盐度梯度、硝酸盐氮浓度为 0.50、1.00、1.50、2.00、2.50 和 3.00 mg/L 的标准溶液作为样品,每份样品做三个平行。

3) 实验步骤

根据镉柱还原法(GB 17378.4-2007)绘制标准曲线,分别量取 50.0 mL 标准溶液和水样,于相应的 125 mL 具塞锥形瓶中,再各加 50.0 mL 氯化铵缓冲溶液,混匀;将混合后的溶液逐个倒入还原柱中约 30 mL,以每分钟 6~8 mL 的流速通过还原柱直至溶液接近镉屑上部界面,弃去流出液。然后重复上述操作,接取 25.0 mL 流出液于 50 mL 带刻度的具塞比色管中,用水稀释至 50.0 mL,混匀;各加入 1.0 mL 磺胺溶液,混匀,放置 2 min;各加入 1.0 mL 盐酸萘乙二胺溶液,混匀,放置 20 min;于 543 nm 波长下,测定吸光度值。

4) 实验结果

(1) 对硝酸盐氮检测的影响

不同盐度梯度下硝酸盐氮的测定值及相对标准偏差和相对误差分别见表 5.4 和 5.5。由表 5.4 可知,有些实验结果的相对标准偏差较高,实验的精密度一般,这可能与实验步骤烦琐,实验人员的操作经验有一定的关系,同时也说明了检测方法掌握的复杂性。由表 5.5 可知,在盐度为 ≤2 时,硝酸盐氮含量在 0.50~3.00 mg/L 时,除盐度为 2.0,硝酸盐氮含量为 0.50 mg/L 以外,测定结果的相对误差的平均值都小于 10%,实验结果的准确度基本满足要求。但是在盐度>2 时,一部分测定结果的相对误差大于 10%,尤其是盐度为 30.0 时,测定结果的相对误差几乎都大于 10%。即使一些实验结果的相对误差的平均值小于 10%,但是个别相对误差也出现大于 10% 的情况,甚至有的相对误差超过了 20%。

表 5.4　盐度梯度下硝酸盐氮测定值及相对标准偏差

硝氮标准溶液 (mg/L)	各盐度样品的测定结果(mg/L)						相对标准偏差 (RSD)(%)
	1.0	2.0	5.0	10.0	20.0	30.0	
0.50	0.464	0.430	0.415	0.415	0.393	0.384	6.8
1.00	0.908	0.932	0.912	0.860	0.833	0.874	4.2
1.50	1.603	1.364	1.463	1.463	1.352	1.308	7.5
2.00	1.841	1.892	1.862	1.800	1.747	1.800	2.9
2.50	2.337	2.453	2.356	2.375	2.340	2.294	2.3
3.00	2.911	2.893	2.988	2.945	2.790	2.765	3.0

表 5.5　盐度梯度下硝酸盐氮测定值的相对误差

硝氮标准溶液 (mg/L)	各盐度样品的相对误差 RE（%）					
	$RE_{1.0}$	$RE_{2.0}$	$RE_{5.0}$	$RE_{10.0}$	$RE_{20.0}$	$RE_{30.0}$
0.50	7.3	13.9	17.0	17.0	21.5	23.1
1.00	9.2	6.8	8.8	14.0	16.7	12.6
1.50	6.8	9.0	2.5	2.8	9.9	12.8
2.00	7.9	5.4	6.9	10.0	12.7	10.0
2.50	6.5	2.0	5.7	5.0	6.4	8.3
3.00	3.4	3.6	2.8	2.1	7.0	7.8

（2）对硝酸盐氮空白的影响

不同盐度梯度下空白试验的吸光度见表 5.6，分析可知，随着盐度的变化，空白试验的吸光度虽然没有呈现逐级升高或降低，但是总体上有升高的趋势，这说明盐度增加对空白试验具有一定的正干扰。同时在所有盐度下，空白试验的吸光度普遍较高，这说明实验的系统误差较高，这种现象可能是与实验室纯水及 NaCl 的纯度有关。

表 5.6　盐度梯度下空白试验的吸光度（A）

	各盐度样品空白吸光值					
	1.0	2.0	5.0	10.0	20.0	30.0
空白 吸光度（A）	0.025	0.023	0.028	0.030	0.032	0.034
	0.026	0.024	0.028	0.029	0.032	0.033

5）实验分析

研究表明，在盐度≤2 时，实验数据基本满足准确度要求，镉柱还原法基本适用；还发现实验数据的相对误差也出现较大差异，而且与硝酸盐氮含量和盐度本身并没有呈现出规律性相关，实验数据相对误差差异较大很可能是与镉柱的还原率有关。在实验过程中，手工控制水样过柱，每次过柱速率都会有一定的差异，这导致了每次过柱的还原率有一定差别，很可能会使结果的平行性不好。

对硝酸盐氮的测定结果作图 5.3，其中横轴表示盐度，纵轴表示硝酸盐氮的测定值，图 5.3 表示各盐度条件下硝酸盐氮的测定值；由图 5.2 可知，在硝酸盐氮含量为 0.50～3.00 mg/L 时，测定结果并没有随盐度的增加或减少呈现规律性的变化，未发现盐度对镉柱还原法测定硝酸盐氮产生影响。

为了进一步研究盐度对镉柱还原法测定硝酸盐氮的影响，利用 SPSS 19.0 软件对盐度（1～30）和硝酸盐氮测定值的相关性进行分析，采用的是 Pearson 相关系数，当显著性（双侧）小于 0.05 时，表示显著性相关；当显著性（双侧）大于 0.05 时，表示相关性不显著。由表 5.7 可知，硝酸盐氮含量为 0.50～3.00 mg/L 时，显著性（双侧）均大于 0.05，只有硝酸盐氮含量为 0.5 mg/L 和 3.0 mg/L 时相关性是显著的，即盐度对镉柱法测定硝酸盐氮影响不明显。因此，镉柱还原法测定长江口咸淡水中的硝酸盐氮具有一定的可行性。

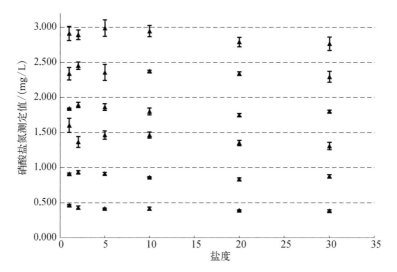

图 5.3　盐度对镉柱还原法测定硝酸盐氮的影响

表 5.7　盐度与硝酸盐氮测定值的相关性分析

	硝酸盐氮含量(mg/L)					
	0.50	1.00	1.50	2.00	2.50	3.00
Pearson 相关性	−0.866*	−0.689	−0.712	−0.717	−0.664	−0.823*
显著性(双侧)	0.026	0.13	0.112	0.109	0.15	0.044
N	6	6	6	6	6	6

＊表示在 0.05 水平(双侧)显著相关。

　　对硝酸盐氮的标准值和测定值进行线性拟合,图 5.4 表示镉柱还原法测定硝酸盐氮的线性拟合结果,图中横轴表示标准液浓度值,纵轴表示硝酸盐氮测定值,通过深浅不同的圆圈表示不同盐度(0~30)的硝酸盐氮测定值,通过镉柱还原法拟合线的离散情况,可以看出两种方法受盐度影响的差异不大。以硝酸盐氮的测定值为因变量,记为 Y;以硝酸

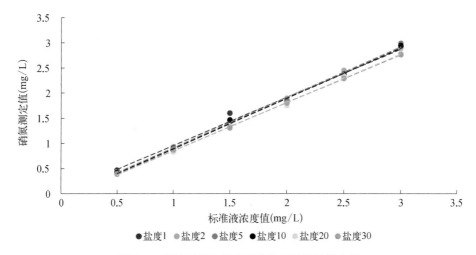

●盐度1　●盐度2　●盐度5　●盐度10　●盐度20　●盐度30

图 5.4　镉柱还原法测定硝酸盐氮的线性拟合图

盐氮的标准值为自变量,记为 X,对盐度为 $1\sim30$ 的实验数据进行回归分析,并与理想方程 $Y=X$ 进行比较。通过观察回归方程,不难发现镉柱还原法回归方程的相关系数 R 均大于 0.99,回归分析线性良好,斜率误差均小于 $<5\%$,截距 <0.05,回归方程与理想方程相当接近,说明盐度对方法的影响比较小。

回归方程及相关系数如下:

盐度 1.0: $\qquad Y=0.957\,7X+0.001\,3 \qquad R=0.995\,0$

盐度 2.0: $\qquad Y=0.994\,6X-0.079\,9 \qquad R=0.999\,4$

盐度 5.0: $\qquad Y=1.005\,5X-0.093\,6 \qquad R=0.998\,4$

盐度 10.0: $\qquad Y=1.001\,8X-0.110\,2 \qquad R=0.997\,9$

盐度 20.0: $\qquad Y=0.965\,8X-0.114\,3 \qquad R=0.999\,0$

盐度 30.0: $\qquad Y=0.951\,8X-0.094\,9 \qquad R=0.999\,8$

5.4 河口区的适用性研究

与镉柱还原法相比,紫外分光光度法具有操作简便、快速、重现性好等优点。虽然盐度对紫外分光光度法具有微弱的负干扰,但是本实验中紫外分光光度法的准确度还是比镉柱还原法高。因此,选择紫外分光光度法作为下一步优化实验的候选方法。

与紫外分光光度法相比,镉柱还原法受到干扰小,但是镉柱还原法操作复杂,试剂耗费量大,分析时间长,镉柱的保存及活化麻烦。本实验的镉柱还原法的相对标准偏差较大,精密度也不如紫外分光光度法好。2013 年中华人民共和国海洋行业标准《海洋监测技术规程》(HY/T147.1‐2013)发布,将硝酸盐氮的流动分析法列为标准方法,该方法的化学反应原理与镉柱还原法一致,测定范围较大,可以解决人工镉柱还原法操作复杂,分析时间长,稳定性差等问题。因此,将硝酸盐氮的流动分析法也作为下一步优化实验的候选方法。

紫外分光光度法和镉柱还原法测定咸淡水中的硝酸盐氮都具有一定的可行性。在室内试验中,将配制与长江河口水环境更接近、盐度梯度更密集的人工海水,即在人工海水中添加 Ca^{2+}、Mg^{2+}、SO_4^{2-}、HCO_3^-,进一步研究紫外分光光度法以及与镉柱还原法测定原理相似的流动分析法受盐度以及其他离子的影响,分析这两种方法在长江口水域水体的适用性。

5.4.1 紫外分光光度法

1) 实验仪器

实验采用的仪器为:TU‐1901 紫外/可见分光光度计,仪器编号:20‐1900‐01‐0318,测定波长:220 nm 和 275 nm。

2) 试剂配制

(1) 人工海水配制

根据标准海水组成,选取标准海水中最主要且浓度较高的几种离子,包括:氯离子、钠离子、硫酸根离子、镁离子、钙离子、钾离子和碳酸氢根离子;根据这几种离子的含量,换算成相应加入的物质的质量,加入 $NaCl$,$MgSO_4$,$MgCl_2$,$CaCl_2$,KCl 和 $NaHCO_3$ 等物质,根据这些物质先配制盐度为 35.0 的标准海水,通过稀释得到盐度为 1.0、2.0、5.0、10.0、

20.0、30.0 的人工海水,用盐度计测定其盐度,实际测定盐度应不超过设定盐度的 5%;如不在这个范围,应进行一定调整。

（2）硝酸盐氮标准溶液配制

购买硝酸盐氮含量为 500 mg/L 的标准溶液（批号：130408）,使用人工海水将该标准溶液稀释 50 倍,分别配制盐度为 1.0、2.0、5.0、10.0、20.0、30.0,硝酸盐氮含量为 10.0 mg/L 的储备溶液。在进行实验时,通过硝酸盐氮储备溶液和人工海水配制成一系列盐度梯度、硝酸盐氮浓度为 0.50、1.00、1.50、2.00、2.50 和 3.00 mg/L 的标准溶液作为样品,每份样品做三个平行。

（3）盐酸溶液：$c(HCl) = 1$ mol/L

3）实验步骤

根据紫外分光光度法（HJ/T 346 - 2007）绘制标准曲线,然后取 50 mL 标准溶液和水样于 50 mL 比色管中,加入 1 mL 盐酸溶液于样品和标准管中摇匀,用光程长 10 mm 石英比色皿,在 220 nm 和 275 nm 波长处测定吸光度。

4）实验结果与分析

（1）盐度对紫外分光光度法测定硝酸盐氮的影响

不同盐度梯度下硝酸盐氮的测定值及相对标准偏差和相对误差分别见表 5.8 和 5.9。由表 5.9 可知,在盐度为 1.0～30.0,硝酸盐氮含量在 0.50～3.00 mg/L 时,测定结果相对误差的平均值均小于 5%,这说明实验数据具有较高的准确度。由表 3-8 可知,在硝酸盐氮含量在 0.50～3.00 mg/L 时,相对标准偏差较小,实验结果的精密度较好。还发现在盐度较高时,实验结果偏低的程度有一定的增加,但是增加程度较小,而且都没有超过 5% 的范围,这说明盐度对紫外分光光度法测定硝酸盐氮具有微弱影响。

表 5.8　盐度梯度下硝酸盐氮测定值及相对标准偏差

硝氮标准溶液 (mg/L)	各盐度样品检测结果(mg/L)						相对标准偏差 (RSD)(%)
	1.0	2.0	5.0	10.0	20.0	30.0	
0.50	0.516	0.510	0.505	0.495	0.483	0.475	3.2
1.00	1.028	1.019	1.010	1.001	0.981	0.973	2.1
1.50	1.523	1.508	1.499	1.492	1.481	1.470	1.3
2.00	2.020	2.011	2.000	1.988	1.981	1.969	1.0
2.50	2.520	2.510	2.501	2.495	2.476	2.465	0.8
3.00	3.023	3.015	2.995	2.982	2.968	2.953	0.9

表 5.9　盐度梯度下硝酸盐氮测定值的相对误差

硝氮标准溶液 (mg/L)	各盐度样品检测结果相对误差 $RE_{盐度}$(%)					
	$RE_{1.0}$	$RE_{2.0}$	$RE_{5.0}$	$RE_{10.0}$	$RE_{20.0}$	$RE_{30.0}$
0.50	3.3	2.1	1.1	1.1	3.5	4.9
1.00	2.8	1.9	1.0	0.2	1.9	2.7
1.50	1.6	0.6	0.3	0.6	1.3	2.0
2.00	1.0	0.5	0.2	0.5	0.9	1.6
2.50	0.8	0.4	0.2	0.2	1.0	1.4
3.00	0.8	0.5	0.2	0.6	1.1	1.6

RE：相对误差。

（2）盐度对紫外分光光度法测定硝酸盐氮空白试验的影响

不同盐度梯度下空白试验的吸光度见表 5.10，分析可知，随着盐度的变化，空白试验的吸光度虽然没有呈现逐级升高或降低，但是在盐度较高时空白试验的吸光度也较大，在一定程度上也导致了高盐度时硝酸盐氮测定结果偏低的程度较大，这说明盐度增加对空白试验具有一定的影响。

表 5.10　盐度梯度下空白试验的吸光度（A）

	各盐度空白吸光值					
	1.0	2.0	5.0	10.0	20.0	30.0
空白 吸光度（A）	0.009	0.009	0.014	0.013	0.017	0.023
	0.009	0.010	0.012	0.013	0.019	0.023

5）实验讨论

对硝酸盐氮的测定结果作图 5.5，图中，横轴表示盐度，纵轴表示硝酸盐氮测定值，每一个三角代表硝酸盐氮测定值的平均值。由图 5.5 可知，硝酸盐氮实际测定值随随盐度的增加呈现出减少的趋势，这种趋势在盐度较高时较为明显。虽然盐度对紫外法测定硝酸盐氮存在一定的负干扰，但是测定结果的准确度和精密度仍然较高，这也说明这种影响是微弱的。

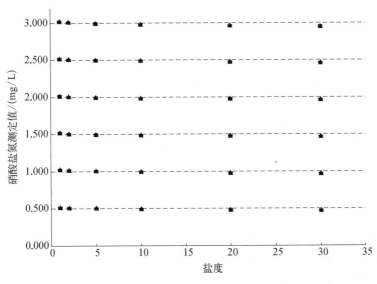

图 5.5　盐度对紫外分光光度法测定硝酸盐氮的影响

为了确定盐度对硝酸盐氮测定的影响，利用 SPSS 19.0 对盐度（1～30）和硝酸盐氮测定值的相关性进行分析，采用的是 Pearson 相关系数，当显著性（双侧）小于 0.05 时，表示相关性显著；小于 0.01 时，表示相关性极显著；大于 0.05 时，表示相关性不显著。由表 5.11 可知，硝酸盐氮含量为 0.50～3.00 mg/L，显著性（双侧）均小于 0.01，说明盐度与硝酸盐氮测定值在 0.01 水平（双侧）显著相关，即盐度对硝酸盐氮的测定具有影响，同时 Pearson 相关系数均为负值，这说明盐度对硝酸盐氮的测定具有负干扰。

表 5.11　盐度与硝酸盐氮测定值的相关性分析

		硝酸盐氮含量(mg/L)					
		0.50	1.00	1.50	2.00	2.50	3.00
盐度	Pearson 相关性	−0.978 **	−0.972 **	−0.937 **	−0.945 **	−0.976 **	−0.951 **
	显著性(双侧)	0.001	0.001	0.006	0.005	0.001	0.003
	N	6	6	6	6	6	6

** 表示在 0.01 水平(双侧)显著相关。

　　对硝酸盐氮的标准值和测定值进行线性拟合,图 5.6 表示紫外分光光度法测定硝酸盐氮的线性拟合结果;并以硝酸盐氮的测定值为因变量,记为 Y,以硝酸盐氮的真实值为自变量,记为 X。对盐度为 $1\sim30$ 的实验数据进行回归分析。

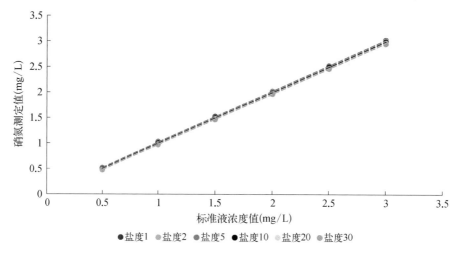

图 5.6　紫外分光光度法测定硝酸盐氮的线性拟合图

　　回归方程及相关系数如下:

盐度 1.0:　　　$Y = 1.000\,5X + 0.020\,9$　　　$R = 0.999\,9$

盐度 2.0:　　　$Y = 1.000\,1X + 0.012\,1$　　　$R = 0.999\,9$

盐度 5.0:　　　$Y = 0.995\,7X + 0.009\,3$　　　$R = 0.999\,9$

盐度 10.0:　　　$Y = 0.995X + 0.000\,9$　　　$R = 0.999\,9$

盐度 20.0:　　　$Y = 0.994\,9X - 0.012\,7$　　　$R = 0.999\,9$

盐度 30.0:　　　$Y = 0.992\,3X - 0.019$　　　$R = 0.999\,9$

　　由盐度 $1\sim30$ 回归分析可知,相关系数 R 均大于 0.999,这说明回归分析线性良好。当硝酸盐氮测定值和真实值相等时,理想的回归方程为 $Y=X$,斜率为 1;各盐度回归方程与理想回归方程斜率的相对误差都小于 1‰;而且经 t 检验,各盐度回归方程的截距与 0 无显著差异,说明各盐度回归方程拟合度较高(斜率越接近 1,截距越接近 0),各盐度回归方程与理想方程较为接近。通过回归分析还可以看出,随着盐度的升高,斜率和截距逐渐减小,测定结果也会有一定程度的减小,这也说明盐度对硝酸盐氮的测定只存在微弱的负干扰。因此,紫外分光光度法测定河口咸淡水中的硝酸盐氮具有一定的适用性。

5.4.2　流动分析法

1) 实验仪器

实验采用的仪器为:QuAAtro 连续流动分析仪,主机编号:8007458。仪器配备两个通道,包括蠕动泵、空气注入阀、空气泵管、试剂泵管、样品泵管、加热池、流通池、检测器、滤光片等。

2) 试剂配制

(1) 曲拉通溶液:将 50 mL 曲拉通 X-100 和 50 mL 异丙醇混合均匀。

(2) 储备硫酸铜溶液:溶解 2.5 g 硫酸铜在大约 600 mL 去离子水中,稀释到 1 L 并混合均匀。

(3) 咪唑缓冲液:溶解 4 g 咪唑在约 900 mL 去离子水中。加入 2 mL 盐酸和 0.5 mL 储备硫酸铜溶液。用去离子水稀释到 1 L,加入 1 mL 50% 曲拉通溶液,混合均匀,每周更新。

(4) 磺胺溶液:称取 10.0 g 磺胺,溶于 700 mL 盐酸溶液(1+6),用水稀释至 1 L,加入 2 mL 50% 曲拉通溶液并混合均匀,盛于棕色试剂瓶。

(5) 盐酸萘乙二胺溶液:溶解 1.00 g 盐酸萘乙二胺在约 900 mL 去离子水中,加入 10 mL 盐酸,稀释到 1 L 并混合均匀,加入 2 mL 50% 曲拉通溶液并混合均匀,盛于棕色试剂瓶。

(6) 人工海水配制

根据标准海水组成,选取标准海水中最主要且浓度较高的几种离子,包括:氯离子、钠离子、硫酸根离子、镁离子、钙离子、钾离子和碳酸氢根离子;根据这几种离子的含量,换算成相应加入的物质的质量,加入 $NaCl$、$MgSO_4$、$MgCl_2$、$CaCl_2$、KCl 和 $NaHCO_3$ 等物质,根据这些物质先配制盐度为 35.0 的标准海水,通过稀释得到盐度为 1.0、2.0、5.0、10.0、20.0、30.0 的人工海水,用盐度计测定其盐度,实际测定盐度应不超过设定盐度的 5%;如不在这个范围,应进行一定调整。

(7) 硝酸盐氮标准溶液配制

购买硝酸盐氮含量为 500 mg/L 的标准溶液(批号:130408),使用人工海水将该标准溶液稀释 50 倍,分别配制盐度为 0、1.0、2.0、5.0、10.0、20.0、30.0,硝酸盐氮含量为 10.0 mg/L 的储备溶液。在进行实验时,通过硝酸盐氮储备溶液和人工海水配制成一系列盐度梯度、硝酸盐氮浓度为 0.50、1.00、1.50、2.00、2.50 和 3.00 mg/L 的标准溶液作为样品,每份样品做三个平行。

3) 实验步骤

根据流动分析法(HY/T 147.1-2013)绘制标准曲线,安装与调试流动分析系统,设定适宜的流动分析仪分析条件,测定标准系列溶液和水样的硝酸盐氮含量。

4) 实验结果与分析

不同盐度梯度下硝酸盐氮的测定值及相对标准偏差和相对误差分别见表 5.12 和 5.13。由表 5.13 可知,当盐度为 0～30,硝酸盐氮含量为 0.50～3.00 mg/L 时,测定结果相对误差的平均值均小于 5%，说明实验数据具有很高的准确度。由表 5.12 可知，当硝酸盐氮含量为 0.50～3.00 mg/L，相对标准偏差较小，实验结果的精密度较好。

表 5.12　盐度梯度下硝酸盐氮测定值及相对标准偏差

硝氮标准溶液 (mg/L)	各盐度样品检测结果(mg/L)							相对标准偏差 (RSD)(%)
	0	1.0	2.0	5.0	10.0	20.0	30.0	
0.50	0.506	0.502	0.493	0.499	0.507	0.507	0.509	1.1
1.00	1.029	1.019	1.021	1.025	1.033	1.028	1.031	0.5
1.50	1.535	1.531	1.539	1.536	1.541	1.539	1.533	0.2
2.00	2.037	2.034	2.031	2.023	2.034	2.042	2.031	0.3
2.50	2.508	2.502	2.503	2.507	2.518	2.520	2.513	0.3
3.00	2.949	2.946	2.959	2.943	2.968	2.959	2.952	0.3

表 5.13　盐度梯度下硝酸盐氮测定值的相对误差

硝氮标准溶液 (mg/L)	各盐度样品检测结果的 $RE_{盐度}$(%)						
	RE_0	$RE_{1.0}$	$RE_{2.0}$	$RE_{5.0}$	$RE_{10.0}$	$RE_{20.0}$	$RE_{30.0}$
0.50	1.3	0.5	1.3	0.3	1.4	1.5	1.9
1.00	2.9	1.9	2.1	2.5	3.3	2.8	3.1
1.50	2.4	2.1	2.6	2.4	2.7	2.6	2.2
2.00	1.9	1.7	1.6	1.2	1.7	2.1	1.6
2.50	0.3	0.2	0.2	0.3	0.8	0.8	0.5
3.00	1.7	1.8	1.4	1.9	1.1	1.4	1.6

5）实验讨论

对硝酸盐氮的测定结果作图 5.7，图中，横轴表示盐度，纵轴表示硝酸盐氮测定值，每一个三角代表硝酸盐氮测定值的平均值。由图 5.7 可知，硝酸盐氮测定结果随机分布在每一条线的两侧，而且测定结果并没有随盐度的增加或减少呈现规律性的变化。

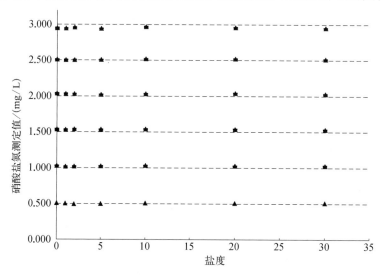

图 5.7　盐度对流动分析法测定硝酸盐氮的影响

为了进一步研究盐度对流动分析法测定硝酸盐氮的影响,利用 SPSS 19.0 对盐度(0~30)和硝酸盐氮测定值的相关性进行分析,采用的是 Pearson 相关系数,当显著性(双侧)小于 0.05 时,表示显著性相关;当显著性(双侧)大于 0.05 时,表示相关性不显著。由表 5.14 可知,硝酸盐氮含量为 0.50~3.00 mg/L 时,显著性(双侧)均大于 0.05,说明盐度与硝酸盐氮测定值的相关性不显著,即盐度对硝酸盐氮测定的影响不明显。

对硝酸盐氮的标准值和测定值进行线性拟合,图 5.8 表示流动分析法测定硝酸盐氮的线性拟合结果;并以硝酸盐氮的测定值为因变量,记为 Y,以硝酸盐氮的真实值为自变量,记为 X。对盐度为 1~30 的实验数据进行回归分析。

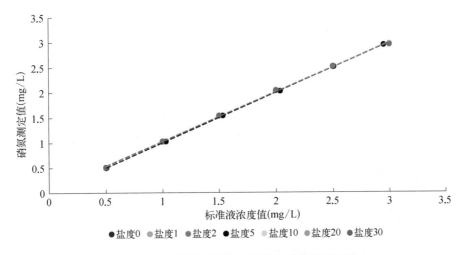

图 5.8　流动分析法测定硝酸盐氮的线性拟合图

回归方程及相关系数如下:

盐度 0:	$Y = 0.980\,2X + 0.045\,3$	$R = 0.999\,5$
盐度 1.0:	$Y = 0.981\,3X + 0.038\,5$	$R = 0.999\,5$
盐度 2.0:	$Y = 0.986\,7X + 0.030\,9$	$R = 0.999\,6$
盐度 5.0:	$Y = 0.980\,2X + 0.040\,2$	$R = 0.999\,5$
盐度 10.0:	$Y = 0.985\,9X + 0.041\,5$	$R = 0.999\,7$
盐度 20.0:	$Y = 0.985\,1X + 0.041\,9$	$R = 0.999\,5$
盐度 30.0:	$Y = 0.980\,5X + 0.045\,6$	$R = 0.999\,6$

由盐度 0~30 回归分析可知,相关系数 R 均大于 0.999,这说明回归分析线性良好。当硝酸盐氮测定值和真实值相等时,理想的回归方程为 $Y = X$,斜率为 1;各盐度回归方程与理想回归方程斜率的相对误差都小于 2%;而且经 t 检验,各盐度回归方程的截距与 0 无显著差异,说明各盐度回归方程拟合度较高(斜率越接近 1,截距越接近 0),各盐度回归方程与理想方程较为接近,而且各盐度回归方程的斜率和截距并没有随盐度的升高而呈现规律性变化,这表明盐度对硝酸盐氮的测定没有影响。因此,流动分析法测定河口咸淡水中的硝酸盐氮具有较高的适用性。

表 5.14　盐度与硝酸盐氮测定值的相关性分析

		硝酸盐氮含量(mg/L)					
		0.50	1.00	1.50	2.00	2.50	3.00
盐度	Pearson 相关性	0.621	0.568	0.006	0.169	0.674	0.246
	显著性(双侧)	0.137	0.183	0.989	0.718	0.097	0.594
	N	7	7	7	7	7	7

此外,流动分析法测定硝酸盐氮,与镉柱还原法(GB 17378.4 - 1998)相比,具有更好的精密度和准确度。镉柱还原法操作复杂,试剂耗费量大,分析时间长,镉柱的保存及活化麻烦;而流动分析法测定速度快,试剂耗量少,适合大批量样品的测定。

虽然盐度对紫外分光光度法测定硝酸盐氮时存在一定的负干扰,但是紫外分光光度法的测定结果仍具有较高的准确度和精密度,因此紫外分光光度法测定咸淡水中硝酸盐氮具有一定的适用性。研究发现,盐度对流动分析法测定硝酸盐氮的影响不显著,说明流动分析法测定咸淡水中的硝酸盐氮具有更高的适用性。

对于不同盐度和不同浓度的硝酸盐氮标准溶液,紫外分光光度法和流动分析法的测定结果虽然具有较高的准确度和精密度,但标准溶液与河口水毕竟存在一定的区别,当测定实际样品时,测定结果是否仍然具有较高的准确度和精密度,仍有待于进一步研究。

5.5　现场应用验证

实验结果表明,盐度对流动分析法测定硝酸盐氮的影响不显著,流动分析法测定咸淡水中硝酸盐氮的适用性较好;虽然盐度对紫外分光光度法测定硝酸盐氮具有一定的负干扰,但是干扰较小,测定结果的准确度和精密度仍然可以满足要求,紫外分光光度法测定咸淡水中硝酸盐氮也具有一定的适用性。

为了检验紫外分光光度法和流动分析法在测定实际样品中的适用性,分别于 2014 年 6 月和 8 月在长江口水域水体采集不同盐度的水样进行分析检测。采样站位涉及长江口南北支、南北港、南北漕等区域,最远到达东经 122°30′附近。6 月设定了 10 个站位,样品以淡水为主;8 月选取了具有代表性的 24 个站位,样品以海水为主,且盐度主要位于 0～30。6 月、8 月站位分别见图 5.9、图 5.10。

5.5.1　样品采集与前处理

1)　现场采样

按照《海洋监测规范》(GB 17378.3 - 2007)第 3 部分 样品采集、贮存与运输,进行现场样品采集,样品主要采集表层水样。在采样时,记录现场的天气状况和样品采集时间,并现场测定样品的水温和盐度。

2) 样品前处理和保存

样品采集后,先经过 0.45 μm 滤膜过滤以除去颗粒物质,然后贮存于聚乙烯瓶中。样品检测分析在实验室内进行,现场采集样品后要进行保存。6 月份,样品采集在同一天内完成,样品过滤后置于冰块中保存,返回实验室后立即进行测定。8 月份,样品采集时间

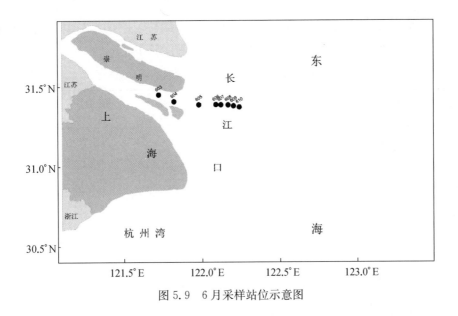

图 5.9　6 月采样站位示意图

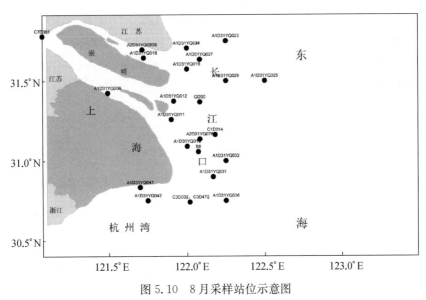

图 5.10　8 月采样站位示意图

跨度较长,而且现场不具备检测条件,样品过滤后置于冰柜中快速冷冻至 −20℃ 保存,返回实验室后进行升温熔化,达到室温后立即进行测定。

5.5.2　检测结果

盐度、硝酸盐氮测定结果保留 3 位有效数字,相对偏差保留 1 位小数。由表 5.15 可知,2014 年 6 月样品编号为 601～610,盐度范围 0.125～0.643,水环境监测规范 (SL 219 - 2013)中规定,室内相对偏差应≤10%。当相对偏差≤10%时,表示两个测定结果偏离程度较小,符合质控要求;当相对偏差>10%时,表示两个测定结果差异较大,不满足质控要求。相对偏差 1 表示紫外分光光度法与流动分析法测定硝酸盐氮的结果的相对偏差。从表 5.15 可看出,这两种方法的相对偏差最大值为 3.5％,小于 10％,这表明紫外分光光度法与流动分析法测定硝酸盐氮的结果偏离程度较小。

表 5.15　2014 年 6 月硝酸盐氮现场验证结果

样品编号	采样日期	采样时间	盐度	硝酸盐氮 (紫外) mg/L	硝酸盐氮 (流动)mg/L	相对偏差 1 (RD)％
601	06.19	06:51	0.125	1.70	1.80	2.9
602	06.19	07:20	0.138	1.77	1.78	0.3
603	06.19	07:49	0.152	1.71	1.79	2.3
604	06.19	08:46	0.169	1.66	1.78	3.5
605	06.19	13:21	0.187	1.79	1.77	0.6
606	06.19	12:24	0.248	1.86	1.78	2.2
607	06.19	12:08	0.282	1.85	1.77	2.2
608	06.19	11:45	0.361	1.75	1.77	0.6
609	06.19	11:20	0.475	1.81	1.78	0.8
610	06.19	11:00	0.643	1.74	1.77	0.9

由于样品的盐度较小,为了更好地研究盐度对硝酸盐氮测定的影响,选取了其中的 5 个水样:606～610,分别加入 5 g 左右的 NaCl,摇匀后测定样品盐度,测定结果见表 5.16。相对偏差 2 表示采用紫外分光光度法测定硝酸盐氮,加入 NaCl 的样品与原样品测定结果的相对偏差。相对偏差 3 表示采用流动分析法测定硝酸盐氮,加入 NaCl 的样品与原样品测定结果的相对偏差。

表 5.16　2014 年 6 月加入 NaCl 后硝酸盐氮测定结果

样品编号	盐度	硝酸盐氮 (紫外) mg/L	相对偏差 2 (RD)％	硝酸盐氮 (流动)mg/L	相对偏差 3 (RD)％	相对偏差 4 (RD)％
606+s	5.06	1.84	0.5	1.77	0.3	1.9
607+s	5.18	1.88	0.8	1.78	0.3	0.0
608+s	5.27	1.69	1.7	1.74	0.9	1.5
609+s	5.36	1.73	2.3	1.78	0.0	1.4
610+s	5.51	1.74	0.0	1.75	0.6	0.3

注:相对偏差 2 表示采用紫外分光光度法测定硝酸盐氮,加入 NaCl 的样品与原样品测定结果的相对偏差;相对偏差 3 表示采用流动分析法测定硝酸盐氮,加入 NaCl 的样品与原样品测定结果的相对偏差;相对偏差 4 表示加入 NaCl 的样品,紫外分光光度法与流动分析法测定硝酸盐氮的结果的相对偏差。

由表 5.16 可知,5 个样品的相对偏差 2 和相对偏差 3 都小于 10％,说明紫外分光光度法和流动分析法测定硝酸盐氮时,加入 NaCl 的样品与原样品测定结果的差异很小,满足质控要求;而且加入 NaCl 前后样品的测定结果各有大小,这是偶然误差的影响。研究还发现,相对偏差 4 也小于 10％,说明加入 NaCl 后,紫外分光光度法和流动分析法的测定结果之间的差异也很小。未发现盐度对这两种方法测定硝酸盐氮产生影响,因此紫外分光光度法和流动分析法可以测定具有一定盐度的样品。

2014 年 8 月选取的 24 个站位,样品编号分别为 801～824,盐度范围 0.135～28.75,其中前 4 个站位水样的盐度<2,为淡水;后 20 个站位水样的盐度>2,为海水。按照环境保护部标准(HJ/T 346)保护部标准水;和国标(GB/T 5750.5‐2006),紫外分光光度法主要用于测定地表水和生活饮用水中的硝酸盐氮,即淡水中的硝酸盐氮。流动分析法测定硝酸盐氮的原理与镉柱还原法(GB 17378.4-2007)相同,主要用于测定海水中的硝酸盐氮。在测定淡水中的硝酸盐氮时,以紫外分光光度法的测定结果作为水样中硝酸盐氮的真实含量;在测定海水中的硝酸盐氮时,以流动分析法的测定结果作为水样中硝酸盐氮的真实含量。

由表5.17可知,在测定样品801~804中的硝酸盐氮时,流动分析法与紫外分光光度法的相对偏差均小于10%,说明在测定淡水时,流动分析法与紫外分光光度法测定结果的差异较小,与6月份的测定结果一致。样品601~610和801~804测定结果说明,流动分析法测定淡水中的硝酸盐氮具有较高的适用性。测定样品805~824中的硝酸盐氮,紫外分光光度法与流动分析法的相对偏差均小于10%,说明在测定海水时,紫外分光光度法与流动分析法测定结果的差异较小,与6月份加入NaCl样品的测定结果一致。虽然在预实验和室内试验中发现盐度对紫外分光光度法测定硝酸盐氮具有微弱的负干扰,但是紫外分光光度法与流动分析法测定结果相比各有大小,并没有呈现总体偏小的趋势。推测产生这种现象的原因在于,在盐度影响试验中,微弱的负干扰主要存在于盐度较大硝酸盐氮含量较高的标准溶液中,而实际测定的海水在盐度较大时硝酸盐氮的含量均较低。这种现象也说明,紫外分光光度法在测定实际海水时具有更高的适用性。

表 5.17 2014 年 8 月硝酸盐氮现场验证结果

样品编号	采样日期	采样时间	盐度	紫外法(mg/L)	流动法(mg/L)	相对偏差 1(RD)%
801	08.05	17:54	0.135	1.40	1.39	0.4
802	08.06	07:43	0.138	1.57	1.58	0.3
803	08.29	14:07	0.146	1.68	1.68	0.0
804	08.06	10:52	0.158	1.61	1.60	0.3
805	08.29	12:23	2.65	1.63	1.62	0.3
806	08.06	13:39	2.77	1.56	1.55	0.3
807	08.13	08:26	3.13	1.49	1.50	0.3
808	08.07	08:27	5.12	1.55	1.57	0.6
809	08.30	15:50	5.29	1.21	1.20	0.4
810	08.30	15:21	5.74	1.63	1.66	0.9
811	08.07	09:16	6.69	1.50	1.52	0.7
812	08.08	16:29	8.11	1.75	1.81	1.7
813	08.08	15:12	9.17	1.65	1.70	1.5
814	08.31	07:20	10.5	1.41	1.46	1.7
815	08.07	11:37	10.9	1.11	1.15	1.8
816	08.10	07:02	13.4	1.35	1.45	3.6
817	08.12	11:47	17.0	0.828	0.838	0.6
818	08.30	17:00	18.0	0.851	0.857	0.4
819	08.10	09:44	18.1	0.929	0.916	0.7
820	08.12	15:49	18.1	0.836	0.834	0.1
821	08.11	09:22	23.4	0.285	0.299	2.4
822	08.19	18:52	26.4	0.498	0.508	1.0
823	08.28	16:46	27.1	0.436	0.423	1.5
824	08.19	22:30	28.7	0.320	0.314	0.9

注:相对偏差1表示紫外分光光度法与流动分析法测定硝酸盐氮的结果的相对偏差。

5.6 方法的关联性分析

本章推荐了长江口水域水体硝酸盐氮的检测方法为流动分析法和紫外分光光度法。目前,对硝酸盐氮的检测,通常以盐度 2 为界,盐度<2,采用离子色谱法(SL 86 - 1994),盐度>2,采用锌-镉还原法(GB 12763.4 - 2007)或流动分析法(HY/T 147.1 - 2013)。本节通过对长江口水域硝酸盐氮进行测定,分析推荐方法与标准方法之间的关联性。

5.6.1 研究区域

2015 年 7 月 4 日,采集长江口水域水体 50 个站位的水样,进行方法关联性研究,盐度范围 0.131~25.0,其中前 20 个站位水样的盐度<2,为淡水;后 30 个站位水样的盐度>2,为海水。具体站位见图 5.11。

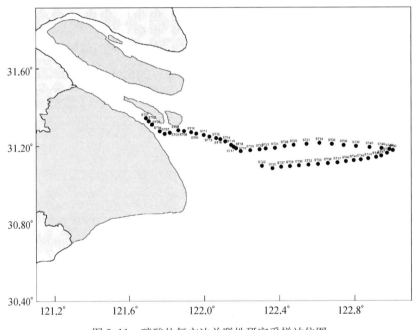

图 5.11 硝酸盐氮方法关联性研究采样站位图

现场采样按照《海洋监测规范》(GB 17378.3 - 2007)第 3 部分 样品采集、贮存与运输,进行现场样品采集,样品主要采集表层水样。样品采集后,先经过 0.45 mm 滤膜过滤以除去颗粒物质,然后贮存于聚乙烯瓶中。样品采集在同一天内完成,样品过滤后置于冰块中保存,返回实验室后立即进行测定。

5.6.2 实验试剂及仪器设备

实验试剂:(1) 离子色谱法:淋洗液;(2) 锌镉还原法:锌片,氯化镉溶液(20.0 g/L),磺胺溶液(10.0 g/L),盐酸萘乙二胺溶液(1.0 g/L);(3) 紫外可见分光光度法:盐酸溶液(1 mol/L);(4) 流动分析法:咪唑缓冲液(4.0 g/L),磺胺溶液(10.0 g/L),盐酸萘乙二胺溶液(1.0 g/L)。

仪器设备：722N 可见分光光度计,TU‐1901 紫外/可见分光光度计,QuAAtro 连续流动分析仪,Dinox‐600 离子色谱仪,真空抽滤装置,10.0 mL 移液管,5.00 mL 移液管,250 mL 容量瓶,100 mL 容量瓶,50 mL 比色管,定量加液器 1 mL、5 mL。

5.6.3 试剂配制

(1) 淋洗液：称取碳酸钠 0.381 6 g 和碳酸氢钠 0.285 6 g 溶于水,稀释至 2 000 mL。

(2) 氯化镉溶液：称取 20.0 g 氯化镉(CdCl$_2$·5/2H$_2$O)溶于水中,并用水稀释至 1 000 ml,混匀。

(3) 磺胺溶液(10.0 g/L)：称取 5.0 g 对氨基苯磺酰胺(NH$_2$SO$_2$C$_6$H$_4$NH$_2$)溶于 350 ml 盐酸溶液(1+6)中,用水稀释至 500 ml,混匀。贮于棕色玻璃瓶中,有效期两个月。

(4) 盐酸萘乙二胺溶液(1.0 g/L)：称取 0.5 g 1‐萘乙二胺二盐酸盐(C$_{10}$H$_7$NHCH$_2$CH$_2$NH$_2$·2HCl),用少量水溶解后,稀释至 500 mL,混匀,贮于棕色玻璃瓶中,低温保存。

5.6.4 结果与分析

对所采集的水样分别用标准方法(SL 86‐1994,GB 12763.4‐2007)和推荐方法(紫外分光光度法、流动分析法)进行测定,测定结果见表 5.18。计算标准方法和推荐方法之间的相对偏差,相对偏差 1 表示标准方法和紫外分光光度法测定结果值之间的相对偏差,相对偏差 2 表示标准方法和流动分析法测定结果值之间的相对偏差。如表 5.18 所示,无论是相对偏差 1 还是 2 均控制在±5%,因此,标准方法和推荐方法测定的结果具有较好的一致性,即历史数据与推荐方法数据间具有直接可比性。

表 5.18　硝酸盐氮标准方法与推荐方法比对实验结果

样品号	盐度	离子色谱法(mg/L)	锌-镉法(mg/L)	紫外法(mg/L)	流动法(mg/L)	相对偏差 1(%)	相对偏差 2(%)
1	0.131	1.72	—	1.68	1.75	1.2	−0.9
2	0.132	1.74	—	1.66	1.69	2.4	1.5
3	0.135	1.77	—	1.65	1.66	3.6	3.3
4	0.136	1.79	—	1.66	1.69	3.8	2.9
5	0.138	1.64	—	1.67	1.64	−0.9	0.0
6	0.141	1.58	—	1.67	1.68	−2.8	−3.1
7	0.141	1.64	—	1.63	1.67	0.3	−0.9
8	0.142	1.78	—	1.65	1.68	3.8	2.9
9	0.151	1.80	—	1.69	1.69	3.2	3.2
10	0.152	1.66	—	1.71	1.69	−1.5	−0.9
11	0.155	1.69	—	1.69	1.65	0.0	1.2
12	0.156	1.57	—	1.66	1.62	−2.8	−1.6
13	0.160	1.56	—	1.68	1.67	−3.7	−3.4
14	0.163	1.76	—	1.67	1.70	2.7	1.8
15	0.168	1.72	—	1.67	1.69	1.5	1.8
16	0.182	1.62	—	1.65	1.72	−0.9	−3.0

样品号	盐度	离子色谱法 （mg/L）	锌-镉法 （mg/L）	紫外法 （mg/L）	流动法 （mg/L）	相对偏差 1 （%）	相对偏差 2 （%）
17	0.302	1.59	—	1.63	1.69	−1.2	−3.0
18	0.374	1.82	—	1.68	1.74	4.0	2.2
19	0.529	1.78	—	1.63	1.67	4.4	3.2
20	1.79	1.55	—	1.61	1.51	−1.9	1.3
21	2.48	—	1.77	1.64	1.65	3.8	3.5
22	2.79	—	1.68	1.56	1.57	3.7	3.4
23	3.14	—	1.72	1.58	1.69	4.2	0.9
24	3.60	—	1.60	1.59	1.50	0.3	3.2
25	4.00	—	1.67	1.56	1.52	3.4	4.7
26	6.45	—	1.48	1.56	1.59	−2.6	−3.6
27	6.50	—	1.40	1.47	1.38	−2.4	0.7
28	7.03	—	1.39	1.42	1.43	−1.1	−1.4
29	7.31	—	1.56	1.50	1.54	2.0	0.6
30	8.06	—	1.31	1.39	1.32	−3.0	−0.4
31	8.15	—	1.34	1.34	1.27	0.0	2.7
32	8.30	—	1.29	1.31	1.19	−0.8	4.0
33	8.87	—	1.28	1.39	1.29	−4.1	−0.4
34	9.06	—	1.35	1.42	1.44	−2.5	−3.2
35	10.0	—	1.54	1.58	1.48	−1.3	2.0
36	11.1	—	1.57	1.50	1.56	2.3	0.3
37	12.8	—	1.57	1.49	1.55	2.6	0.6
38	12.9	—	1.26	1.21	1.19	2.0	2.9
39	13.1	—	1.15	1.23	1.19	−3.4	−1.7
40	13.3	—	1.23	1.30	1.27	−2.8	−1.6
41	14.0	—	1.56	1.54	1.51	0.6	1.6
42	16.5	—	1.53	1.45	1.42	2.7	3.7
43	17.0	—	1.41	1.45	1.39	−1.4	0.7
44	18.1	—	1.33	1.36	1.33	−1.1	0.0
45	22.9	—	1.16	1.25	1.26	−3.7	−4.1
46	23.0	—	1.11	1.17	1.17	−2.6	−2.6
47	23.2	—	1.12	1.22	1.20	−4.3	−3.4
48	23.2	—	1.18	1.13	1.18	2.2	0.0
49	24.1	—	1.24	1.19	1.22	2.1	0.8
50	25.0	—	1.20	1.18	1.13	0.8	3.0

注：相对偏差 1 表示标准方法和紫外分光光度法测定结果值之间的相对偏差，相对偏差 2 表示标准方法和流动分析法测定结果值之间的相对偏差。

利用 SPSS19.0 软件对标准方法与推荐方法作显著性差异检验，采用两配对样本 t 检验方法。

表 5.19 是标准方法与紫外分光光度法测定值的两配对样本 t 检验的最终结果。表中第二列是配对样本的平均差值；第三列是差值的标准差；第四列是差值的均值标准误差；第五列和第六列分别是在置信度为 95% 时差值的置信下限和置信上限，共同构成了该差值的置信区间。第七列是统计量的观测值；第八列是自由度；最后一列为双尾检验概率 p 值，在置信水平为 95% 时，显著性水平为 0.05，p 值大于 0.05，故两组数据没有显著差异。

表 5.19　标准方法与紫外分光光度法配对样本检验

标准方法 — 紫外分光光度法	成　　对　　差　　分					t	df	Sig. （双侧）
	均值	标准差	均值的 标准误	差分的 95% 置信区间				
				下限	上限			
	0.011 20	0.080 90	0.011 44	−0.011 79	0.034 19	0.979	49	0.332

表 5.20 是标准方法与流动分析法测定值的两配对样本 t 检验的最终结果。在置信水平为 95% 时，显著性水平为 0.05，p 值大于 0.05，故两组数据没有显著差异。

表 5.20　标准方法与流动分析法配对样本检验

标准方法 — 流动分析法	成　　对　　差　　分					t	df	Sig. （双侧）
	均值	标准差	均值的 标准误	差分的 95% 置信区间				
				下限	上限			
	0.017 60	0.072 49	0.010 25	−0.003 00	0.038 20	1.717	49	0.092

通过推荐方法与标准方法之间的关联性分析，紫外分光光度法和流动分析法测定结果与标准方法测定结果的相对偏差都能控制在±5% 以内，推荐方法与标准方法检测数据具有较好的一致性。通过两配对 t 检验，推荐方法与标准方法之间没有显著差异。因此，在长江口水域水体可以用紫外分光光度法和流动分析法测定硝酸盐氮，且测定结果可以直接替代标准方法。

5.7　小结

本章从水利、环保以及海洋环境监测机构常用的硝酸盐氮标准检测方法出发，研究了盐度对紫外分光光度法及镉柱还原法的影响。结果表明，盐度对紫外分光光度法具有微弱的负干扰，但仍能满足检测结果的准确度要求；对镉柱还原法影响不明显。推荐将紫外分光光度法以及镉柱还原流动分析法作为河口区检测方法。

紫外分光光度法适用于长江口水域水体的检测，当有机物干扰较大时，即当275 nm 的吸光度大于 220 nm 吸光度的 20% 时，必须在前处理时去除有机物。由于长江口水域水体的 TOC 在 2 mg/L 左右，故在长江口水域水体使用紫外分光光度法无需去除水样有机物。流动分析法相对误差范围比紫外分光光度法要广，所以流动分析法的准确度比紫外分光光度法稍高；流动分析法相对标准偏差的平均值比紫外分光光度法低，所以精密度也比紫外分光光度法高；同时，流动分析法的检出限远低于紫外分光光度法，对比准确度、精密度和检出限可知，流动分析法比紫外分光光度法更适合微量硝酸盐氮的测定。

在长江口水域进行现场验证实验，结果表明紫外分光光度法和镉柱还原流动分析法测定长江口水域水体的硝酸盐氮时均具有较高的适用性。对长江口水域 34 个站位的实际样品进行方法验证，样品盐度范围 0～30，涵盖了淡水和海水，采用紫外分光光度法和流动分析法分别测定样品的硝酸盐氮。结果表明，紫外分光光度法和流动分析法测定咸淡水中的硝酸盐氮时,检测结果的差异很小,紫外分光光度法和流动分析法测定咸淡水中的硝酸盐氮时具有较高的适用性。

关联性分析表明,紫外分光度法和流动分析法测定结果与标准方法测定结果的相对偏差都能控制在±5%以内,检测数据具有较好的一致性,结果没有显著差异。

6 河口水域氨氮检测方法研究

6.1 概况

氨氮是地表水、地下水、河口和海水中的普遍监测的指标之一。目前,国内外关于氨氮和硝酸盐氮的检测方法有许多。氨氮的检测方法通常有分光光度法、蒸馏—滴定法、气相分子吸收光谱法、离子选择电极法(董惠英,1991;骆冠琦等,2000;李金鹏等,2003)和离子色谱法(周伟峰等,2006;汪春学等,1996)、荧光法氨气敏电极法、吹脱-电导法、流动注射分析法、酶法等。本章通过实验筛选出适合于长江口水域咸淡水体的氨氮检测方法。

6.2 氨氮检测方法综述

1. 纳氏试剂分光光度法

纳氏试剂分光光度法(GB 7479-87)是以游离态的氨或铵离子等形式存在的氨氮与纳氏试剂反应生成淡红棕色络合物,该络合物的吸光度与氨氮含量成正比,于波长 420 nm 处测量吸光度。纳氏试剂分光光度法适用于地表水、地下水、生活饮用水和废水中氨氮的测定,该方法具有快速、操作简便、灵敏度高等优点(王文雷,2009);干扰因素为样品的浊度和色度、氯离子、金属离子(Mg^{2+},Ca^{2+})和有机物质。纳氏试剂分光光度法广泛应用于环境监测和相关行业,是测定水和废水中氨氮的首选方法,目前仍是国内外采用的标准方法。该法的不足之处是试样取量大,产生较多的实验废液;易受水中悬浮物和有色离子的干扰,需要进行预处理;使用剧毒的汞盐,对环境产生很大的危害(俞凌云等,2010)。

2. 水杨酸分光光度法

水杨酸分光光度法(HJ 536-2009)是在碱性介质(pH=11.7)和亚硝基铁氰化钠存在下,水中的氨、铵离子与水杨酸盐和次氯酸离子反应生成蓝色化合物,在 697 nm 处用分光光度计测量吸光度。水杨酸分光光度法适用于地下水、地表水、生活污水和工业废水中氨氮的测定,该方法具有灵敏度高、稳定性好等优点,但也存在对试剂要求严格、操作复杂等缺点;干扰因素包括伯胺、苯胺、乙醇胺、金属离子(Mg^{2+},Ca^{2+})、pH 及样品的预处理等。水杨酸分光光度法具有灵敏、稳定等优点,干扰情况和消除方法与纳氏试剂比色法相同,但对试剂要求严格,操作复杂。

流动分析法(HY/T 147.1 - 2013)是水杨酸分光光度法与流动分光光度法相结合的方法。以硝普酸钠为催化剂,氨根离子与水杨酸和游离氯反应,生成一种蓝绿色化合物,在 660 nm 下检测,为了防止反应溶液中产生氢氧化钙和氢氧化镁沉淀,试验过程中需加入络合剂柠檬酸钠和 EDTA。流动分析法适用于近岸海水、河口水及入海排污口水中氨氮的测定,该方法分析速度快,试剂耗量少,适合大批量样品的测定,具有更好的精密度和准确度;干扰因素包括金属离子、水样的前处理等。

3. 次溴酸盐氧化法

次溴酸盐氧化法(GB 17378.4 - 2007)是在碱性介质中次溴酸盐将氨氧化为亚硝酸盐,然后以重氮-偶氮分光光度法测亚硝酸盐氮的总量,扣除原有亚硝酸盐氮的浓度,得氨氮的浓度。次溴酸盐氧化法适用于大洋和近岸海水及河口水中氨氮的测定,该方法氧化率较高、快速、简便、灵敏、适合大批量样品的分析(任妍冰等,2011),但也存在对实验环境、试剂要求严格,操作复杂等缺点;干扰因素包括氧化时间、水温、试剂纯度、样品预处理、空气中氨对水样、试剂和实验器皿的影响等。

4. 靛酚蓝分光光度法

靛酚蓝分光光度法(GB 17378.4 - 2007)是在弱碱性介质中,以亚硝酰铁氰化钠为催化剂,氨与苯酚和次氯酸盐反应生成靛酚蓝,在 640 nm 处测定吸光值。靛酚蓝分光光度法适用于大洋和近岸海水及河口水,该方法具有空白值低、重现性好、不受氨基酸的干扰等优点,但也存在显色反应时间长,不利于海上现场分析等缺点(蒋岳文等,1997);干扰因素包括显色时间、空气中氨对水样、试剂的影响等。靛酚蓝分光光度法和次溴酸盐氧化法并列为海水中氨氮测定的规范方法。

5. 蒸馏-滴定法

蒸馏-滴定法的原理是调节试样的 pH 在 6.0～7.4 范围内,加入氧化镁使其呈微碱性,蒸馏释出的氨被接收瓶中的硼酸溶液吸收,以甲基红-亚甲基蓝为指示剂,用酸标准溶液滴定馏出液中的铵(柳畅先等,1999)。适用于测定高浓度氨氮,但费电、费水、费时,不适用于氨氮含量较低的长江口水体。1-萘酚分光光度法易受金属离子的干扰,水样中存在高浓度的钙、镁和氯化物时,需要预蒸馏。

6. 气相分子吸收光谱法

气相分子吸收光谱法水样预处理比较冗长,不易操作。

7. 离子选择电极法

离子选择电极法的原理是利用 Nernst 方程,当电极头的选择性膜与铵离子溶液相接触,膜内外产生的一定的电位,这种电位的大小取决于溶液中自由铵离子的活度,进而计算铵离子的浓度(余美琼等,2006)。适于现场快速测定,但灵敏度较低;离子色谱法虽然操作简单,干扰物质少,但仪器较昂贵。

8. 荧光法

荧光法的原理是在碱性介质中,基于氨与邻苯二甲醛-2-巯基乙醇反应生成强荧光性吲哚取代衍生物的体系建立测定水溶液中微量氨(郭良洽等,2004),该方法采用单一混合试剂,操作简便,试剂无毒,稳定性好(Nakamura et al. ,1996;Aminot et al. ,2001),但由于需要对反应体系进行加热且产物不够稳定,使该方法的应用受到限制(Zhang,1989)。

9. 氨气敏电极法

氨气敏电极法的原理是氨气敏电极以平头 pH 玻璃电极为指示电极,以银-氯化银为参比电极形成一组电极对,一并置于盛有 0.1 mg/L 的氯化铵内充液的塑料套管中,套管底部有一仅氨气可以通过的疏水微孔透气膜,氨气进入内充液后,结果内充液的 pH 随氨的进入而增高,使玻璃电极电位发生变化,当溶液离子强度酸度性质恒定,电极参数恒定条件下,测得溶液的电位值与氨浓度符合能斯特方程(刘乃芝,1996)。该方法易受高浓度离子的影响,尤其是待测溶液中含有有机成分则会对测定造成较大影响(余美琼等,2006)。

10. 吹脱-电导法

吹脱-电导法的原理是将铵离子变成氨分子后,在 90℃ 以气体将水样中氨氮吹出,用 5 mmol/L 硫酸吸收,吸收液电导率的变化在一定浓度范围内与氨氮吹出量成正比,该方法较适合于氨氮含量较低的天然水样品的测定,并可实现在线仪器自动化检测(王维德等,2003)。

11. 酶法

酶法的原理是基于 GLDH 催化反应,通过测定 NADH(还原型烟酰胺腺嘌呤二核苷酸)吸光度的变化率而求得水样中氨氮的含量(柳畅先等,1999)。该方法具有简便、快速、灵敏、准确和干扰少的优点,其对操作人员技术水平要求很高,且实验材料为生物制剂,不便于贮存使用、价格高。

12. 离子色谱法

离子色谱法(周伟峰等,2006)的色谱柱不适合分析盐度太高的样品,高盐度的样品在进样前必须进行大体积稀释,这样就容易造成分析误差。

6.3 盐度影响研究

本节实验内容是要筛选出受盐度影响小的氨氮检测方法。目前,无论是地表水还是海水中都有关于氨氮检测的标准方法,从这些方法出发,研究其对不同盐度梯度水样的适用性,拟采用的实验方法包括纳氏试剂分光光度法(GB 7479 - 87)、水杨酸分光光度法

(HJ 536‐2009)、次溴酸盐氧化法(GB 17378.4‐2007)、靛酚蓝分光光度法(GB 17378.4‐2007),其中前两种方法是地表水的标准检测方法,后两种是海水的标准检测方法。分别采用以上 4 种方法测定了不同盐度的氨氮标准溶液中氨氮的含量,来研究盐度对这 4 种方法测定氨氮的影响,并对实验的可行性进行分析。

6.3.1 盐度对纳氏试剂分光光度法的影响

1) 实验仪器

实验采用的仪器为:TU‐1901 紫外/可见分光光度计,仪器编号:20‐1900‐01‐0318,测定波长:420 nm。

2) 试剂配制

(1) 人工海水配制

根据长江口水域水体盐度的变化范围,用 NaCl 配制了 6 个盐度梯度 1.0、2.0、5.0、10.0、20.0、30.0 的人工海水。人工海水的盐度用盐度计测定,实际测定值应不超过设定值的 5%;如不在这个范围,应进行一定调整。

(2) 氨氮标准溶液的配制

购买氨氮含量为 1.000 g/L 的标准溶液(批号:130813),用配好的 6 个盐度梯度的人工海水将该标准溶液稀释 100 倍,分别配制成盐度为 1.0、2.0、5.0、10.0、20.0、30.0,氨氮含量为 10.0 mg/L 的储备溶液。在进行实验时,通过氨氮储备溶液和人工海水配制成一系列盐度梯度、氨氮浓度为 0.05、0.10、0.50、1.00、1.50 和 2.00 mg/L 的标准溶液作为样品,每份样品做三个平行样。

(3) 酒石酸钾钠溶液

称取 50.0 g 酒石酸钾钠溶于 100 mL 水中,加热煮沸以驱除氨,充分冷却后稀释至 100 mL。

(4) 纳氏试剂(碘化汞‐碘化钾‐氢氧化钠(HgI_2‐KI‐NaOH)溶液)

称取 16.0 g 氢氧化钠,溶于 50 mL 水中,冷却至室温。

称取 7.0 g 碘化钾和 10.0 g 碘化汞,溶于水中,然后将此溶液在搅拌下,缓慢加入到上述 50 mL 氢氧化钠溶液中,用水稀释至 100 mL。贮于聚乙烯瓶内,用橡皮塞或聚乙烯盖子盖紧,于暗处存放,有效期 1 年。

3) 实验步骤

根据纳氏试剂分光光度法(GB 7479‐87)绘制标准曲线,然后取 50 mL 水样于50 mL 比色管中,向水样和标准溶液加入 1.0 mL 酒石酸钾钠溶液,摇匀,再加入纳氏试剂 1.0 mL,摇匀。放置 10 min 后,在波长 420 nm 下,用 10 mm 比色皿,以水作参比,测量吸光度。

4) 实验结果

(1) 盐度对纳氏试剂分光光度法测定氨氮的影响

不同盐度梯度下氨氮的测定值及相对标准偏差见表 6.1,相对误差见表 6.2。由表 6.1 和表 6.2 可知,在盐度为 1.0~5.0,氨氮含量在 0.50~2.00 mg/L 时,测定结果有一定程度的偏高,但是测定结果相对误差的平均值均小于 10%,实验数据具有一定的准确

6 河口水域氨氮检测方法研究

度。但是当盐度≥10.0时,大多数测定结果的相对误差大于10%;尤其当盐度≥20.0和氨氮含量≥0.10 mg/L时,随着氨氮含量的增大,测定结果偏高的程度也越来越大,甚至个别相对误差超过了50%,因此,在当盐度≥10.0时,实验数据不能满足准确度的要求。在氨氮含量为0.05 mg/L时,相对误差都比较大,这是因为0.05 mg/L是该方法的检出限,浓度非常低,测定难度较大,因此准确度和精密度都较低。

表6.1 盐度梯度下氨氮测定值及相对标准偏差

氨氮标准溶液 (mg/L)	各盐度样品检测结果(mg/L)						相对标准偏差 (RSD)(%)
	1.0	2.0	5.0	10.0	20.0	30.0	
0.05	0.056	0.022	0.024	0.019	0.020	0.018	52.8
0.10	0.125	0.112	0.108	0.107	0.107	0.117	5.8
0.50	0.525	0.513	0.520	0.547	0.567	0.587	5.4
1.00	1.030	1.026	1.044	1.104	1.163	1.285	9.1
1.50	1.540	1.544	1.562	1.667	1.803	2.196	14.8
2.00	2.036	2.042	2.085	2.234	2.476	3.171	18.8

表6.2 盐度梯度下氨氮测定值的相对误差

氨氮标准溶液 (mg/L)	各盐度样品检测结果的相对误差 RE(%)					
	$RE_{1.0}$	$RE_{2.0}$	$RE_{5.0}$	$RE_{10.0}$	$RE_{20.0}$	$RE_{30.0}$
0.05	12.7	55.3	52.0	62.7	48.7	64.7
0.10	25.0	12.0	8.3	7.0	12.0	16.7
0.50	5.0	2.5	3.9	9.3	13.3	17.5
1.00	3.0	2.6	4.4	10.4	16.3	28.5
1.50	2.7	2.9	4.1	11.1	20.2	46.4
2.00	1.8	2.1	4.2	11.7	23.8	58.6

从表6.1可看出,在氨氮含量为0.10、0.50、1.00 mg/L时,相对标准偏差较小,这表明结果的精密度较好。但是当氨氮含量为1.50、2.00 mg/L时,相对标准偏差较大,精密度不好,这是因为氨氮含量较高时,盐度对实验结果的影响较大,随着盐度升高,实验结果偏高的程度也越大。

(2) 盐度对纳氏试剂分光光度法测定氨氮空白试验的影响

不同盐度梯度下空白试验的吸光度见表6.3。由表可知,随着盐度的变化,空白试验的吸光度并没有呈现明显的升高或者降低的趋势。可以说,在本实验中盐度的大小对空白试验影响不明显,这主要是由于蒸馏水氨氮含量很低。同时空白试验变化不明显,也说明了本实验的系统误差具有稳定性。

表6.3 盐度梯度下空白试验的吸光度(A)

	不同盐度空白的吸光值					
	1.0	2.0	5.0	10.0	20.0	30.0
空白 吸光度(A)	0.021	0.021	0.021	0.019	0.018	0.020
	0.021	0.021	0.021	0.021	0.018	0.021

129

5) 实验分析

纳氏试剂分光光度法具有简便,快速,准确等优点,应用广泛。但是研究发现,随着盐度的升高,氨氮的测定值也在逐渐偏高。对氨氮含量为 0.05~0.50 mg/L 和 1.00~2.00 mg/L 时的测定结果分别作图 6.1 和图 6.2,其中横轴表示盐度,纵轴表示氨氮的测定值。由图 6.1 和图 6.2 可知,在盐度≤5 时,盐度的影响较小;但是在盐度>5 时,就会对氨氮测定值产生明显的正干扰,且随着氨氮含量和盐度的增大,对测定结果影响也越大。盐度(氯离子)对氨氮测定产生正干扰,这与沈丽丽等(2009)的研究结果一致。

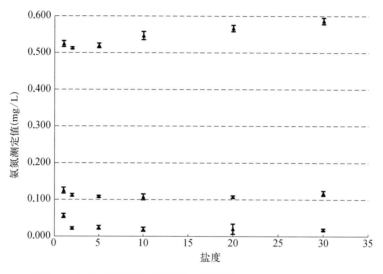

图 6.1　盐度对纳氏试剂法测定氨氮的影响(0.05~0.50 mg/L)

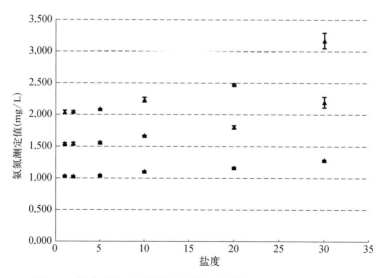

图 6.2　盐度对纳氏试剂法测定氨氮的影响(1.00~2.00 mg/L)

为了进一步研究盐度对纳氏试剂法测定氨氮的影响,利用 SPSS 19.0 软件对盐度(1~30)和氨氮测定值的相关性进行分析,采用的是 Pearson 相关系数,当显著性(双侧)

小于 0.01 时,表示显著性极相关;当显著性(双侧)小于 0.05 时,表示显著性相关;当显著性(双侧)大于 0.05 时,表示相关性不显著。由表 6.4 可知,氨氮含量较高(0.50～2.00 mg/L)时,相关性极显著;氨氮含量低(0.05～0.10 mg/L)时,相关性不显著;这说明氨氮含量较高时,盐度对实验结果的影响较大,氨氮含量较低时,盐度的影响较小。根据实验测定结果的准确度和精密度,并结合河口水盐度变化的特点,可以得出结论:如果不对河口水进行一定的前处理,纳氏试剂分光光度法直接用于测定河口咸水中氨氮含量的可行性不大。

表 6.4　盐度与氨氮测定值的相关性分析

	氨氮含量/(mg/L)					
	0.05	0.10	0.50	1.00	1.50	2.00
Pearson 相关性	−0.539	−0.127	0.974**	0.991**	0.969**	0.965**
显著性(双侧)	0.270	0.810	0.001	0.000	0.001	0.002
N	6	6	6	6	6	6

＊＊表示在 0.01 水平(双侧)显著相关。

6.3.2　盐度对水杨酸分光光度法的影响

1) 实验仪器

实验采用的仪器为:TU‑1901　紫外/可见分光光度计,仪器编号:20‑1900‑01‑0318,测定波长:697 nm。

2) 试剂配制

(1) 人工海水配制

根据长江口水域水体盐度的变化范围,用 NaCl 配制了 6 个盐度梯度 1.0、2.0、5.0、10.0、20.0、30.0 的人工海水。人工海水的盐度用盐度计测定,实际测定值应不超过设定值的 5%;如不在这个范围,应进行一定调整。

(2) 氨氮标准溶液的配制

购买氨氮含量为 1.000 g/L 的标准溶液(批号:130813),用配好的 6 个盐度梯度的人工海水将该标准溶液稀释 100 倍,分别配制成盐度为 1.0、2.0、5.0、10.0、20.0、30.0,氨氮含量为 10.0 mg/L 的储备溶液。在进行实验时,通过氨氮储备溶液和人工海水配制成一系列盐度梯度、氨氮浓度为 0.05、0.10、0.50、1.00、1.50 和 2.00 mg/L 的标准溶液作为样品,每份样品做三个平行。

(3) 显色剂(水杨酸-酒石酸钾钠溶液)

称取 50.0 g 水杨酸,加入约 100 mL 水,再加入 160 mL 2 mol/L 氢氧化钠溶液,搅拌试纸完全溶解;再称取 50.0 g 酒石酸钾钠溶于水中,与上述溶液合并移入 1 000 mL 容量瓶中,加水稀释至标线。贮存于加橡胶塞的棕色玻璃瓶中,此溶液可稳定 1 个月。

(4) 次氯酸钠使用液

取经标定的次氯酸钠,用水和 2 mol/L 氢氧化钠溶液稀释成含有效氯浓度 3.5 g/L,游离碱浓度 0.75 mol/L 的次氯酸钠使用液,存放于棕色滴瓶内,本试剂可稳定 1 个月。

（5）亚硝基铁氰化钠溶液

称取 0.1 g 亚硝基铁氰化钠置于 10 mL 具塞比色管中，加水稀释至标线，本试剂可稳定 1 个月。

3）实验步骤

根据水杨酸分光光度法（HJ 536－2009）绘制标准曲线，取 8.00 mL 样品于 10 mL 比色管中，向水样和标准溶液中加入 1.00 mL 显色剂和 2 滴亚硝基铁氰化钠，混匀。再滴入 2 滴次氯酸钠使用液并混匀，加水稀释至标线，充分混匀。显色 60 min 后，在 697 nm 波长处，用 10 mm 比色皿，以水为参比测量吸光度。

4）实验结果

（1）盐度对水杨酸分光光度法测定氨氮的影响

不同盐度梯度下氨氮的测定值及相对标准偏差见表 6.5，相对误差见表 6.6。由表 6.5 和表 6.6 可知，在盐度为 1.0～30.0，氨氮含量在 0.50～2.00 mg/L 时，测定结果相对误差的平均值均小于 10%，实验数据具有一定的准确度，这说明在氨氮含量较高时盐度的影响很小。在氨氮含量为 0.1 mg/L，盐度为 1.0～10.0 时，实验结果相对误差的平均值小于 10%，但是当盐度≥20 时，实验结果的相对误差较大并超过了 10%。在氨氮含量为 0.05 mg/L时，相对误差都比较大，这是因为 0.05 mg/L 接近该方法的测定下限（0.04 mg/L），氨氮浓度非常低，测定难度较大，因此准确度和精密度都较低。从表 6.5 还可以看出，氨氮含量在 0.10～2.00 mg/L 时，相对标准偏差较小，实验结果的精密度较好。

表 6.5　盐度梯度下氨氮测定值及相对标准偏差

氨氮标准溶液 (mg/L)	各盐度样品检测结果(mg/L)						相对标准偏差 (RSD)(%)
	1.0	2.0	5.0	10.0	20.0	30.0	
0.05	0.057	0.054	0.056	0.070	0.078	0.063	15.0
0.10	0.106	0.097	0.104	0.106	0.114	0.115	6.2
0.50	0.503	0.486	0.500	0.502	0.519	0.500	2.1
1.00	1.014	1.014	1.018	1.016	1.041	1.022	1.0
1.50	1.548	1.484	1.495	1.511	1.588	1.519	2.5
2.00	2.034	2.031	2.038	2.039	2.052	2.120	1.7

表 6.6　盐度梯度下氨氮测定值的相对误差

氨氮标准溶液 (mg/L)	各盐度样品检测结果相对误差 RE(%)					
	$RE_{1.0}$	$RE_{2.0}$	$RE_{5.0}$	$RE_{10.0}$	$RE_{20.0}$	$RE_{30.0}$
0.05	13.3	16.0	12.0	40.0	56.0	26.7
0.10	6.0	8.7	4.0	9.7	14.3	15.0
0.50	0.5	2.9	0.6	3.4	3.7	5.7
1.00	1.4	1.4	1.8	1.6	4.1	2.2
1.50	3.2	1.0	0.4	0.8	5.9	5.9
2.00	1.7	1.6	1.9	2.9	4.5	6.0

（2）盐度对水杨酸分光光度法测定氨氮空白试验的影响

不同盐度梯度下空白试验的吸光度见表 6.7。由表可知，随着盐度的变化，空白试验的吸光度呈现出部分的升高或降低,但是这并不是总体的趋势,也不能说明盐度变化对空白试验产生明显的影响。空白吸光度的变化可能是实验本身的偶然误差造成的,也可能与配制人工海水的蒸馏水质量的不同有关。

表 6.7 盐度梯度下空白试验的吸光度(A)

	各盐度空白吸光值					
	1.0	2.0	5.0	10.0	20.0	30.0
空白 吸光度(A)	0.022	0.031	0.025	0.023	0.018	0.036
	0.022	0.031	0.025	0.023	0.018	0.037

5) 实验分析

研究发现,在盐度≤2 时,氨氮含量在 0.1～2.00 mg/L 时,实验结果具有较好的准确度,这与《江河入海污染物总量监测技术规程》(HY/T 077 - 2005)对氨氮的规定相符合。对氨氮含量为 0.05～0.50 mg/L 和 1.00～2.00 mg/L 时的测定结果分别作图 6.3 和图 6.4,其中横轴表示盐度,纵轴表示氨氮测定值。由图 6.3 和 6.4 可知,在氨氮含量较高时,实验结果并没有随着盐度的升高和降低产生规律性变化;但是在氨氮含量较低时,准确度不高,盐度是否产生影响并不是很明显。

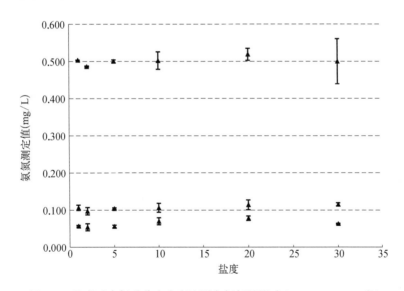

图 6.3 盐度对水杨酸分光光度法测定氨氮的影响(0.05～0.50 mg/L)

为了进一步研究盐度对水杨酸法测定氨氮的影响,利用 SPSS 19.0 软件对盐度(1～30)和氨氮测定值的相关性进行分析,采用的是 Pearson 相关系数,当显著性(双侧)小于 0.05 时,表示显著性相关;当显著性(双侧)大于 0.05 时,表示相关性不显著。由表 6.8 可知,氨氮含量为 0.05～2.00 mg/L 时,显著性(双侧)均大于 0.05,只有氨氮含量为 0.10 mg/L 和 2.00 mg/L 时相关性是显著的,即盐度对水杨酸法测定氨氮的影响不明显。同时结合实验测定结果的准确度和精密度,可以得出结论:当河口咸淡水中氨氮含量较高时,水杨酸分光光度法具有一定的可行性。

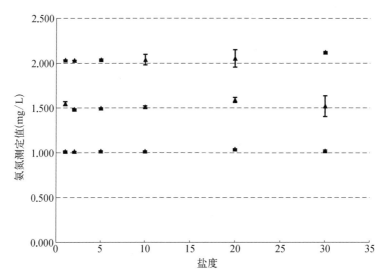

图 6.4　盐度对水杨酸分光光度法测定氨氮的影响(1.00～2.00 mg/L)

表 6.8　盐度与氨氮测定值的相关性分析

	氨氮含量/(mg/L)					
	0.05	0.10	0.50	1.00	1.50	2.00
Pearson 相关性	0.577	0.869*	0.433	0.599	0.359	0.902*
显著性(双侧)	0.230	0.025	0.391	0.208	0.485	0.014
N	6	6	6	6	6	6

＊表示在 0.05 水平(双侧)显著相关。

6.3.3　盐度对次溴酸盐氧化法的影响

1) 实验仪器

实验采用的仪器为：TU-1901　紫外/可见分光光度计,仪器编号：20-1900-01-0318,测定波长：543 nm。

2) 试剂配制

(1) 人工海水配制

根据长江口水域水体盐度的变化范围,用 NaCl 配制了 6 个盐度梯度 1.0、2.0、5.0、10.0、20.0、30.0 的人工海水。人工海水的盐度用盐度计测定,实际测定值应不超过设定值的 5%；如不在这个范围,应进行一定调整。

(2) 氨氮标准溶液的配制

购买氨氮含量为 1.000 g/L 的标准溶液(批号：130813),用配好的 6 个盐度梯度的人工海水将该标准溶液稀释 100 倍,分别配制成盐度为 1.0、2.0、5.0、10.0、20.0、30.0,氨氮含量为 10.0 mg/L 的储备溶液。在进行实验时,通过氨氮储备溶液和人工海水配制成一系列盐度梯度、氨氮浓度为 0.01、0.05、0.10、0.50、1.00、1.50 和 2.00 mg/L 的标准溶液作为样品,每份样品做三个平行。

（3）溴酸钾-溴化钾贮备溶液

称取 2.8 g 溴酸钾(KBrO₃)和 20 g 溴化钾(KBr)溶于 1 000 mL 水中,贮于 1 000 mL 棕色试剂瓶中。

（4）次溴酸钠溶液

量取 1.0 mL 溴酸钾-溴化钾贮备溶液于 250 mL 聚乙烯瓶中,加 49 mL 水和 3.0 mL 盐酸(1+1),盖紧摇匀,置于暗处。5 min 后加入 50 mL 400 g/L 氢氧化钠溶液,混匀临用前配制。

（5）磺胺溶液

称取 2.0 g 磺胺,溶于 1 000 mL 盐酸(1+1)中,贮存于棕色试剂瓶中。有效期 2 个月。

（6）盐酸萘乙二胺溶液

称取 0.50 g 盐酸萘乙二胺溶于 500 mL 水,贮存于棕色试剂瓶中,冰箱保存。有效期 1 个月。

3）实验步骤

根据次溴酸盐氧化法(GB 17378.4-2007)绘制标准曲线,取 50.0 mL 标准溶液和一定体积的样品,分别置于 100 mL,具塞锥形瓶中;各加入 5 mL 次溴酸钠溶液,混匀,放置 30 min;各加入 5 mL 磺胺溶液,混匀,放置 5 min;各加入 1 mL 盐酸萘乙二胺溶液,混匀,放置 15 min;选 543 nm 波长,2 cm 测定池,以无氨蒸馏水作参比,测定吸光值。

4）实验结果

（1）盐度对次溴酸盐氧化法测定氨氮的影响

不同盐度梯度下氨氮的测定值及相对标准偏差见表 6.9,相对误差见表 6.10。由表 6.10 可知,在盐度为 1.0～30.0,氨氮含量在 0.05～2.00 mg/L 时,测定结果的相对误差均小于 10%,实验数据具有较好的准确度,这说明盐度对这个范围氨氮的测定影响较小。由表 6.9 可知,在氨氮含量在 0.05～2.00 mg/L 时,相对标准偏差较小,实验结果的精密度较好。在氨氮含量为 0.01 mg/L 时,相对误差都比较大,这是因为此时氨氮浓度非常低,测定难度较大,因此准确度和精密度都较低。

表 6.9　盐度梯度下氨氮测定值及相对标准偏差

氨氮标准溶液 (mg/L)	各盐度样品检测结果(mg/L)						相对标准偏差 (RSD)(%)
	1.0	2.0	5.0	10.0	20.0	30.0	
0.01	0.009	0.008	0.013	0.009	0.012	0.014	23.4
0.05	0.052	0.049	0.048	0.048	0.051	0.054	4.5
0.10	0.105	0.106	0.104	0.106	0.109	0.108	1.8
0.50	0.518	0.533	0.523	0.530	0.543	0.543	1.9
1.00	1.018	1.057	1.056	1.054	1.051	1.049	1.4
1.50	1.525	1.508	1.526	1.523	1.506	1.495	0.8
2.00	2.028	2.062	2.085	2.076	2.088	2.088	1.1

表 6.10　盐度梯度下氨氮测定值的相对误差

氨氮标准溶液 （mg/L）	各盐度样品检测结果相对误差 RE(%)					
	$RE_{1.0}$	$RE_{2.0}$	$RE_{5.0}$	$RE_{10.0}$	$RE_{20.0}$	$RE_{30.0}$
0.01	13.3	23.3	30.0	6.7	23.3	36.7
0.05	4.7	2.0	4.7	4.7	5.3	7.3
0.10	4.7	6.3	3.7	5.7	8.7	8.0
0.50	3.7	6.5	4.5	6.0	8.6	8.5
1.00	1.8	5.7	5.6	5.4	5.1	4.9
1.50	1.7	1.1	1.8	1.6	0.9	0.5
2.00	1.7	3.1	4.3	3.8	4.4	4.4

（2）盐度对次溴酸盐氧化法测定氨氮空白试验的影响

不同盐度梯度下空白试验的吸光度见表 6.11。由表可知，随着盐度的变化，空白试验的吸光度虽然没有呈现逐级升高或降低，但是总体上有升高的趋势，这说明盐度增加对空白试验具有一定的正干扰。盐度对空白试验的影响要求在水样测定时必须进行样品空白的分析，不能以工作曲线的空白代替样品空白，因为工作曲线多采用蒸馏水绘制，而水样大多含有一定的盐度。

表 6.11　盐度梯度下空白试验的吸光度(A)

	各盐度空白吸光值					
	1.0	2.0	5.0	10.0	20.0	30.0
空白 吸光度(A)	0.029	0.038	0.045	0.036	0.055	0.054
	0.029	0.039	0.045	0.036	0.055	0.054

5）实验分析

研究发现，当氨氮含量在 0.05～2.00 mg/L，盐度＞2 时，实验结果具有较高的准确度和精密度，这与《江河入海污染物总量监测技术规程》(HY/T 077-2005)对氨氮的规定相符合；当盐度≤2 时，实验结果同样具有较好的准确度和精密度。对氨氮含量为 0.01～0.10 mg/L 和 0.50～2.00 mg/L 时的测定结果分别作图 6.5 和图 6.6，其中横轴表示盐度，纵轴表示氨氮测定值。由图 6.5 和图 6.6 可知，在氨氮含量为 0.01～2.00 mg/L 时，测定结果并没有随盐度的变化而呈现出规律性的变化。

为了进一步研究盐度对次溴酸盐氧化法测定氨氮的影响，利用 SPSS 19.0 软件对盐度(1～30)和氨氮测定值的相关性进行分析，采用的是 Pearson 相关系数，当显著性（双侧）小于 0.05 时，表示显著性相关；当显著性（双侧）大于 0.05 时，表示相关性不显著。由表 6.12 可知，氨氮含量为 0.01～2.00 mg/L 时，显著性（双侧）均大于 0.05，只有氨氮含量为 0.50 mg/L 时相关性是显著的，即盐度对次溴酸盐氧化法测定氨氮的影响不明显。这说明，次溴酸盐氧化法测定河口咸淡水中的氨氮具有较高的可行性。

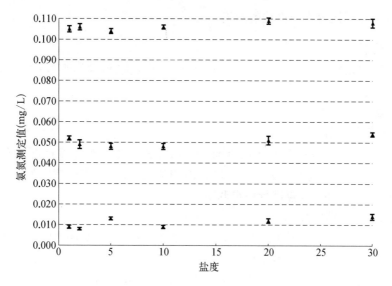

图 6.5　盐度对次溴酸盐氧化法测定氨氮的影响(0.01～0.10 mg/L)

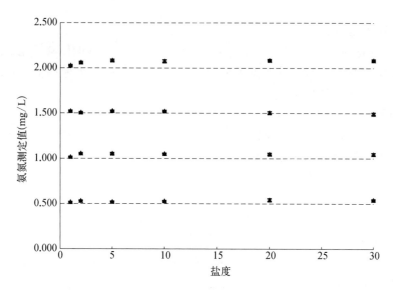

图 6.6　盐度对次溴酸盐氧化法测定氨氮的影响(0.50～2.00 mg/L)

表 6.12　盐度与氨氮测定值的相关性分析

	氨氮含量/(mg/L)						
	0.01	0.05	0.10	0.50	1.00	1.50	2.00
Pearson 相关性	0.725	0.628	0.808	0.844*	0.250	−0.781	0.669
显著性(双侧)	0.103	0.182	0.052	0.035	0.633	0.067	0.146
N	6	6	6	6	6	6	6

* 表示在 0.05 水平(双侧)显著相关。

6.3.4 盐度对靛酚蓝分光光度法的影响

1) 实验仪器

实验采用的仪器为：TU‒1901 紫外/可见分光光度计，仪器编号：20‒1900‒01‒0318，测定波长：640 nm。

2) 试剂配制

（1）人工海水配制

根据长江口水域水体盐度的变化范围，用 NaCl 配制了 6 个盐度梯度 1.0、2.0、5.0、10.0、20.0、30.0 的人工海水。人工海水的盐度用盐度计测定，实际测定值应不超过设定值的 5%；如不在这个范围，应进行一定调整。

（2）氨氮标准溶液的配制

购买氨氮含量为 1.000 g/L 的标准溶液，用配好的 6 个盐度梯度的人工海水将该标准溶液稀释 100 倍，分别配制成盐度为 1.0、2.0、5.0、10.0、20.0、30.0，氨氮含量为 10.0 mg/L 的储备溶液。在进行实验时，通过氨氮储备溶液和人工海水配制成一系列盐度梯度、氨氮浓度为 0.05、0.10、0.50、1.00、1.50 和 2.00 mg/L 的标准溶液作为样品，每份样品做 3 个平行。

（3）柠檬酸钠溶液

称取 240 g 柠檬酸钠，溶于 500 mL 水中，加入 20 mL 0.5 mol/L 氢氧化钠溶液，加入数粒防爆沸石，煮沸除氨直至溶液体积小于 500 mL。冷却后用水稀释至 500 mL。盛于聚乙烯瓶中，此溶液长期稳定。

（4）苯酚溶液

称取 38 g 苯酚和 400 mg 亚硝基铁氰化钠，溶于少许水中，稀释至 1 000 mL，混匀。盛于棕色试剂瓶中，冰箱内保存。此溶液可稳定数月。

（5）次氯酸钠使用溶液

用 0.5 mol/L 氢氧化钠溶液稀释一定量的次氯酸钠溶液，使其 1.00 mL 中含 1.50 mg 有效氯。此溶液盛于聚乙烯瓶中置冰箱内保存，可稳定数周。

3) 实验步骤

根据靛酚蓝分光光度法(GB 17378.4‒2007)绘制标准曲线，取 35.0 mL 标准溶液和一定体积的样品，分别置于 50 mL 具塞比色管中；各加入 1.0 mL 柠檬酸钠溶液，混匀；各加入 1.0 mL 苯酚溶液，混匀；然后各加入 1.0 mL 次氯酸钠使用溶液，混匀，放置 6h 以上；选 640 nm 波长，2cm 测定池，以水做参比溶剂，测定吸光值。

4) 实验结果

（1）盐度对靛酚蓝分光光度法测定氨氮的影响

不同盐度梯度下氨氮的测定值及相对标准偏差见表 6.13，相对误差见表 6.14。由表 6.14 和表 6.13 可知，在盐度为 1.0～30.0，氨氮含量在 0.10～2.00 mg/L 时，除了盐度为 10.0，氨氮含量为 0.10 mg/L 以外，测定结果相对误差的平均值均小于 10%，实验数据具有一定的准确度。在盐度为 10.0，氨氮含量为 0.10 mg/L 时，相对误差平均值大于 10%，这可能是由于偶然误差造成的。从表 6.13 还可以看出，在氨氮含量在 0.10～2.00 mg/L

时,相对标准偏差较小,实验结果的精密度较好。在氨氮含量为 0.05 mg/L 时,盐度为 10.0~30.0 时,相对误差较小;但是盐度为 1.0~5.0 时,相对误差较大,均大于 10%。低盐度相对误差大,高盐度相对误差小,这也导致实验结果的精密度不好。

表 6.13　盐度梯度下氨氮测定值及相对标准偏差

| 氨氮标准溶液（mg/L） | 各盐度样品检测结果(mg/L) | | | | | | 相对标准偏差（RSD）(%) |
	1.0	2.0	5.0	10.0	20.0	30.0	
0.05	0.063	0.068	0.074	0.055	0.049	0.052	16.7
0.10	0.110	0.105	0.104	0.112	0.105	0.102	3.5
0.50	0.520	0.491	0.492	0.493	0.488	0.499	2.3
1.00	1.026	1.004	0.995	0.986	0.974	0.989	1.8
1.50	1.512	1.523	1.580	1.535	1.487	1.500	2.2
2.00	2.022	2.002	1.993	1.976	1.952	1.992	1.2

表 6.14　盐度梯度下氨氮测定值的相对误差

| 氨氮标准溶液（mg/L） | 各盐度样品检测结果相对误差 $RE_{盐度}$（%） | | | | | |
	$RE_{1.0}$	$RE_{2.0}$	$RE_{5.0}$	$RE_{10.0}$	$RE_{20.0}$	$RE_{30.0}$
0.05	26.0	36.7	48.7	9.3	2.7	4.0
0.10	9.7	4.7	4.3	11.7	6.0	4.0
0.50	3.9	1.9	1.7	1.5	2.4	0.7
1.00	2.6	0.6	1.0	1.4	2.6	1.1
1.50	0.9	1.5	5.3	2.3	0.9	0.7
2.00	1.1	0.7	1.1	1.2	2.4	0.4

RE：相对误差。

（2）盐度对靛酚蓝分光光度法测定氨氮空白试验的影响

不同盐度梯度下空白试验的吸光度见表 6.15。由表可知,随着盐度的变化,空白试验的吸光度虽然没有呈现逐级升高或降低,但是总体上有升高的趋势,这说明盐度增加对空白试验具有一定的正干扰。盐度对空白试验的影响要求在水样测定时必须进行样品空白的分析。

表 6.15　盐度梯度下空白试验的吸光度(A)

| | 各盐度空白吸光值 | | | | | |
	1.0	2.0	5.0	10.0	20.0	30.0
空白 吸光度(A)	0.004	0.008	0.017	0.015	0.013	0.024
	0.004	0.008	0.017	0.015	0.012	0.024

5）实验分析

研究发现,在盐度为 1.0~30.0,氨氮含量在 0.10~2.00 mg/L 时,准确度和精密度基本满足要求;氨氮含量为 0.05 mg/L 时,只在高盐度时准确度满足要求。对氨氮含量为 0.05~0.50 mg/L 和 1.00~2.00 mg/L 时的测定结果分别作图 6.7 和图 6.8,其中横轴表示盐度,纵轴表示氨氮测定值。由图 6.7 和 6.8 可知,在氨氮含量为 0.05~2.00 mg/L 时,测定结果并没有随盐度的变化而呈现出规律性的变化。

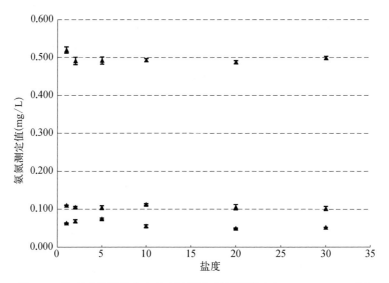

图 6.7　盐度对靛酚蓝分光光度法测定氨氮的影响(0.05～0.50 mg/L)

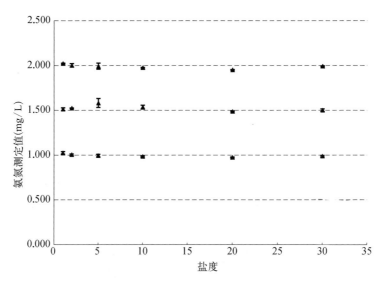

图 6.8　盐度对靛酚蓝分光光度法测定氨氮的影响(1.00～2.00 mg/L)

为了进一步研究盐度对靛酚蓝分光光度法测定氨氮的影响,利用 SPSS 19.0 对盐度(1～30)和氨氮测定值的相关性进行分析,采用的是 Pearson 相关系数,当显著性(双侧)小于 0.05 时,表示显著性相关;当显著性(双侧)大于 0.05 时,表示相关性不显著。由表6.16 可知,氨氮含量为 0.05～2.00 mg/L 时,显著性(双侧)均大于 0.05,这说明盐度对靛酚蓝分光光度法测定氨氮的影响不显著。但是靛酚蓝分光光度法显色反应时间长,海水样品显色时间达到 6h 以上,淡水样品的显色时间也要 3 h 以上,不利于海上快速调查分析。靛酚蓝分光光度法测定河口咸淡水中的氨氮具有一定的可行性,但只有缩短显色反应的时间,方法才具有优越性。

表 6.16　盐度与氨氮测定值的相关性分析

	氨氮含量/(mg/L)					
	0.05	0.10	0.50	1.00	1.50	2.00
Pearson 相关性	−0.769	−0.503	−0.275	−0.669	−0.535	−0.539
显著性(双侧)	0.074	0.309	0.598	0.146	0.274	0.270
N	6	6	6	6	6	6

6.3.5　四种方法的对比

对预实验中四种方法的氨氮标准值和测定值进行线性拟合,图 6.9 表示纳氏试剂法测定氨氮的线性拟合结果,图 6.10 表示水杨酸法测定氨氮的线性拟合结果,图 6.11 表示次溴酸盐氧化法测定氨氮的线性拟合结果,图 6.12 表示靛酚蓝分光光度法测定氨氮的线性拟合结果,图中横轴表示标准液浓度值,纵轴表示氨氮测定值,通过深浅不同的圆圈表示不同盐度(1~30)的氨氮测定值。对比 4 种方法拟合线的离散情况,可以看出纳氏试剂法拟合线的离散较大,说明纳氏试剂法受盐度的影响较大,还可以看出其余三种方法受盐度影响的差异不大。

同时,以氨氮的测定值为因变量,记为 Y;以氨氮的标准值为自变量,记为 X,对盐度为 1~30 的实验数据进行回归分析,并与理想方程 $Y=X$ 进行比较。通过观察回归方程,不难发现回归方程的相关系数 R 均大于 0.99,回归分析线性良好;除了纳氏试剂法,其他三种方法的斜率误差均小于<5%,截距<0.02,回归方程与理想方程相当接近,进一步说明盐度对纳氏试剂法具有一定的影响,而对其余 3 种方法影响很小。

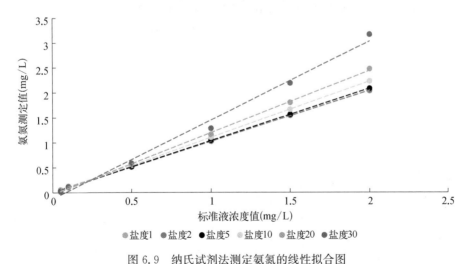

图 6.9　纳氏试剂法测定氨氮的线性拟合图

回归方程及相关系数如下:

盐度 1.0:　　　$Y=1.0124X+0.0164$　　　$R=0.9999$

盐度 2.0:　　　$Y=1.0287X-0.0065$　　　$R=0.9998$

盐度 5.0:　　　$Y=1.0488X-0.0097$　　　$R=0.9999$

盐度 10.0： $Y = 1.126\,8 - 0.020\,8$ $R = 0.999\,9$
盐度 20.0： $Y = 1.244\,5X - 0.045\,5$ $R = 0.999\,6$
盐度 30.0： $Y = 1.584X - 0.130\,6$ $R = 0.995\,7$

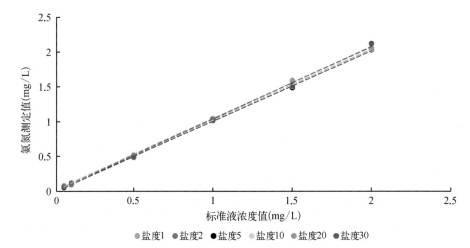

图 6.10   水杨酸法测定氨氮的线性拟合图

回归方程及相关系数如下：
盐度 1.0： $Y = 1.019\,5X + 0.001\,9$ $R = 0.999\,9$
盐度 2.0： $Y = 1.010\,1X - 0.006$ $R = 0.999\,8$
盐度 5.0： $Y = 1.011\,3X + 0.000\,5$ $R = 0.999\,8$
盐度 10.0： $Y = 1.010\,5X + 0.006\,7$ $R = 0.999\,9$
盐度 20.0： $Y = 1.026\,4X + 0.017\,7$ $R = 0.999\,7$
盐度 30.0： $Y = 1.042\,2X - 0.004\,7$ $R = 0.999\,4$

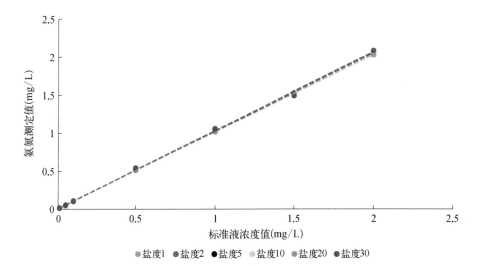

图 6.11   次溴酸盐氧化法测定氨氮的线性拟合图

回归方程及相关系数如下：

盐度 1.0：	$Y = 1.013\,8X + 0.003\,4$	$R = 0.999\,9$
盐度 2.0：	$Y = 1.024\,2X + 0.005\,4$	$R = 0.999\,7$
盐度 5.0：	$Y = 1.035\,9X + 0.001\,4$	$R = 0.999\,8$
盐度 10.0：	$Y = 1.032\,1X + 0.002\,9$	$R = 0.999\,8$
盐度 20.0：	$Y = 1.029\,9X + 0.006\,5$	$R = 0.999\,6$
盐度 30.0：	$Y = 1.026\,8X + 0.007\,6$	$R = 0.999\,4$

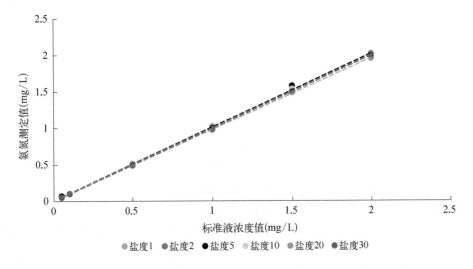

图 6.12　靛酚蓝分光光度法测定氨氮的线性拟合图

回归方程及相关系数如下：

盐度 1.0：	$Y = 1.003\,6X + 0.014$	$R = 0.999\,9$
盐度 2.0：	$Y = 1.000\,8X + 0.006\,5$	$R = 0.999\,9$
盐度 5.0：	$Y = 1.007\,5X + 0.008\,3$	$R = 0.999\,1$
盐度 10.0：	$Y = 0.994\,3X + 0.006$	$R = 0.999\,6$
盐度 20.0：	$Y = 0.978\,8X + 0.002\,4$	$R = 0.999\,9$
盐度 30.0：	$Y = 0.995\,6X + 0.001\,1$	$R = 0.999\,9$

研究发现，4 种方法各有优缺点，如纳氏试剂比色法具有简便，快速，准确等优点，应用广泛；但是易受盐度的影响，尤其是在盐度较高，氨氮含量较高时，盐度的正干扰作用很大。水杨酸分光光度法具有灵敏、稳定等优点，但是对试剂要求严格，操作复杂。次溴酸盐氧化法是一种精度高、反应快、操作简便的测氨方法，但是这个方法易受到干扰。与次溴酸盐氧化法相比，靛酚蓝分光光度法测定海水中的氨氮具有空白值低、重现性好、不受氨基酸的干扰等优点，但是靛酚蓝分光光度法显色反应时间太长，不利于海上调查分析。表 6.17 比较了 4 种检测方法对盐度的适应性以及方法本身的优缺点。

表 6.17　四种检测方法的对比

	纳氏试剂法	水杨酸法	次溴酸盐法	靛酚蓝法
盐度影响(氯离子)	正干扰	无	无	无
盐度梯度下的准确度	低盐度高 高盐度低	0.50～2.00 mg/L 高	0.05～2.00 mg/L 高	0.10～2.00 mg/L 高
盐度梯度下的精密度	低	0.05 mg/L 低 其他浓度较高	0.05～2.00 mg/L 高	0.05 mg/L 低 其他浓度较高
显色反应时间	显色 10 min	显色 60 min	氧化 30 min 显色 15 min	淡水显色 3 h 以上 海水显色 6 h 以上
空白值	一般	较高	较高	低
试剂有效期	长	一个月	现配现用	较长
灵敏度	高	高	高	高
重现性	好	较好	较好	好
操作难易程度	一般	复杂	一般	一般
预处理	絮凝沉淀或蒸馏	预蒸馏或过滤	过滤	过滤

根据预实验的研究表明,盐度仅对纳氏试剂比色法产生一定的正干扰,对其他三种方法没有明显的影响。同时,根据长江口水域水体氨氮的历史监测资料,该水域氨氮的含量通常较低,因此筛选的方法应该能够相对准确地测定较低浓度的氨氮。由上述预实验,结合表 6.17 的比对分析,次溴酸盐氧化法和靛酚蓝分光光度法在低浓度时的准确度和精密度均比较高,但是次溴酸盐氧化法的检出下限更低,说明次溴酸盐氧化法更适合于低浓度氨氮的测定。就实验方法的操作性而言,靛酚蓝分光光度法存在显色反应时间较长的缺点,而次溴酸盐氧化法显色反应时间较短,更适用于快速测定河口水中的氨氮。因此,预实验选择次溴酸盐氧化法作为下一步室内优化实验的候选方法。

此外,在项目的研究期间,中华人民共和国海洋行业标准(HY/T 147.1-2013)发布,将氨氮的流动分析法列为标准方法,该方法的化学反应原理与水杨酸法相似,具有测定速度快,操作较为简单,检出限很低的优势。随着海洋监测的频次增加,流动分析法能够节省大量的人力,降低人工检测的误差,更适用于大批量的水样分析。通过预实验的研究发现,盐度对水杨酸分光光度法没有明显的影响,因此氨氮的流动分析法用于河口水中氨氮的检测具有一定的可行性,将作为下一步室内优化实验的候选方法。

6.4　河口区的适用性研究

通过盐度影响实验发现,次溴酸盐氧化法和水杨酸分光光度法测定河口咸淡水中的氨氮都具有一定的可行性。本节在人工海水中添加 Ca^{2+}、Mg^{2+}、SO_4^{2-}、HCO_3^-,配制与长江河口水环境更接近、盐度梯度更密集的人工海水,进一步研究次溴酸盐氧化法以及与水杨酸分光光度法测定原理相似的流动分析法受盐度以及其他离子的影响,分析这两种方法在长江口水域水体的适用性。

6.4.1　次溴酸盐氧化法

1）实验仪器

实验采用的仪器为：TU-1901　紫外/可见分光光度计,仪器编号：20-1900-01-0318,测定波长：543 nm。

2）试剂配制

（1）人工海水配制

根据标准海水组成,选取标准海水中最主要且浓度较高的几种离子,包括：氯离子、钠离子、硫酸根离子、镁离子、钙离子、钾离子和碳酸氢根离子;根据这几种离子的含量,换算成相应加入的物质的质量,加入物质包括 $NaCl$、$MgSO_4$、$MgCl_2$、$CaCl_2$、KCl 和 $NaHCO_3$。根据这些物质先配制盐度为 35.0 的标准海水,通过稀释得到盐度为 0、0.5、1.0、1.5、2.0、5.0、10.0、20.0、30.0 的人工海水,用盐度计测定其盐度,实际测定盐度应不超过设定盐度的 5%;如不在这个范围,应进行一定调整。

（2）标准溶液的配制

购买氨氮含量为 1.000 g/L 的标准溶液（批号：130813）,使用人工海水将该标准溶液稀释 100 倍,分别配制盐度为 0、0.5、1.0、1.5、2.0、5.0、10.0、20.0、30.0,氨氮含量为 10.0 mg/L 的储备溶液。在进行实验时,将氨氮储备溶液和人工海水按一定比例混合,配制一系列盐度梯度、氨氮浓度为 0.01、0.05、0.10、0.50、1.00、1.50 和 2.00 mg/L 的标准溶液作为样品,每份样品做三个平行。

（3）溴酸钾-溴化钾贮备溶液

称取 2.8 g 溴酸钾（$KBrO_3$）和 20 g 溴化钾（KBr）溶于 1 000 mL 水中,贮于 1 000 mL 棕色试剂瓶中。

（4）次溴酸钠溶液

量取 1.0 mL 溴酸钾-溴化钾贮备溶液于 250 mL 聚乙烯瓶中,加 49 mL 水和 3.0 mL 盐酸（1+1）,盖紧摇匀,置于暗处。5 min 后加入 50 mL 400 g/L 氢氧化钠溶液,混匀临用前配制。

（5）磺胺溶液

称取 2.0 g 磺胺,溶于 1 000 mL 盐酸（1+1）中,贮存于棕色试剂瓶中。有效期 2 个月。

（6）盐酸萘乙二胺溶液

称取 0.50 g 盐酸萘乙二胺溶于 500 mL 水,贮存于棕色试剂瓶中,冰箱保存。有效期 1 个月。

3）实验步骤

根据次溴酸盐氧化法（GB 17378.4-2007）绘制标准曲线,取 50.0 mL 标准溶液和一定体积的样品,分别置于 100 mL,具塞锥形瓶中;各加入 5 mL 次溴酸钠溶液,混匀,放置 30 min;各加入 5 mL 磺胺溶液,混匀,放置 5 min;各加入 1 mL 盐酸萘乙二胺溶液,混匀,放置 15 min;选 543 nm 波长,2 cm 测定池,以无氨蒸馏水作参比,测定吸光值。

4）实验结果与分析

（1）盐度对次溴酸盐氧化法测定氨氮的影响

不同盐度梯度下氨氮的测定值及相对标准偏差见表 6.18，相对误差见表 6.19。次溴酸盐氧化法是海水的标准检测方法，结合表 6.19 可知，当盐度＞2 时，氨氮含量在 0.05～2.00 mg/L 时，测定结果相对误差的平均值均小于 10%，实验数据具有较好的准确度。为了研究盐度≤2 时的影响，在盐度≤2 时设定了 5 个盐度梯度：0、0.5、1.0、1.5、2.0。实验发现，在盐度≤2 时，氨氮含量在 0.05～2.00 mg/L 时，测定结果相对误差的平均值也小于 10%，实验数据具有较好的准确度。由表 6.18 可知，氨氮含量在 0.05～2.00 mg/L 时，相对标准偏差较小，实验结果的精密度较好。

表 6.18　盐度梯度下氨氮测定值及相对标准偏差

氨氮含量 (mg/L)	各盐度样品检测结果(mg/L)									相对标准偏差 (RSD)(%)
	0	0.5	1.0	1.5	2.0	5.0	10.0	20.0	30.0	
0.01	0.008 9	0.008 8	0.008 6	0.010 1	0.009 0	0.010 7	0.010 4	0.011 5	0.009 3	10.4
0.05	0.051	0.052	0.052	0.050	0.051	0.053	0.053	0.049	0.053	2.8
0.10	0.103	0.103	0.105	0.105	0.103	0.104	0.101	0.098	0.104	2.1
0.50	0.514	0.518	0.527	0.529	0.524	0.519	0.514	0.485	0.526	2.6
1.00	1.007	1.001	0.996	1.011	1.010	1.001	0.989	0.968	1.013	1.4
1.50	1.486	1.487	1.476	1.511	1.513	1.480	1.452	1.477	1.475	1.3
2.00	1.997	2.007	2.026	2.031	2.027	2.038	1.989	1.971	2.001	1.1

为了更好地研究氨氮含量为 0.01 mg/L 时盐度的影响，将测定结果保留至小数点后 4 位。研究发现，当氨氮含量为 0.01 mg/L 时，相对误差均≤20%，部分相对误差小于 10%，这说明实验数据的准确度不够高；但是盐度在 0～30 时所有测定结果的平均值为 0.009 7，其相对误差小于 10%。这是因为氨氮含量较低，偶然误差较大，导致准确度和精密度不高；然而偶然误差符合正态分布规律，在对大量数据进行平均时，其平均值与标准值较为接近。

表 6.19　盐度梯度下氨氮测定值的相对误差

氨氮含量 (mg/L)	各盐度样品检测结果的相对误差 $RE_{盐度}$(%)								
	RE_0	$RE_{0.5}$	$RE_{1.0}$	$RE_{1.5}$	$RE_{2.0}$	$RE_{5.0}$	$RE_{10.0}$	$RE_{20.0}$	$RE_{30.0}$
0.01	11.0	12.0	13.7	6.0	11.3	12.3	7.7	14.7	7.7
0.05	2.0	4.7	3.3	2.0	2.7	6.0	6.7	2.7	6.7
0.10	2.7	3.3	5.3	5.0	3.3	4.3	1.3	2.3	4.0
0.50	2.7	3.6	5.3	5.8	4.9	3.8	2.9	3.1	5.2
1.00	0.7	0.4	0.7	1.1	1.1	0.9	1.1	3.2	1.3
1.50	0.9	0.8	1.6	0.8	0.9	1.4	3.2	1.6	1.7
2.00	0.3	0.4	1.3	1.6	1.4	1.9	0.7	1.5	0.4

（2）盐度对次溴酸盐氧化法测定氨氮空白试验的影响

不同盐度梯度下空白试验的吸光度见表 6.20。由表可知，随着盐度的升高，空白试验的吸光度呈现逐级升高,这说明盐度增加对空白试验具有一定的正干扰。盐度对空白试验的影响就要求在水样测定时必须进行样品空白的分析,不能以工作曲线的空白代替样品空白,因为工作曲线多采用蒸馏水绘制,而水样大多含有一定的盐度。

表 6.20 盐度梯度下空白试验的吸光度(A)

	各盐度空白吸光值								
	0	0.5	1.0	1.5	2.0	5.0	10.0	20.0	30.0
空白 吸光度(A)	0.012	0.020	0.025	0.027	0.033	0.046	0.062	0.084	0.097
	0.012	0.021	0.025	0.029	0.032	0.047	0.062	0.084	0.098

5) 实验讨论

研究发现,当氨氮含量在 0.05～2.00 mg/L,盐度＞2 时,实验结果具有较好的准确度和精密度,这与《江河入海污染物总量监测技术规程》(HY/T 077 - 2005)对氨氮的规定相符合;当盐度≤2 时,实验结果同样具有较好的准确度和精密度。对氨氮含量为 0.01～0.10 mg/L 和 0.50～2.00 mg/L 时的测定结果分别作图 6.13 和图 6.14,其中横轴表示盐度,纵轴表示氨氮测定值,图 6.13 和图 6.14 表示各盐度条件下氨氮的测定值;由图 6.13 和图 6.14 可知,在氨氮含量为 0.01～2.00 mg/L 时,测定结果并没有随盐度的变化而呈现规律性的变化。

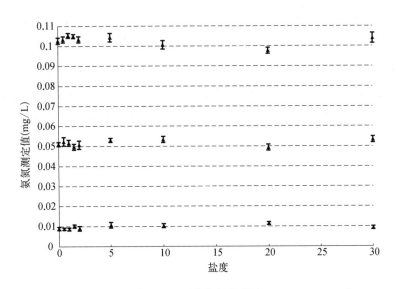

图 6.13 盐度对次溴酸盐法测定氨氮的影响(0.01～0.10 mg/L)

为了分析盐度对氨氮测定的影响,利用 SPSS 19.0 软件对盐度(0～30)和氨氮测定值的相关性进行分析,采用的是 Pearson 相关系数,当显著性(双侧)小于 0.05 时,表示相关性显著;当显著性(双侧)大于 0.05 时,表示相关性不显著。由表 6.21 可知,氨氮含量为0.01～2.00 mg/L,显著性(双侧)均大于 0.05,说明盐度与氨氮测定值的相关性不显著,即盐度对氨氮测定的影响不明显。

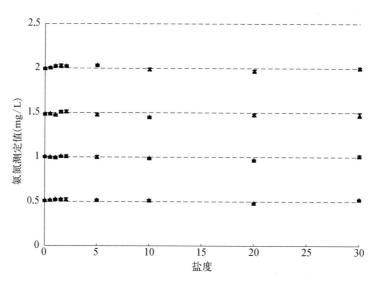

图 6.14　盐度对次溴酸盐法测定氨氮的影响(0.50～2.00 mg/L)

表 6.21　盐度与氨氮测定值的相关性分析

		氨氮含量/(mg/L)						
		0.01	0.05	0.10	0.50	1.00	1.50	2.00
盐度	Pearson 相关性	0.394	0.093	−0.389	−0.330	−0.244	−0.421	−0.540
	显著性(双侧)	0.294	0.813	0.301	0.385	0.527	0.259	0.133
	N	9	9	9	9	9	9	9

　　对氨氮的标准值和测定值进行线性拟合,图 6.15 表示次溴酸盐法测定氨氮的线性拟合结果;并以氨氮的测定值为因变量,记为 Y,以氨氮的真实值为自变量,记为 X。对盐度为 1～30 的实验数据进行回归分析。

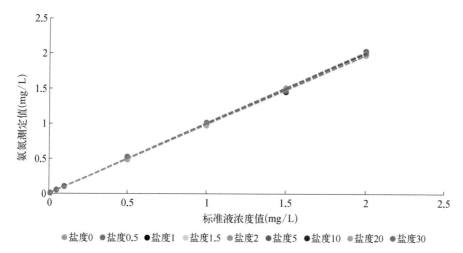

●盐度0　●盐度0.5　●盐度1　●盐度1.5　●盐度2　●盐度5　●盐度10　●盐度20　●盐度30

图 6.15　次溴酸盐法测定氨氮的线性拟合图

回归方程及相关系数如下：

盐度 0：	$Y=0.995\,2X+0.004\,5$	$R=0.999\,9$,
盐度 0.5：	$Y=0.998X+0.003\,9$	$R=0.999\,9$,
盐度 1.0：	$Y=1.000\,1X+0.003\,7$	$R=0.999\,7$,
盐度 1.5：	$Y=1.010\,9X+0.004\,4$	$R=0.999\,9$,
盐度 2.0：	$Y=1.010\,5X+0.003\,2$	$R=0.999\,9$,
盐度 5.0：	$Y=1.006\,3X+0.001\,9$	$R=0.999\,8$,
盐度 10.0：	$Y=0.983\,9X+0.004\,5$	$R=0.999\,8$,
盐度 20.0：	$Y=0.984\,3X-0.002\,8$	$R=0.999\,9$,
盐度 30.0：	$Y=0.993\,4X+0.007\,9$	$R=0.999\,6$。

由盐度 0～30 回归分析可知，相关系数 R 均大于 0.999，这说明回归分析线性良好。当氨氮测定值和真实值相等时，理想的回归方程为 $Y=X$，斜率为 1；各盐度回归方程与理想回归方程斜率的相对误差都小于 2%；而且经 t 检验，各盐度回归方程的截距与 0 无显著差异，说明各盐度回归方程拟合度较高（斜率越接近 1，截距越接近 0），各盐度回归方程与理想方程较为接近，而且各盐度回归方程的斜率和截距并没有随盐度的升高而呈现规律性变化，这表明盐度（0～30）对氨氮测定的影响不明显。因此，次溴酸盐氧化法测定河口咸淡水中的氨氮具有较高的适用性。

研究还发现，空白试验的吸光度随着盐度增加而增加，尤其是在盐度较高时，空白试验的吸光度较大。空白试验表示实验中系统误差的大小，空白试验吸光度较大说明存在较大系统误差，减少空白试验的吸光度可从以下几方面来考虑：试剂的纯度、实验用水的质量（王娟娟，2009）及盐度本身的影响。

6.4.2　流动分析法

1) 实验仪器

实验采用的仪器为：QuAAtro 连续流动分析仪，主机编号：8007458。仪器配备两个通道，包括蠕动泵、空气注入阀、空气泵管、试剂泵管、样品泵管、加热池、流通池、检测器、滤光片等。

2) 试剂配制

（1）人工海水配制

根据标准海水组成，选取标准海水中最主要且浓度较高的几种离子，包括：氯离子、钠离子、硫酸根离子、镁离子、钙离子、钾离子和碳酸氢根离子；根据这几种离子的含量，换算成相应加入的物质的质量，加入物质包括 $NaCl$、$MgSO_4$、$MgCl_2$、$CaCl_2$、KCl 和 $NaHCO_3$。根据这些物质先配制盐度为 35.0 的标准海水，通过稀释得到盐度为 0、1.0、2.0、5.0、10.0、20.0、30.0 的人工海水，用盐度计测定其盐度，实际测定盐度应不超过设定盐度的 5%；如不在这个范围，应进行一定调整。

（2）标准溶液的配制

购买氨氮含量为 1.000 g/L 的标准溶液（批号：130813），使用人工海水将该标准溶液稀释 100 倍，分别配制盐度为 0、1.0、2.0、5.0、10.0、20.0、30.0，氨氮含量为 10.0 mg/L

的储备溶液。在进行实验时,将氨氮储备溶液和人工海水按一定比例混合,配制一系列盐度梯度、氨氮浓度为 0.01、0.05、0.10、0.50、1.00、1.50 和 2.00 mg/L 的标准溶液作为样品,每份样品做三个平行。

（3）曲拉通溶液

将 50 mL 曲拉通 X - 100 和 50 mL 异丙醇混合均匀。

（4）水杨酸钠溶液

溶解 100 g 水杨酸钠,3.45 g 乙二胺四乙酸二钠,38 g 柠檬酸钠和 0.22 g 亚硝基铁氰化钠在大约 800 mL 水中。稀释到 1 L 后加入 2 mL 50％曲拉通溶液。贮存在棕色瓶中。

（5）氢氧化钠溶液

溶解 20.4 g 氢氧化钠在大约 800 mL 水中。稀释到 1 L 后混合均匀。储存在塑料瓶中,溶液变浑浊更换。

（6）二氯异氰脲酸钠（DIC）

溶解 0.54 g 二氯异氰脲酸钠在大约 80 mL 水中。稀释到 100 mL 混合均匀。每天更新。

3）实验步骤

根据流动分析法（HY/T 147.1 - 2013）绘制标准曲线,安装与调试流动分析系统,设定适宜的流动分析仪分析条件,测定标准系列溶液和水样的氨氮含量。

4）实验结果与分析

不同盐度梯度下氨氮的测定值及相对标准偏差见表 6.22,相对误差见表 6.23。由表 6.23 可知,以纯水作溶剂绘制标准曲线,当盐度为 0～30,氨氮含量为 0.5～2 mg/L 时,测定结果的相对误差均小于 10％,说明实验数据具有较高的准确度。由表 6.22 可知,当氨氮含量为 0.5～2 mg/L,相对标准偏差较小,实验结果的精密度较好。但是当氨氮含量小于 0.5 mg/L 时,只有一少部分测定结果的相对误差小于 10％,包括盐度为 0,氨氮含量为 0.01～0.1 mg/L;盐度为 1,氨氮含量为 0.05～0.1 mg/L;盐度为 2,氨氮含量为 0.1 mg/L;其余测定结果的相对误差均大于 10％。还发现,当氨氮含量为 0.01～0.1 mg/L,相对标准偏差较大,实验结果的精密度较差。由此可知,以纯水作溶剂绘制标准曲线,只有盐度为 0 时,所有浓度的氨氮标准溶液测定结果的准确度符合要求。

表 6.22 盐度梯度下氨氮测定值及相对标准偏差

氨氮含量 (mg/L)	各盐度样品检测结果(mg/L)							相对标准偏差 (RSD)(％)
	0	1.0	2.0	5.0	10.0	20.0	30.0	
0.01	0.011	0.017	0.022	0.031	0.050	0.072	0.092	72.3
0.05	0.050	0.054	0.059	0.068	0.081	0.108	0.124	36.6
0.10	0.097	0.106	0.108	0.119	0.131	0.155	0.186	24.6
0.50	0.495	0.497	0.503	0.505	0.523	0.539	0.545	4.0
1.00	0.996	0.998	1.003	1.006	1.022	1.040	1.053	2.2
1.50	1.508	1.507	1.509	1.518	1.534	1.553	1.556	1.4
2.00	2.028	2.031	2.038	2.042	2.057	2.066	2.071	0.8

表 6.23　盐度梯度下氨氮测定值的相对误差

氨氮含量 (mg/L)	各盐度样品检测结果的相对误差 $RE_{盐度}$（％）						
	RE_0	$RE_{1.0}$	$RE_{2.0}$	$RE_{5.0}$	$RE_{10.0}$	$RE_{20.0}$	$RE_{30.0}$
0.01	6.7	73.3	123.3	206.7	403.3	620.0	823.3
0.05	1.3	8.0	18.0	36.0	62.0	115.3	148.7
0.10	3.0	6.0	8.3	19.0	30.7	54.7	86.3
0.50	1.1	0.5	0.7	1.0	4.5	7.7	9.1
1.00	0.4	0.2	0.3	0.6	2.2	4.0	5.3
1.50	0.5	0.5	0.6	1.2	2.2	3.5	3.7
2.00	1.4	1.6	1.9	2.1	2.9	3.3	3.6

　　以纯水作溶剂配制标准曲线时,分别对氨氮含量为 0.01～0.10 mg/L 和 0.50～2.00 mg/L 时的测定结果分别作图 6.16 和 6.17,其中横轴表示盐度,纵轴表示氨氮测定值。由图 6.16 和 6.17 可知,在盐度为 0～30,氨氮含量为 0.01～2.00 mg/L 时,随着盐度的增加,氨氮的测定值也逐渐变大,这说明盐度对氨氮的测定存在正干扰。

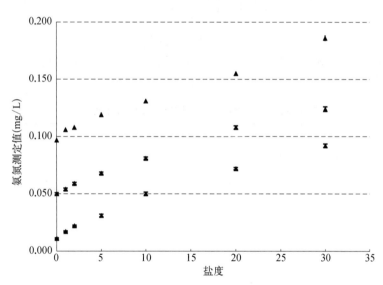

图 6.16　盐度对流动分析法测定氨氮的影响(0.01～0.10 mg/L)

5) 实验改进

　　为了提高测定结果的准确度,降低盐度的正干扰,采用具有一定盐度的人工海水来配制标准曲线。分别选用盐度为 30 和盐度为 10 的人工海水来配制标准曲线,并重新测定所有样品。

　　盐度为 30 的测定结果见表 6.24,相对误差见表 6.25。由表 6.25 可知,以盐度为 30 的人工海水作溶剂绘制标准曲线,当盐度为 1～30,氨氮含量为 0.5～2 mg/L 时,测定结果的相对误差均小于 10％,说明实验数据具有较高的准确度。由表 6.24 可知,当氨氮含量为 0.5～2 mg/L,相对标准偏差较小,实验结果的精密度较好。但是当氨氮含量小于 0.5 mg/L 时,只有盐度为 30,氨氮含量为 0.01～0.1 mg/L 以及盐度为 20,氨氮含量为 0.1 mg/L 时,测定结果的相对误差小于 10％,其他均大于 10％。而且当氨氮含量为

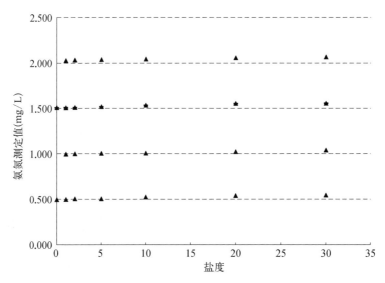

图 6.17　盐度对流动分析法测定氨氮的影响(0.50～2.00 mg/L)

0.01～0.1 mg/L,相对标准偏差较大,实验结果的精密度较差。由此可知,以盐度为 30 的人工海水作溶剂绘制标准曲线,只有盐度为 30 时,所有浓度的氨氮标准溶液测定结果的准确度较高。

表 6.24　盐度梯度下氨氮测定值及相对标准偏差

氨氮含量 (mg/L)	各盐度样品检测结果(mg/L)						相对标准偏差 (RSD)(%)
	1.0	2.0	5.0	10.0	20.0	30.0	
0.01	−0.068	−0.066	−0.058	−0.033	0.002	0.010	−97.4
0.05	−0.033	−0.021	−0.009	0.011	0.038	0.051	140.2
0.10	0.026	0.035	0.045	0.051	0.091	0.100	52.4
0.50	0.452	0.458	0.465	0.475	0.487	0.498	3.7
1.00	0.924	0.929	0.945	0.958	0.976	0.995	2.9
1.50	1.437	1.440	1.453	1.465	1.485	1.494	1.6
2.00	1.969	1.970	1.975	1.981	1.996	2.003	0.7

表 6.25　盐度梯度下氨氮测定值的相对误差

氨氮含量 (mg/L)	各盐度样品检测结果的相对误差 $RE_{盐度}$(%)					
	$RE_{1.0}$	$RE_{2.0}$	$RE_{5.0}$	$RE_{10.0}$	$RE_{20.0}$	$RE_{30.0}$
0.01	783.3	760.0	683.3	433.3	80.0	3.3
0.05	165.3	142.7	118.0	77.3	24.7	2.0
0.10	73.7	65.3	54.7	49.3	8.7	1.0
0.50	9.5	8.5	6.9	4.9	2.5	0.4
1.00	7.6	7.1	5.5	4.2	2.4	0.5
1.50	4.2	4.0	3.2	2.3	1.0	0.4
2.00	1.6	1.5	1.3	0.9	0.2	0.2

盐度为 10 的测定结果见表 6.26,相对误差见表 6.27。由表 6.27 可知,以盐度为 10 的人工海水作溶剂绘制标准曲线,当盐度为 1~30,氨氮含量为 0.5~2 mg/L 时,测定结果的相对误差均小于 10%,说明实验数据具有较高的准确度。由表 6.26 可知,当氨氮含量为 0.5~2 mg/L,相对标准偏差较小,实验结果的精密度较好。但是当氨氮含量小于 0.5 mg/L 时,只有盐度为 10,氨氮含量为 0.01~0.1 mg/L;以及盐度为 5 和 20,氨氮含量为 0.1 mg/L 时,测定结果的相对误差小于 10%,其他均大于 10%。而且当氨氮含量为 0.01~0.1 mg/L,相对标准偏差较大,实验结果的精密度较差。由此可知,以盐度为 10 的人工海水作溶剂绘制标准曲线,只有盐度为 10 时,所有浓度的氨氮标准溶液测定结果的准确度较高。

表 6.26　盐度梯度下氨氮测定值及相对标准偏差

氨氮含量 (mg/L)	各盐度样品检测结果(mg/L)						相对标准偏差 (RSD)(%)
	1.0	2.0	5.0	10.0	20.0	30.0	
0.01	−0.009	−0.008	0.001	0.011	0.039	0.052	178.1
0.05	0.030	0.031	0.039	0.052	0.070	0.094	47.9
0.10	0.079	0.081	0.093	0.102	0.109	0.132	19.9
0.50	0.467	0.472	0.482	0.493	0.525	0.537	5.8
1.00	0.962	0.965	0.976	0.988	0.997	1.017	2.1
1.50	1.462	1.464	1.479	1.492	1.502	1.522	1.6
2.00	1.981	1.986	1.989	2.013	2.023	2.035	1.1

表 6.27　盐度梯度下氨氮测定值的相对误差

氨氮含量 (mg/L)	各盐度样品检测结果的相对误差 $RE_{盐度}$(%)					
	$RE_{1.0}$	$RE_{2.0}$	$RE_{5.0}$	$RE_{10.0}$	$RE_{20.0}$	$RE_{30.0}$
0.01	193.3	183.3	86.7	6.7	286.7	420.0
0.05	40.0	37.3	22.0	4.0	40.0	88.0
0.10	20.7	18.7	7.3	2.3	8.7	32.3
0.50	6.7	5.7	3.5	1.4	4.9	7.5
1.00	3.8	3.5	2.4	1.2	0.3	1.7
1.50	2.5	2.4	1.4	0.5	0.1	1.4
2.00	0.9	0.7	0.5	0.7	1.2	1.8

以盐度为 30 和 10 的人工海水来配制标准曲线,分别对氨氮含量为 0.01~0.10 mg/L 和 0.50~2.00 mg/L 时的测定结果分别作图 6.18,6.19,6.20 和 6.21,其中横轴表示盐度,纵轴表示氨氮测定值。由图 6.18,6.19,6.20 和 6.21 可知,在盐度为 1~30,氨氮含量为 0.01~2.00 mg/L 时,随着盐度的增加,氨氮的测定值也逐渐变大,这说明即使以盐度为 30 和 10 的人工海水来配制标准曲线,盐度对氨氮的测定仍然存在正干扰。

　　当氨氮含量为 0.50～2.00 mg/L 时,无论采用何种盐度的标准曲线,氨氮测定结果的准确度都是符合要求的,这表明当氨氮含量≥0.5 mg/L 时,盐度对氨氮测定的正干扰作用是微弱的。因此,当氨氮含量≥0.5 mg/L 时,可以采用纯水作为溶剂来绘制标准曲线;但是当氨氮含量较小,尤其是氨氮含量≤0.1 mg/L 时,必须采用与样品盐度一致的人工海水来绘制标准曲线,以保证测定结果具有较高的准确度,并使误差降到最小。因此,流动分析法测定河口咸淡水中的氨氮具有一定的适用性。

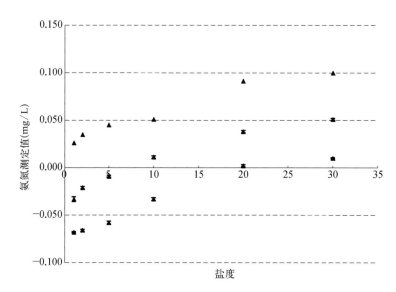

图 6.18　盐度对流动分析法测定氨氮的影响
（0.01～0.10 mg/L）（曲线：盐度 30）

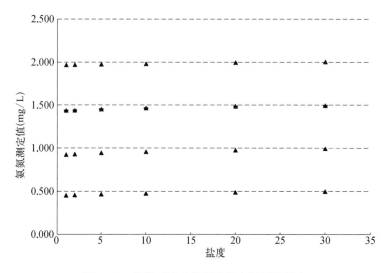

图 6.19　盐度对流动分析法测定氨氮的影响
（0.50～2.00 mg/L）（曲线：盐度 30）

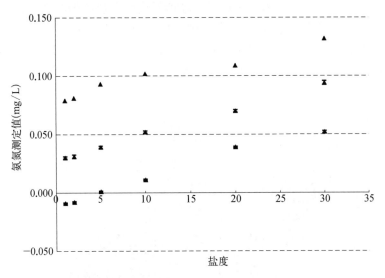

图 6.20   盐度对流动分析法测定氨氮的影响
(0.01~0.10 mg/L)（曲线：盐度 10）

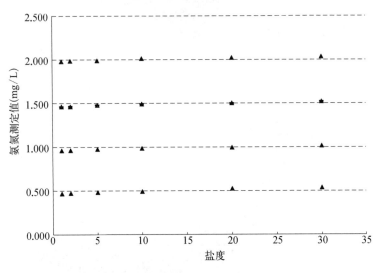

图 6.21   盐度对流动分析法测定氨氮的影响
(0.50~2.00 mg/L)（曲线：盐度 10）

6) 模型建立

如果样品含有多种盐度且盐度范围较大,全部采用与样品盐度一致的标准曲线,理论上虽然可行,但是在实际操作中需要消耗大量的时间和精力,这样流动分析法快速测定的优点也不复存在。根据实验结果,研究了氨氮的流动分析法与盐度关系的模型,以校正盐度正干扰作用的影响,这样只需采用纯水或者某一盐度的标准曲线来测定样品,测定结果经校正后即为需要的最终结果。

为了解氨氮实测值与氨氮标准值、样品盐度的影响,利用获得的实验数据画出三者之间的关系图,如图6.21所示。从图中可以清晰地看出随着盐度的增高(从0升高到30),氨氮测定值与标准值的差异越来越大,测定值较标准值越来越高,尤其在氨氮标准值低于0.500 mg/L时表现更明显[图6.22(b)],如氨氮标准值0.010 mg/L时,盐度为0时,测定值是0.011,盐度为30时,测定值高达0.092。

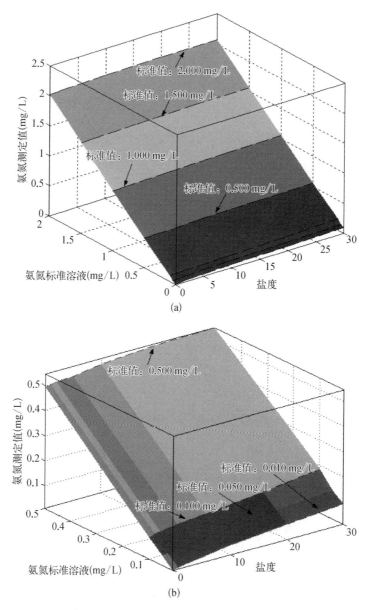

图6-22 氨氮实测值与氨氮标准值、盐度之间关系图(后附彩图)

  计算获得了氨氮测定值与氨氮标准值之间的相对偏差,如表6.28所示。可以看出,在氨氮标准值不低于0.500 mg/L时,氨氮测定值与标准值之间的相对偏差不超过10%,盐度带来的影响可以忽略不计;当氨氮标准值低于0.500 mg/L时,两者之间的相对偏差较大,盐度带来的影响不能忽略,这种情况下,尝试建立氨氮测定值与氨氮标准值、盐度之间的关系模型,为校正测定值奠定基础。

表 6.28　氨氮测定值与标准值的相对误差

盐　度	0	1	2	5	10	20	30
0.010	7%	73%	123%	207%	403%	620%	823%
0.050	0%	8%	18%	36%	62%	115%	149%
0.100	−3%	6%	8%	19%	31%	55%	86%
0.500	−1%	−1%	1%	1%	5%	8%	9%
1.000	0%	0%	0%	1%	2%	4%	5%
1.500	1%	0%	1%	1%	2%	4%	4%
2.000	1%	2%	2%	2%	3%	3%	4%

　　从图 6.22 中可以看出氨氮测定值与标准值、盐度之间均呈现线性关系,并且在盐度发生变化时,氨氮测定值与标准值线性斜率发生变化,而在标准值发生变化时,测定值与盐度之间的线性关系也在发生变化,鉴于此,尝试在三者之间建立非线性回归模型。

　　(1) 模型的构建

　　将氨氮校正值作为因变量 Y(mg/L),测定值(mg/L)和盐度作为自变量 X_1 和 X_2,构建了氨氮标准值在 0.5 mg/L 以内(包括 0.5 mg/L)时的多元非线性的多项式模型:

$$Y = F(X_1, X_2) = aX_1X_2 + bX_1 + cX_2 + d \tag{6-1}$$

其中 a、b、c 和 d 为需要确定的参数值。

　　利用 SPSS 19.0 软件对数据进行非线性拟合,软件输出结果如表 6.29 所示。

表 6.29　非线性拟合结果

参数估计值

参数	估计	标准误	95% 置信区间	
			下限	上限
a	.002	.000	.001	.003
b	1.012	.006	1.000	1.024
c	−.003	.000	−.003	−.003
d	−.004	.002	−.007	−.001

方差分析表

源	平方和	df	均方
回归	1.838	4	.459
残差	.000	24	.000
未更正的总计	1.838	28	
已更正的总计	1.076	27	

因变量:校正值

a. R 方=1−(残差平方和)/(已更正的平方和)=1.000。

　　根据软件拟合的结果,得到了氨氮校正值(Y)、测定值(X_1)和盐度(X_2)三者之间的关系模型,如式(6-1)式所示:

$$Y = 0.002X_1X_2 + 1.012X_1 - 0.003X_2 - 0.004 \qquad (6-2)$$

模型的决定系数 R^2 为 1,说明回归方程拟合精度很高。

（2）模型的检验

模型建立后,为了确定非线性模型的合理性,需要对模型进行 F 检验和 t 检验。

从两研究总体中随机抽取样本,要对两个样本进行比较的时候,首先要判断两总体方差是否相同,即 F 检验。

分别计算出氨氮校正值和氨氮预测值的均值 X,氨氮预测值均值 $X_1 = 0.737\ 346\ 939$,氨氮校正值的均值 $X_2 = 0.737\ 142\ 857$,再根据公式 6-7、6-8、6-9 计算各样本的方差。$n = 28$,计算得 $S_1 = 0.039\ 8$,$S_2 = 0.039\ 8$,$F = 1.00$。两种方法的自由度均为 $n-1 = 27$,查 F 值表,显著性系数取 0.05,$F_{0.05(20,20)} > F = 1.00$。可认定两种结果的方差是齐次的,精密度相等,可进行 t 检验。

配对样本的 t 检验用于检验两个相关样本是否来自具有相同均值的总体,即对于两个配对样本推断两个总体的均值是否存在显著差异。

所有校正值和预测值的差值 d 之和为 -0.002,$n = 28$ 为样品数。均值 $d = -0.000\ 071\ 4$。根据公式 6-11、6-12 计算得到 $S = 0.004\ 1$,$t = 2.581$。按自由度 $n-1 = 27$,查 t 值表得 $t < t_{(0.01,20)}$,在拒绝域以外,可知两组结果差异不显著。

由验证可知,校正值和测定值、盐度之间的非线性关系建立是合理的,并且能通过非线性方程对两种方法的测定数据进行校正,两种结果的一致性较好,通过 F 检验和 t 检验,两个结果的差异不显著。

因此,模型建立后,当氨氮标准值低于 0.500 mg/L 时,可用式（6-2）对实测值进行校正。但由于项目组实验数据标本数并不多,这一公式的推广建议进一步经过大量的室内实验、现场应用验证,并不断修正后方可推广使用。

6.4.3　方法适用性分析

试验发现,盐度对次溴酸盐氧化法测定氨氮的影响不显著。因此,次溴酸盐氧化法测定河口咸淡水中的氨氮具有较高的适用性。盐度对流动分析法测定氨氮存在正干扰,氨氮含量较高时正干扰作用较小,氨氮含量低时正干扰作用较大。因此,在氨氮含量较高或者测定淡水中的氨氮时,流动分析法具有一定的适用性;但是当氨氮含量低（<0.500 mg/L）,盐度较高时,需要采用与样品盐度一致的标准曲线或者采用修约公式,才能使测定结果具有较高的准确度。

配制的人工海水与河口水具有一定的差异性,次溴酸盐氧化法和流动分析法是否适合河口水氨氮的测定,有待于现场应用验证,通过对实际水样的测定,进行加标回收率分析后才能得出准确的结论。

6.5　方法的关联性分析

本节探寻了氨氮的推荐方法与标准检测方法之间关联性,分析数据的历史可比性。

6.5.1 检测方法关联性

1. 试验区域

2015 年 7 月 4 日,采集长江口水域水体 50 个站位的水样,进行方法关联性研究,盐度范围 0.131～25.0,其中前 20 个站位水样的盐度<2,为淡水;后 30 个站位水样的盐度>2,为海水。站位设置与硝酸盐氮相同,具体站位示意图见图 5.11。

现场采样按照《海洋监测规范》(GB 17378.3 - 2007)第 3 部分 样品采集、贮存与运输,进行现场样品采集,样品主要采集表层水样。样品采集后,先经过 0.45 μm 滤膜过滤以除去颗粒物质,然后贮存于聚乙烯瓶中。样品采集在同一天内完成,样品过滤后置于冰块中保存,返回实验室后立即进行测定。

2. 实验试剂及仪器设备

实验试剂:

(1) 纳氏试剂比色法:硫酸锌溶液(100 g/L),氢氧化钠溶液(250 g/L),酒石酸钾钠溶液(500 g/L),纳氏试剂;

(2) 次溴酸盐氧化法:次溴酸钠溶液,磺胺溶液(2.0 g/L),盐酸萘乙二胺溶液(1.0 g/L);

(3) 流动分析法:水杨酸钠溶液(100 g/L),氢氧化钠溶液(20.4 g/L),二氯异氰尿酸钠(5.4 g/L)。

仪器设备:722N 可见分光光度计,TU - 1901 紫外/可见分光光度计,QuAAtro 连续流动分析仪,真空抽滤装置,10.0 mL 移液管,5.00 mL 移液管,250 mL 容量瓶,100 mL 容量瓶,50 mL 比色管,定量加液器 1 mL、5 mL。

3. 试剂配制

(1) 硫酸锌溶液:称取 10.0 g 硫酸锌($ZnSO_4 \cdot 7H_2O$)溶于水中,稀释至 100 mL。

(2) 氢氧化钠溶液:称取 25 g 氢氧化钠溶于水,稀释至 100 mL。

4. 结果与分析

所采集的水样经过 0.45 μm 滤膜过滤后,分别用标准方法(纳氏试剂比色法)和推荐方法(次溴酸盐氧化法、流动分析法)进行测定,当盐度<2 时,标准方法采用纳氏试剂比色法,当盐度>2 时,流动分析法需采用模型校正后的值,结果见表 6.31。根据结果,计算标准方法和推荐方法之间的相对偏差,相对偏差 1 表示标准方法和次溴酸盐氧化法测定结果之间的相对偏差,相对偏差 2 表示标准方法和流动分析法(校正)结果之间的相对偏差。如表 6.30 所示,无论是相对偏差 1 还是 2 均控制在±5%,因此,标准方法和推荐方法测定的结果具有较好的一致性。

表 6.30　氨氮标准方法与推荐方法比对实验结果(mg/L)

样品号	盐度	纳氏试剂比色法	次溴酸盐氧化法	流动分析法	流动分析法（校正）	相对偏差1（%）	相对偏差2（%）
1	0.131	0.058	0.060 2	0.057 1	—	−1.9	0.8
2	0.132	0.074	0.072 4	0.070 3	—	1.1	2.6
3	0.135	0.052	0.053 4	0.051 3	—	−1.3	0.7
4	0.136	0.055	0.058 2	0.056 1	—	−2.8	−1.0
5	0.138	0.058	0.053 2	0.055 9	—	4.3	1.8
6	0.141	0.062	0.056 9	0.055 8	—	4.3	5.3
7	0.141	0.068	0.073 1	0.071 1	—	−3.6	−2.2
8	0.142	0.068	0.061 3	0.064 5	—	5.2	2.6
9	0.151	0.058	0.058 3	0.056 1	—	−0.3	1.7
10	0.152	0.074	0.070 7	0.072 9	—	2.3	0.7
11	0.155	0.077	0.075 3	0.072 3	—	1.1	3.1
12	0.156	0.052	0.052 9	0.054 5	—	−0.9	−2.3
13	0.160	0.049	0.050 6	0.048 2	—	−1.6	0.8
14	0.163	0.055	0.051 3	0.053 4	—	3.5	1.5
15	0.168	0.052	0.053 8	0.051 6	—	−1.7	0.4
16	0.182	0.049	0.045 5	0.047 1	—	3.7	2.0
17	0.302	0.046	0.045 3	0.046 7	—	0.8	−0.8
18	0.374	0.071	0.069 3	0.071 8	—	1.2	−0.6
19	0.529	0.062	0.065 9	0.068 4	—	−3.0	−4.9
20	1.79	0.071	0.069 9	0.074 9	—	0.8	−2.7
21	2.48	—	0.062 9	0.075 4	0.065 2	—	−1.8
22	2.79	—	0.065 3	0.077 2	0.066 2	—	−0.7
23	3.14	—	0.048 1	0.065 3	0.053 1	—	−4.9
24	3.60	—	0.058 6	0.078 1	0.064 8	—	−5.0
25	4.00	—	0.047 4	0.065 2	0.050 5	—	−3.2
26	6.45	—	0.061 1	0.080 1	0.058 7	—	2.0
27	6.50	—	0.051 2	0.077 7	0.056 1	—	−4.6
28	7.03	—	0.049 7	0.073 7	0.050 5	—	−0.8
29	7.31	—	0.047 1	0.075 7	0.051 8	—	−4.7
30	8.06	—	0.065 8	0.085 4	0.059 6	—	4.9
31	8.15	—	0.048 2	0.072 1	0.045 7	—	2.7
32	8.30	—	0.038 8	0.063 8	0.036 7	—	2.7
33	8.87	—	0.035 9	0.064 1	0.035 4	—	0.7
34	9.06	—	0.040 6	0.068 2	0.039 1	—	1.9
35	10.0	—	0.036 3	0.066 8	0.034 9	—	1.9
36	11.1	—	0.049 1	0.082 9	0.048 4	—	0.7
37	12.8	—	0.034 5	0.073 2	0.033 6	—	1.4
38	12.9	—	0.038 5	0.076 5	0.036 7	—	2.4
39	13.1	—	0.036 0	0.074 5	0.034 0	—	2.8
40	13.3	—	0.035 3	0.075 2	0.034 2	—	1.6
41	14.0	—	0.031 2	0.073 4	0.030 3	—	1.4
42	16.5	—	0.048 4	0.095 6	0.046 4	—	2.1
43	17.0	—	0.044 3	0.091 6	0.040 8	—	4.1
44	18.1	—	0.039 9	0.092 1	0.038 2	—	2.1
45	22.9	—	0.036 9	0.101 9	0.035 1	—	2.5

续表

样品号	盐度	纳氏试剂比色法	次溴酸盐氧化法	流动分析法	流动分析法（校正）	相对偏差1（％）	相对偏差2（％）
46	23.0	—	0.032 8	0.098 8	0.031 5	—	2.0
47	23.2	—	0.031 5	0.099 2	0.031 4	—	0.2
48	23.2	—	0.028 1	0.095 6	0.027 6	—	0.9
49	24.1	—	0.026 2	0.096 7	0.026 2	—	0.0
50	25.0	—	0.027 2	0.099 8	0.027 0	—	0.4

注：相对偏差1表示标准方法和次溴酸盐氧化法测定结果之间的相对偏差，相对偏差2表示标准方法和流动分析法（校正）结果之间的相对偏差。

利用是SPSS19.0软件对标准方法与推荐方法作显著性差异检验，采用两配对样本t检验方法。

表6.31是标准方法与次溴酸盐氧化法测定值的两配对样本t检验的最终结果。表中第二列是配对样本的平均差值；第三列是差值的标准差；第四列是差值的均值标准误差；第五列和第六列分别是在置信度为95％时差值的置信下限和置信上限，共同构成了该差值的置信区间。第七列是统计量的观测值；第八列是自由度；最后一列为双尾检验概率p值，在置信水平为95％时，显著性水平为0.05，p值大于0.05，故两组数据没有显著差异。

表6.31　标准方法与次溴酸盐氧化法配对样本检验

标准方法—次溴酸盐氧化法	成　对　差　分					t	df	Sig.（双侧）
	均值	标准差	均值的标准误	差分的95％置信区间				
				下限	上限			
	0.000 270 0	0.002 031 0	0.000 287 2	−0.000 307 2	0.000 847 2	0.940	49	0.352

表6.32是标准方法与流动分析法测定值的两配对样本t检验的最终结果。在置信水平为95％时，显著性水平为0.05，p值大于0.05，故两组数据没有显著差异。

表6.32　标准方法与流动分析法配对样本检验

标准方法—流动分析法	成　对　差　分					t	df	Sig.（双侧）
	均值	标准差	均值的标准误	差分的95％置信区间				
				下限	上限			
	0.000 364 0	0.002 827 9	0.000 399 9	−0.000 439 7	0.001 167 7	0.910	49	0.367

通过研究可知，当水样前处理方法一样时，无论是次溴酸盐氧化法还是流动分析法测定结果与标准方法测定结果的相对偏差都能控制在±5％，推荐方法与标准方法检测数据具有较好的一致性。通过两配对t检验，推荐方法与标准方法之间没有显著差异，推荐方法的测定结果可以直接替代标准方法的结果。

6.5.2　前处理方法的关联性

目前，实验室采用纳氏试剂分光光度法检测氨氮时，采用的水样前处理方法为絮凝沉淀法,而本章推荐方法采用的水样前处理方法为抽滤,两种不同的前处理方法可能对检测结果产生一定的差异性,因此进行了两种前处理方法的关联性研究。

2015年3月,对长江口近岸低盐度水域的28个站位进行采样,分别用絮凝沉淀法和抽滤法对水样进行处理,检测结果见表6.33。

表6.33　不同前处理方法氨氮的检测结果

样品编号	站位号	絮凝沉淀法(mg/L)	抽滤法(mg/L)	差值(mg/L)
1	白峁口Ⅰ	0.111	0.074	0.037
2	白峁口Ⅱ	0.108	0.077	0.031
3	白峁口Ⅲ	0.105	0.071	0.034
4	青草沙	0.108	0.068	0.04
5	东风西沙	0.105	0.071	0.034
6	吴淞口炮台湾	0.110	0.083	0.027
7	石洞口污水厂	0.096	0.068	0.028
8	罗泾	0.106	0.082	0.024
9	陈行水库	0.099	0.065	0.034
10	浏河口宝山红色灯标	0.102	0.077	0.025
11	SYD01-低	0.111	0.086	0.025
12	SYD02-低	0.117	0.080	0.037
13	SYD03-低	0.114	0.077	0.037
14	SYD01-高	0.108	0.068	0.040
15	SYD02-高	0.102	0.062	0.040
16	SYD03-高	0.104	0.071	0.033
17	SYD04-低	0.105	0.068	0.037
18	SYD05-低	0.114	0.065	0.049
19	SYD06-低	0.108	0.071	0.037
20	SYD04-高	0.111	0.084	0.027
21	SYD05-高	0.117	0.083	0.034
22	SYD06-高	0.108	0.080	0.028
23	SYD07-低	0.102	0.076	0.026
24	SYD08-低	0.105	0.077	0.028
25	SYD09-低	0.099	0.071	0.028
26	SYD07-高	0.102	0.068	0.034
27	SYD08-高	0.096	0.062	0.034
28	SYD09-高	0.106	0.074	0.032

注:差值为絮凝沉淀法与抽滤法的差值。

根据检测结果,抽滤法的检测结果比絮凝沉淀法低,相对偏差在0.025～0.049 mg/L。为了使历史数据与新建方法检测数据间具有可比性,需对氨氮的絮凝沉淀法进行修约,根据统计学计算方法,修约参数为−0.033,即

$$氨氮(抽滤法) = 氨氮(絮凝沉淀法) − 0.033 \tag{6-3}$$

综上所述,在长江口水域用次溴酸盐法和流动分析法检测水体氨氮,与标准方法具有等效性;当盐度＜2,氨氮水样采用絮凝沉淀法进行前处理时,氨氮测定值必须进行修约后,才能与抽滤法相近,历史数据通过关联公式修约后即可进行对比分析。

6.6　现场应用验证

试验结果表明,盐度对次溴酸盐氧化法测定氨氮的影响不显著,次溴酸盐氧化法测定咸淡水中氨氮的适用性较高。盐度对流动分析法测定氨氮具有一定的正干扰,当氨氮含量较高时,正干扰较小,测定结果的准确度和精密度仍然可以满足要求;但是当氨氮含量较低时,正干扰较大,测定结果的准确度和精密度较低,如果标准曲线的盐度与样品的盐度相同时,测定结果的准确度和精密度可以满足要求,流动分析法测定咸淡水中的氨氮具有一定的适用性。

在预实验和室内试验中,测定的是不同盐度的标准溶液中氨氮的含量。实际样品的成分要比标准溶液复杂得多。为了检验次溴酸盐氧化法和流动分析法测定实际样品的准确性,分别于2014年6月和8月在长江口采集不同盐度的样品,分别用国标方法、次溴酸盐氧化法和流动分析法进行分析检测,具体站位的坐标见表5.16。

6.6.1　样品采集与前处理

1) 现场采样

按照《海洋监测规范》(GB 17378.3 - 2007)"第3部分 样品采集、贮存与运输"进行现场样品采集,样品主要采集表层水样。在采样时,记录现场的天气状况和样品采集时间,并现场测定样品的盐度。

2) 样品前处理和保存

样品采集后,先经过0.45μm滤膜过滤以除去颗粒物质,然后贮存于聚乙烯瓶中,样品采集在同一天内完成,样品过滤后置于冰块中保存,返回实验室后立即进行测定。在8月份,样品采集时间跨度较长,而且现场不具备检测条件,样品过滤后置于冰柜中快速冷冻至-20℃保存,返回实验室后进行升温熔化,达到室温后立即进行测定。

6.6.2　检测结果分析

2014年6月氨氮现场验证结果见表6.31,其中盐度、氨氮测定结果保留3位有效数字,相对偏差保留1位小数。由表6.31可知,2014年6月选取了10个站位,样品编号601~610,盐度范围0.125~0.643,这说明10个水样均为淡水(盐度<2)。当盐度<2时,纳氏试剂比色法为国标方法,以纳氏试剂比色法测定的结果为真实值,其他方法测定的结果与其进行相对偏差分析。水环境监测规范(SL 219 - 2013)中规定,室内相对偏差应≤10%,因此当相对偏差≤10%时,表示两个测定结果偏离程度较小,符合质控要求;当相对偏差>10%时,表示两个测定结果差异较大,不满足质控要求。相对偏差1表示次溴酸盐氧化法与纳氏试剂分光光度法测定氨氮的结果的相对偏差,相对偏差2表示流动分析法与纳氏试剂分光光度法测定氨氮的结果的相对偏差,相对偏差3表示流动分析法与次溴酸盐氧化法测定氨氮的结果的相对偏差。

纳氏试剂分光光度法常用于测定地表水和地下水中的氨氮,测定结果具有较高的精密度和准确度,因此在测定淡水中的氨氮时,以纳氏试剂分光光度法的测定结果作为样品中氨氮的真实含量。由表 6.34 可知,相对偏差 1 的范围为 0.1%~4.3%,小于 10%,说明次溴酸盐氧化法与纳氏试剂分光光度法的测定结果偏离程度较小,满足质控的要求,表明次溴酸盐氧化法测定淡水中的氨氮时准确度较高,与之前的预实验和室内试验的研究结果一致。研究还发现,相对偏差 2 均小于 10%,说明流动分析法在测定淡水中的氨氮时具有较高的准确度;相对偏差 3 小于 10%说明了流动分析法与次溴酸盐氧化法测定淡水中的氨氮时差异较小。

由于样品的盐度较小,为了更好地研究盐度对氨氮测定的影响,选取了其中的 5 个水样:606~610,分别加入 5 g 左右的 NaCl,摇匀后测定样品盐度,测定结果见表 6.34。相对偏差 4 表示采用次溴酸盐氧化法测定氨氮,加入 NaCl 的样品与原样品测定结果的相对偏差。相对偏差 5 表示采用流动分析法测定氨氮,加入 NaCl 的样品与原样品测定结果的相对偏差。

表 6.34　2014 年 6 月氨氮现场验证结果

样品编号	采样日期	采样时间	盐度	纳氏(mg/L)	次溴(mg/L)	相对偏差 1(%)	流动(mg/L)	相对偏差 2(%)	相对偏差 3(%)
601	06.19	06:51	0.125	0.072	0.068 8	2.3	0.069 9	1.5	0.8
602	06.19	07:20	0.138	0.060	0.059 9	0.1	0.061 8	1.5	1.6
603	06.19	07:49	0.152	0.045	0.043 2	2.0	0.044 8	0.2	1.8
604	06.19	08:46	0.169	0.039	0.035 8	4.3	0.037 6	1.8	2.5
605	06.19	13:21	0.187	0.036	0.037 4	1.9	0.035 2	1.1	3.0
606	06.19	12:24	0.248	0.039	0.036 7	3.0	0.039 2	0.3	3.3
607	06.19	12:08	0.282	0.036	0.036 2	0.3	0.037 8	2.4	2.2
608	06.19	11:45	0.361	0.036	0.035 0	1.4	0.037 7	2.3	3.7
609	06.19	11:20	0.475	0.033	0.033 3	0.3	0.034 8	2.7	2.4
610	06.19	11:00	0.643	0.030	0.030 7	1.2	0.032 3	3.7	2.5

注:相对偏差 1、2、3 分别表示次溴酸盐氧化法与纳氏试剂分光光度法,流动分析法与纳氏试剂分光光度法,流动分析法与次溴酸盐氧化法结果的相对偏差。

表 6.35 为 2014 年 6 月加入 NaCl 后,水样氨氮的测定结果。由表 6.35 可知,5 个样品的相对偏差 4 都小于 10%,说明次溴酸盐氧化法测定氨氮时,加入 NaCl 前后样品测定结果的差异很小,满足质控要求;而且加入 NaCl 前后样品的测定结果各有大小,这是偶然误差的影响,研究未发现盐度对次溴酸盐氧化法测定氨氮产生影响。研究还发现,相对偏差 5 和相对偏差 6 均大于 10%,而且加入 NaCl 后,流动分析法的测定结果均大于原样品,说明盐度对流动分析法测定氨氮具有正干扰,与预实验和室内试验的研究结果一致。

表 6.35　2014 年 6 月加入 NaCl 后氨氮测定结果

样品编号	盐度	次溴(mg/L)	相对偏差 4(%)	流动(mg/L)	相对偏差 5(%)	相对偏差 6(%)
606+s	5.06	0.036 3	0.5	0.054 3	16.1	19.9
607+s	5.18	0.036 7	0.7	0.052 5	16.3	17.7
608+s	5.27	0.034 9	0.1	0.049 7	13.7	17.5
609+s	5.36	0.033 9	1.0	0.050 6	18.5	19.8
610+s	5.51	0.030 2	0.8	0.041 4	12.3	15.6

注:相对偏差 4 表示采用次溴酸盐氧化法测定氨氮,加入 NaCl 的样品与原样品测定结果的相对偏差;相对偏差 5 表示采用流动分析法测定氨氮,加入 NaCl 的样品与原样品测定结果的相对偏差;相对偏差 6 表示加入 NaCl 的样品,流动分析法与次溴酸盐氧化法测定氨氮的结果的相对偏差。

2014 年 6 月选取了 10 个站位的水样,而且水样均为淡水;为了验证盐度的影响,需要选取一定数量的海水进行分析验证。2014 年 8 月在海洋调查中选取了 24 个站位,盐度范围 0.135～28.7,其中前 4 个站位水样的盐度<2,为淡水;后 20 个站位水样的盐度>2,为海水。在测定淡水中的氨氮时,以纳氏试剂分光光度法的测定结果作为水样中氨氮的真实含量;根据《江河入海污染物总量监测技术规程》(HY/T 077 - 2005)规定,在测定海水(咸水)时,以次溴酸盐氧化法的测定结果作为水样中氨氮的真实含量。

样品 801～804 的现场验证结果见表 6.36,分析可知,相对偏差 1 和相对偏差 2 均小于 10%,进一步说明在测定淡水时次溴酸盐氧化法和流动分析法的测定结果具有较高的准确度,相对偏差 3 小于 10% 说明了流动分析法与次溴酸盐氧化法测定淡水中的氨氮时差异较小,与 6 月份的研究结果一致。样品 601～610 和 801～804 研究结果说明,次溴酸盐氧化法与流动分析法在测定淡水中的氨氮时具有较高的适用性。

表 6.36　2014 年 8 月氨氮现场验证结果

样品编号	采样日期	采样时间	盐度	纳氏(mg/L)	次溴(mg/L)	相对偏差1(%)	流动(mg/L)	相对偏差2(%)	相对偏差3(%)
801	08.05	17:54	0.135	0.046	0.044 3	1.9	0.046 5	0.5	2.4
802	08.06	07:43	0.138	0.041	0.041 9	1.1	0.040 3	0.9	1.9
803	08.29	14:07	0.146	0.037	0.037 6	0.8	0.036 1	1.2	2.0
804	08.06	10:52	0.158	0.031	0.029 9	1.8	0.031 8	1.3	3.1

注：相对偏差 1、2、3 分别表示次溴酸盐氧化法与纳氏试剂分光光度法,流动分析法与纳氏试剂分光光度法,流动分析法与次溴酸盐氧化法结果的相对偏差。

实验结果表明,盐度对流动分析法测定氨氮时具有正干扰,正干扰作用使得流动分析法测定氨氮时的准确度较低,为了保证准确度符合要求,在测定时可以采用与待测样品盐度相同的标准曲线。配制了盐度为 0、5、10 和 20 的标准曲线,以纯水配制的盐度为 0 的标准曲线用于测定淡水样品:601～610 和 801～804,通过人工海水配制的盐度为 5、10 和 20 的标准曲线用于测定海水样品:805～824。在检测过程中,用与样品实际盐度相同或相近的标准曲线进行测定,验证结果见表 6.37。分析可知,流动分析法与次溴酸盐氧化法测定样品805～824 中的氨氮时,相对偏差 3 的范围为 1.7%～8.9%,均小于 10%,说明这两种方法的测定结果的偏离程度符合质控要求,流动分析法测定结果的准确度满足要求。因此,只要采用与样品盐度相同和相近的标准曲线,流动分析法在测定海水中的氨氮时具有一定的适用性。

表 6.37　2014 年 8 月氨氮现场验证结果

样品编号	采样日期	采样时间	盐度	次溴(mg/L)	流动(mg/L)	相对偏差3(%)
805	08.29	12:23	2.65	0.011 8	0.010 8	4.4
806	08.06	13:39	2.77	0.024 2	0.023 1	2.3
807	08.13	08:26	3.13	0.011 4	0.010 4	4.6
808	08.07	08:27	5.12	0.014 6	0.014 1	1.7
809	08.30	15:50	5.29	0.015 6	0.015 0	2.0
810	08.30	15:21	5.74	0.012 4	0.012 9	2.0
811	08.07	09:16	6.69	0.013 4	0.014 4	3.6

样品编号	采样日期	采样时间	盐度	次溴 (mg/L)	流动 (mg/L)	相对偏差 3 (%)
812	08.08	16:29	8.11	0.008 9	0.008 3	3.5
813	08.08	15:12	9.17	0.008 4	0.008 9	2.9
814	08.31	07:20	10.5	0.010 4	0.009 6	4.0
815	08.07	11:37	10.9	0.009 3	0.009 9	3.1
816	08.10	07:02	13.4	0.009 6	0.010 8	5.9
817	08.12	11:47	17.0	0.010 7	0.009 7	4.9
818	08.30	17:00	18.0	0.009 0	0.008 1	5.3
819	08.10	09:44	18.1	0.007 5	0.008 1	3.8
820	08.12	15:49	18.1	0.011 0	0.010 2	3.8
821	08.11	09:22	23.4	0.006 7	0.007 3	4.3
822	08.19	18:52	26.4	0.010 1	0.012 0	8.6
823	08.28	16:46	27.1	0.009 2	0.011 0	8.9
824	08.19	22:30	28.7	0.008 7	0.010 0	7.0

注：相对偏差 3 表示流动分析法与次溴酸盐氧化法测定氨氮的结果的相对偏差。

　　流动分析法测定氨氮时,除了采用与样品盐度相同和相近的标准曲线以外,还可以使用模型对测定结果进行校正。从 6 月和 8 月选取了盐度大于 2、氨氮含量为 0.01～0.50 mg/L 的 16 个样品,采用盐度为 0 的标准曲线,以流动分析法进行测定,测定结果通过公式(6-1)进行校正,校正结果见表 6.38。同时以次溴酸盐氧化法测定的氨氮含量为标准值,与校正结果进行比较。其中相对偏差 4 表示流动分析法测定氨氮,未使用模型校正的测定结果与次酸盐氧化法测定值的相对偏差,相对偏差 5 表示流动分析法测定氨氮,采用模型校正后的结果与次酸盐氧化法测定值的相对偏差。

表 6.38　流动分析法测定氨氮模型的现场验证结果(曲线盐度 0)

样品编号	次溴 (mg/L)	流动 (mg/L)	流动(mg/L) (模型校正)	相对偏差 4 (%)	相对偏差 5 (%)
606+s	0.036 3	0.054 3	0.036 3	19.9	0.0
607+s	0.036 7	0.052 5	0.034 1	17.7	3.6
608+s	0.034 9	0.049 7	0.031 0	17.5	5.9
609+s	0.033 9	0.050 6	0.031 7	19.8	3.4
610+s	0.030 2	0.041 4	0.021 8	15.6	16.1
805	0.011 8	0.021 9	0.010 3	30.0	6.6
806	0.024 2	0.033 7	0.022 0	16.4	4.8
807	0.011 4	0.023 1	0.010 1	33.9	5.9
808	0.014 6	0.031 2	0.012 5	36.2	7.6
809	0.015 6	0.032 9	0.013 8	35.7	6.2
810	0.012 4	0.030 7	0.010 0	42.5	9.7
811	0.013 4	0.034 5	0.011 3	44.1	8.5
814	0.010 4	0.042 9	0.008 8	61.0	8.2
817	0.010 7	0.061 1	0.008 9	70.2	9.1
820	0.011 0	0.064 7	0.009 5	70.9	7.2
822	0.010 1	0.084 8	0.007 1	78.7	17.5

注：相对偏差 4 表示流动分析法测定氨氮,未使用模型校正的测定结果与次溴酸盐氧化法测定值的相对偏差;相对偏差 5 表示流动分析法测定氨氮,采用模型校正后的结果与次酸盐氧化法测定值的相对偏差。

研究发现,相对偏差 4 均大于 10%,这说明未采用模型校正的测定结果与标准值差异较大,而且超出了质控的要求;而且未校正的结果均大于标准值,这也证明了盐度对流动分析法测定氨氮存在正干扰。还发现相对偏差 5 基本在 10% 以内,只有个别值在 10% 以上,这说明采用模型进行校正,结果基本满足质控的要求。由于本章的样品数量较小,模型是否能够推广应用还需要进行大量的现场验证。

6.7 小结

本章从水利、环保以及海洋环境监测机构常用的氨氮标准检测方法出发,研究了盐度对纳氏试剂分光光度法(GB 7479 - 87)、水杨酸分光光度法(HJ 536 - 2009)、次溴酸盐氧化法(GB 17378.4 - 2007)、靛酚蓝分光光度法(GB 17378.4 - 2007)的影响。结果表明盐度对纳氏试剂分光光度法影响较大,对其余三种方法影响不大。通过对检测方法的准确度、精密度、反应时间、操作难易等方面的比较,将次溴酸盐氧化法以及与水杨酸分光光度法测定原理相似的流动分析法作为候选方法。

研究了各检测方法之间的关联性,结果表明,在长江口水域用次溴酸盐法和流动分析法检测水体氨氮,方法具有等效性;当盐度<2,氨氮水样采用絮凝沉淀法进行前处理时,氨氮测定值必须通过公式进行修正,历史数据通过关联公式修正后即可进行对比分析。

推荐次溴酸盐氧化法作为长江口水体中氨氮现场和实验室测定的首选方法,适用于大洋和近岸海水及河口水中氨氮的测定;推荐流动分析法作为第二检测方法,适用于长江口、海洋水体氨氮的测定,但是当氨氮含量<0.500 mg/L 时,需要采用与样品盐度一致的标准曲线或者采用修约公式进行数据校正。

对长江口区域 34 个站位的实际样品进行示范验证,样品盐度范围 0~30,涵盖了淡水和海水,采用次溴酸盐氧化法和流动分析法分别测定样品中的氨氮。结果发现,在测定淡水时,次溴酸盐氧化法和流动分析法都具有较高的准确度;淡水中加入 NaCl 后,次溴酸盐氧化法的测定结果与原样品差异很小,流动分析法的测定结果均比原样品高,存在正干扰。在测定不同盐度的海水时,采用与待测海水盐度相同或相近的标准曲线,流动分析法测定结果的准确度可以满足要求。在测定不同盐度的海水时,采用模型进行校正,校正结果的准确度基本满足要求。现场验证的结果表明,次溴酸盐氧化法在测定咸淡水中的氨氮时具有较高的适用性,流动分析法在测定咸淡水中的氨氮时也具有一定的适用性。

河口水域环境质量评价方法及其应用

7.1 概况

海洋环境评价方法以单因子指数评价法最为常见,近年来水质环境综合评价方法研究发展比较快,如河口营养状况评价法、模糊综合方法、指示物种法、综合指标体系法及DPSIR模型法等。环境综合评价是判断环境承载力及其可持续发展的重要步骤之一,也是管理层决策治理的重要依据之一。本章结合国内外相关案例研究,引入了长江口水域水质环境的综合指标体系研究、长江口近岸海域生态系统进行健康评价和基于ASSETS模型的长江口富营养化评价三种综合评价方法,并在长江口海域进行了试验应用,作为目前单因子评价的补充和发展。

7.2 河口水环境质量评价指标体系研究

河口是陆地到海洋的过渡地带,在陆海相互作用中有着重要的作用。每年大量含氮、磷营养盐物质以及有机污染物经河流入海,导致河口区域以及近海海域污染范围不断扩大,污染程度加深,给河口海岸带环境造成巨大压力。因此,分析评价河口地区的水环境状况,对于缓解河口海岸带不合理开发利用所带来的环境压力,为海岸带环境治理提供依据具有重要意义。

目前常用的水环境质量评价方法有单因子指数法、综合污染指数法、层次分析法、主成分分析法和模糊数学法等数十种方法。单因子指数法是在所有因子中选择其中最差级别作为该区域的水质状况类别,该方法能够突出主要污染物,但无法反映水环境的整体污染情况,而其他的几种方法都是采用多种指标来描述水质,能较好地反应水质的总体情况,分析结果接近实际情况,也较为可靠,但是计算过程都较复杂一些。另外,像模糊数学法和层次分析法等对于各指标权重的确定还存在一定的主观性。随着长江河口承担陆源污染物入海屏障的职能越来越为重要,建立科学、简便的河口水环境评价方法对准确及时地关注和掌握其环境质量状况,制定对海域的可持续性健康发展和区域发展策略具有现实意义。

7.2.1 指标体系构建原则

确定评价指标体系是生态系统健康评价的基础。由于河口是由河流与海洋相互作用形成的复合生态系统,且受到人类活动及社会经济发展的影响,因此具有一定的复杂性和不确定性。根据河口所处的地理位置不同、环境目标不同以及公众需求不同,指标体系的构建必须达到三个目标:

(1) 评价指标体系需客观真实地反映河口水环境质量状况。

(2) 可通过对生态系统的要素的监测,探求自然、人为压力对河口水环境质量下降的影响。

(3) 可定期为河口地区管理部门提供河口水环境质量现状、变化及发展趋势资料,并可制定相应管理措施,以便相关管理部门及时做出相应决策和规划。

评价指标体系是由多个相互联系、相互作用的评价指标,按照一定层次结构组成的有机整体,构建科学合理的评价指标体系,对于客观公正的评价结果具有极其重要的作用。因而在建立评价指标体系时,一般遵循宜少不宜多、宜简不宜繁、具有独立性和代表性的原则。具体的筛选原则(袁兴中等,2001;李瑾等,2001;陈高等,2004)如下:

(1) 整体性原则。海洋生态系是复杂系统,具有复杂性特点,其健康评价指标体系必然是一个涵盖多因素、多目标的复杂体系,其评价指标的选择尽可能要全面反映海洋生态系统的整体情况,既能反映系统内部的结构与功能,又能合理地评估系统与外部环境之间的关联;既能反映直接影响,也能反映间接效应。此外,评价指标体系作为一个有机整体,所选取的指标还应能够体现生态系统使用者、管理者及利益相关者的完整信息,以保证评价的全面性和可靠性。因此,需按"压力—状态—响应"评价模式,选择物理化学、生态学和社会经济指标来构建海洋生态系统健康评价指标体系。

(2) 空间尺度原则。海洋生态系统健康评价应该定向于特定的空间尺度,这个评价空间尺度涉及特定情况下的地区或生态系统的空间大小,尤其是指标可以发展到全球、国家、区域或地方尺度。在地方尺度下,可以进一步分解为生态系统、群落、种群和个体及种下水平。

(3) 科学性原则。海洋生态系统健康评价指标体系构建必须具有科学的理论依据,单个指标在理论上应比较完备,指标与数据的计算必须以科学理论为依据,数据和资料在时间上和空间上要具有可比性,并力求定量化、统一化和规范化,易于得出综合性结论。所建立的评价指标体系不仅能够适用于某一个生态系统,而且也要适合不同类型、不同地域生态系统间的比较。

(4) 简明性原则。海洋生态系统极为复杂,表征生态系统健康的指标多种多样,如自然特征、多样性、稳定性、持续性、活力、结构、恢复力等。因此,生态系统健康评价指标的选择在充分考虑指标之间的相关性、互补性、协调性基础上,力求要简明扼要,选择能够代表生态系统健康状况的关键的综合性指标,避免指标之间的重复与冲突,实现指标体系的最优化。

(5) 可操作性原则。可操作性即实用性。用于海洋生态系统健康评价的指标概念要明确,易于理解,容易监测,数据便于统计和计算,并且要具有足够的数据量。指标选择应力求层次清晰、指标精炼、方法简洁,具有实际应用与推广价值,能广泛应用于各相关生态系统健康评价,在方法学、技术、人力和物力等方面,评价指标的选择要切实可行,要综合考虑我国现有的海洋监测指标与评价能力。

7.2.2 评估指标的筛选

1. 主要超标因子筛选

借鉴国内外河口和沿海海域生态环境质量的评价系统的构建,采用主成分分析法等技术方法,以确定长江河口区域水环境中主要超标水指标。

1) 长江口水环境单因子评价与超标程度

根据胡方西等对长江口水系的划分,结合自然地理特征,长江口及邻近海域可大致分为杭州湾北部、长江口南支、长江口北支和长江口外海四个部分(图 7.1),然后针对2000～2011 年四个分区的表、底层水质进行单因子评价。除了长江口南支应用地表水环境质量标准进行评价外,其他区域应用海水水质标准评价。

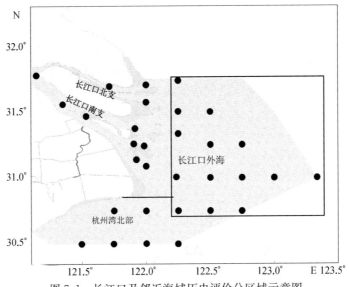

图 7.1　长江口及邻近海域历史评价分区域示意图

根据历年的各种要素的超标情况,再次定义严重超标、个别超标和一般超标。严重超标是指在该海域,某监测要素在所有年份(2000～2011 年)均超第二类水质标准;个别超标是指在该海域,某监测要素大多数年份符合第一类水质标准,在所有年份中不超过三年符合第二类海水水质标准;一般超标介于以上两种情况之间。

(1) 长江口南支

根据地表水环境质量标准,长江口南支主要超标因子为:溶解氧、氨氮、总氮、总磷、总汞、油类,见表 7.1。COD_{Mn}、砷、镉、铜、铅均符合第一类地表水环境质量标准。

表 7.1　长江口南支历年环境因子情况表

年份	溶解氧(mg/L)		氨氮(mg/L)		总氮(mg/L)		总磷(mg/L)		总汞(ng/L)		油类(μg/L)
	表层	底层	表层	底层	表层	底层	表层	底层	表层	底层	表层
2000	9.1	9.2	0.135 8	0.124	1.32	1.33	0.1	0.09	35.6	71.6	60.1
2001	7.6	7.7	0.080 3	0.044 4	/	/	/	/	62.9	96.3	73.5

续表

年份	溶解氧(mg/L)		氨氮(mg/L)		总氮(mg/L)		总磷(mg/L)		总汞(ng/L)		油类(μg/L)
	表层	底层	表层	底层	表层	底层	表层	底层	表层	底层	表层
2002	7.1	7.3	0.153 1	0.099 4	/	/	/	/	21.2	19.9	57.9
2003	8.8	8.9	0.075	0.073 5	/	/	/	/	26.1	31.1	45.5
2004	8.8	8.8	0.118 1	0.123 8	/	/	/	/	34.8	30.6	53.3
2005	9.1	9	0.066 8	0.060 8	/	/	/	/	24.8	23.4	45.3
2006	9	9	0.149	0.173 8	/	/	0.12	0.13	62.9	60.9	53.6
2007	8.4	8.1	0.056 3	0.059 2	1.74	1.79	0.11	0.14	46.4	57.5	62.7
2008	9.1	9	0.069 4	0.091 8	2.38	2.24	0.16	0.21	48.6	62.4	30.5
2009	8.7	8.6	0.095 5	0.069 7	2.45	2.6	0.24	0.42	39.2	43.1	43.7
2010	7.2	7.1	0.025 8	0.024 7	2.44	2.25	0.18	0.14	42.9	27.4	37.4
2011	7.1	7	0.024 8	0.031 4	1.91	2.18	0.34	0.36	19.7	26.9	107.1

(2) 长江口北支

2000~2003 年长江口北支没有数据,并且由于北支水深较浅,所以只有表层数据。根据海水水质标准,长江口北支海域主要超标因子为:活性磷酸盐、无机氮、总汞、铅、油类,超标情况见表 7.2。DO、COD_{Mn}、砷、镉、铜均符合第一类海水水质标准。

表 7.2 长江口北支历年环境因子的情况表

年份	活性磷酸盐(mg/L)	无机氮(mg/L)	总汞(ng/L)	铅(μg/L)	油类(μg/L)
2004	0.039 2	1.12	43.4	1.3	54.3
2005	0.041 8	0.94	31.9	3.4	36.6
2006	0.036 2	0.87	77.8	3.4	41.8
2007	0.038 8	1.06	76.1	2.5	68.2
2008	0.041 1	1.26	87.8	2.2	24.2
2009	0.040 3	1	57.7	1.3	43.2
2010	0.056 8	1.81	174.6	1	23
2011	0.066 1	1.05	38.4	0.9	26.5

(3) 长江口外海

根据海水水质标准,长江口外海海域主要超标因子为:DO、活性磷酸盐、无机氮、总汞、铅、油类,超标情况见表 7.3。COD_{Mn}、砷、镉、铜均符合第一类海水水质标准。

表 7.3 长江口外海海域历年环境因子情况表

年份	溶解氧(mg/L)		活性磷酸盐(mg/L)		无机氮(mg/L)		总汞(ng/L)		铅(μg/L)		油类(μg/L)
	表层	底层	表层	底层	表层	底层	表层	底层	表层	底层	表层
2000	9.3	6.4	0.025 8	0.018 3	1.02	0.46	98.3	620.2	2.7	2.7	104.7
2001	7.8	5.9	0.027 4	0.024 4	0.84	0.4	63.8	50.6	2.4	2.6	52.8
2002	8	4.6	0.029 1	0.025 6	1.22	0.48	25.4	23.9	2.1	2.3	37.1
2003	8.7	6.4	0.032 1	0.022 8	1.07	0.41	30.2	34.9	1.3	1.1	35.8
2004	7.9	6.6	0.029 1	0.025 4	0.64	0.32	37.2	48.4	1.6	1.7	32.4
2005	8.4	7.5	0.033 8	0.024 1	0.77	0.3	31	45.4	3.2	2.7	30.3
2006	8.4	6.7	0.024 4	0.021 8	0.63	0.4	55.3	66.8	3	2.9	40.3

续表

年份	溶解氧(mg/L)		活性磷酸盐(mg/L)		无机氮(mg/L)		总汞(ng/L)		铅(μg/L)		油类(μg/L)
	表层	底层	表层	底层	表层	底层	表层	底层	表层	底层	表层
2007	8.2	6.4	0.025	0.023 6	0.67	0.36	58.6	70	2.3	3.1	31.7
2008	8.4	6.9	0.037 2	0.030 1	0.86	0.5	64.2	85.5	2.2	2.3	16.3
2009	8.5	7	0.032 8	0.024 3	0.86	0.35	80	108.3	1.7	1.5	32.3
2010	8.3	5.4	0.032 2	0.028 3	1.03	0.54	76.7	96.7	1	0.9	42.6
2011	7.9	5.9	0.033 2	0.026 2	0.69	0.34	23.9	49.6	2.1	1.9	44.2

（4）杭州湾北部

根据海水水质标准,杭州湾北部海域主要超标因子为:活性磷酸盐、无机氮、总汞、铜、铅、油类,超标情况见表7.4。DO、COD$_{Mn}$、砷、镉各个年份的表底含量均符合第一类海水水质标准。

表 7.4 杭州湾北部海域历年超标因子的超标情况表

年份	活性磷酸盐(mg/L)		无机氮(mg/L)		总汞(ng/L)		铜(μg/L)		铅(μg/L)		油类(μg/L)
	表层	底层	表层	底层	表层	底层	表层	底层	表层	底层	表层
2000	0.039 8	0.037 6	1.33	1.09	136.4	237.9	5.2	6.3	2	2.5	61.6
2001	0.044 8	0.044 2	1.23	1.2	51.1	123.8	3.7	2.7	2.8	2.3	52.8
2002	0.050 8	0.054 3	1.66	1.72	34.6	50.8	3	2.9	1.3	1.7	34.4
2003	0.057 2	0.050 2	1.54	1.68	35.1	46.7	4.1	4.1	1.5	1.4	38.9
2004	0.051 9	0.056 4	1.25	1.37	60	76.4	3.3	3.5	2.1	1.7	52.7
2005	0.057 4	0.05	1.49	1.56	53.7	113.8	2.6	2.5	2.6	3	30.1
2006	0.048 1	0.049 7	1.43	1.34	89.7	141	3.5	3.5	2.9	2.5	41.6
2007	0.047 1	0.046 6	1.61	1.52	90.6	117.4	2	3.5	2.3	2.6	40.5
2008	0.068 1	0.057 2	1.52	1.5	73.3	113	2.1	1.8	2.3	2.1	24.3
2009	0.054 3	0.067 6	1.49	1.56	56.9	94.2	1.9	1.7	1.6	1.7	27.7
2010	0.058 4	0.060 2	1.86	1.93	84.4	109.3	/	/	1.1	1.1	33.3
2011	0.062 4	0.067 5	1.34	1.42	54	85.4	1.5	1.5	2.6	2.6	36.5

根据长江口不同区域水环境变化趋势和超标因子的分析结果,其主要超标因子如下:

长江口北支海域:无机氮、活性磷酸盐、总汞、铅、油类。

长江口南支:DO、氨氮、总氮、总磷、总汞、油类。

杭州湾北部海域:活性磷酸盐、无机氮、总汞、铜、铅、油类。

长江口外海海域:DO、活性磷酸盐、无机氮、总汞、铅、油类。

表 7.5 各海域主要超标因子

区 域	溶解氧	无机氮	活性磷酸盐	氨氮	总氮	总磷	油类	总汞	铜	铅
长江口北支海域		√	√			√	√	√	√	√
长江口南支	√			√	√	√	√	√		
杭州湾北部海域		√	√				√	√		√
长江口外海海域	√	√	√				√	√		√

2) 水环境综合评价

（1）数据预处理

由于每年8月份监测站位和要素最全，因此综合评价应用的数据为2000～2011年的8月份趋势性监测数据，包括 DO、COD$_{Mn}$、活性磷酸盐、氨氮、无机氮、油类、总汞、砷、镉、铜、铅。

利用最邻近插值方法，将调查原始数据插值到相同的坐标系统（下同）。将插值后得到的数据求得12年的平均态，根据各个要素在不同站位上的平均态的量值，得到不同指标的权重。

（2）指标标准化及其权重的确定

利用最大最小值方法对指标进行标准化，按3.5.2节进行数据处理。

通过 MATLAB 编程实现以上步骤，得到指标的权重，见表7.6、表7.7。

表 7.6　整个海域水质指标前四个主成分载荷

	PC1	PC2	PC3	PC4
DO	0.108	−0.363	−0.729	0.087
COD	0.781	0.366	0.108	−0.137
PO$_4$−P	0.899	−0.275	0.030	−0.129
NH$_4$−N	−0.282	0.500	−0.302	−0.463
DIN	0.935	0.062	0.003	0.005
Hg	0.161	−0.747	0.140	−0.469
As	0.447	0.605	0.130	0.335
Cd	−0.706	−0.267	0.248	−0.162
Cu	0.367	−0.444	0.636	0.186
Pb	−0.575	0.310	0.529	0.023
Oil	0.243	0.356	0.184	−0.685
特征值	3.6	2.0	1.5	1.1
方差贡献（%）	33.0	18.3	13.2	10.2

由此可以看到在第一主成分上无机氮的载荷是最高的，达到了0.935，其次是活性磷酸盐和 COD，第2主成分上，重金属则占据了主导。

表 7.7　水质指标的权重

指　标	DO	COD	PO$_4$-P	NH$_4$-N	DIN	Hg	As	Cd	Cu	Pb	Oil
指标权重	0.083	0.094	0.110	0.077	0.107	0.100	0.085	0.080	0.094	0.086	0.084

通过主成分分析表明，从多年的平均态的角度，长江口及邻近海域主要污染物为营养盐类（无机氮、活性磷酸盐），其次为重金属类（Hg、Cu），然后为 COD、石油类等。

通过主成分分析表明，从多年的平均态的角度，长江口及邻近海域主要污染物为营养盐类（无机氮、活性磷酸盐），其次为重金属类（Hg、Cu、Pb），然后为 COD、石油类等。

2. 其他重要评价因子的选择

欧盟为了执行其"水框架指令"（WFD）(European Community，2000)，需要对其成员国所辖水体的生态状况做出评价。为此,其下设的"生态状况工作组"于 2003 年提出了"生态状况评价综合方法"(Vincent et al.,2003)。该方法用于指导欧盟所有成员国对其所辖水体的生态状况评价工作。生态状况是指河口和沿岸海域生态系统的结构和功能的质量状况。该方法选取了 3 类质量要素来对河口和沿岸海域的生态状况进行评价,即生物学质量要素、物理化学质量要素和水文形态学质量要素,并以未受干扰的水体状况参数值(即原始状态)作为这些要素的评价参考基准。

美国"沿岸海域状况综合评价方法"(USEPA,2001)是美国环保局根据"净水行动计划"(Clean Water Action Plan)中关于沿岸水域(这里指从平均高潮线向外延伸 3 n mile)状况综合报告的要求而设计的。研究选用了 7 类指标来评价沿岸水域质量状况,它们是水清澈度、DO、滨海湿地损失、富营养化状况、沉积物污染、底栖指数和鱼组织污染(表 7.8)。按照评价海域的现状对这 7 类指标进行赋分(好=5,一般=3,差=1),这 7 类指标的平均值即为评价海域的总状况分值,并据此划分为相应的等级。

表 7.8　国外主要河口评估方法指标比较

区　域	透明度	DO	营养盐	温度	盐度	叶绿素 a	COD\BOD	特殊和优先污染物
欧盟(1)	√	√	√	√	√		√	√
美国(2)		√	√	√		√		
澳大利亚(3)	√	√	√	√	√	√		
OSPAR(4)								√
加拿大(5)								√
备注	1. 欧盟"生态状况评价综合方法" 2. 美国"沿岸海域状况综合评价方法" 3. 澳大利亚昆士兰政府的生态健康监测计划(EHMP) 4. OSPAR 海域的管理与监测 5. 加拿大缅因湾监测与评价							

生态健康监测计划(EHMP)是澳大利亚目前开展的最全面的海湾、河口和流域监测计划之一。此计划对 18 个主要流域、18 个河口及莫顿湾逐一进行了环境生态系统区域性评价,分析水域健康状况的变化趋势。计划使用生态健康生物学和理化指标来确定水域的健康程度并明确了重要的需要人为干预的问题,从而将监测与管理有效地联系起来。

从表 7.8 可见,国外多数的综合类评估方法均将 DO、透明度、叶绿素 a 作为重要的评估指标,在特定海湾或河口的评价当中也将区域性的特殊和优先污染物作为主要监测指标。

我国河口和沿岸海域生态环境质量综合评价方法的制定应与国际接轨,但同时应反映长江河口的特点和国情。在评价方法的科学思想方面,以生物学质量要素为主、无机环境要素为辅的评价体系更能反映海洋生态环境质量的实质,因而似乎更科学、合理;在评价标准方面,在借鉴国外较成熟标准的同时应充分利用我国现有的有关标准,如《海水水质标准》(GB 3097-1997)、《海洋沉积物质量》(GB 18668-2002)、《海洋生物体质量》(GB 18421-2001)等。

3. 评估因子的确定

以长江口水环境历年水环境变化趋势,根据监测指标在水环境中的性质和指征意义,将其分为 4 大类 10 项监测指标：① 常规要素（透明度和 DO）；② 营养要素（DIN 和 PO$_4$- P）；③ 污染要素（COD、石油类、汞、铅）；④ 生物要素（叶绿素 a、粪大肠菌群）。

最终确定长江口河口水环境质量为一级指标，上述四类因素为二级指标，10 种监测指标为三级指标，建立长江口河口水环境综合指标体系。

各评价指标在河口水环境评价汇总的具体含义如下：

透明度　透明度是描述海水光学性质的基本参数之一，在水团分析、流系鉴别等方面具有参考价值，特别在沿岸水质变化很大的情况下，透明度是识别水质变化的良好指标，反映了水体的清洁程度。此外，光能否透过河口水体对水下植被尤为重要。

营养盐（DIN 和 PO$_4$- P）　无机氮和活性磷酸盐是浮游植物生长所需的营养物质，但是过量的输入能够导致浮游植物的大量繁殖。特别是在长江河口区域，长江作为东海物质来源的主要输入口，近几年来，由于长江沿岸污水排放量的加剧，海洋本身对营养盐的自净容量与外部营养盐输入量达不到平衡，是造成该区域长期水质超标的主要因子。

DO　DO 是评价海水水质恶化的重要指标，其对海洋生物具有重要的作用，它是海洋生物进行新陈代谢所必需的物质。DO 含量的变化直接影响区域生态系统的结构。通常 DO 含量低于 2 mg/L，被称为供氧不足，低于 0.1 mg/L 被称为缺氧。对大多数水生生物来说，DO 低于 2 mg/L 会对生物带来了较大的危害。

COD　COD 是表示水中还原性物质多少的一个指标，而水中的还原性物质有各种有机物、亚硝酸盐、硫化物、亚铁盐等，以有机物为主。因此，COD 可作为衡量水中有机物含量多少的指标。COD 越大，则在水中消耗 DO 就越多，使水缺氧，造成水中大量的动植物因缺氧而死亡，同时使厌氧菌大量繁殖，加速水质恶化，即说明水体受有机物的污染越严重，反之亦然（周明霞，2003；黄妙芬等，2006）。

重金属（汞、铜、铅）　重金属污水是一种污染性很强的一类废水，即使浓度很小，也能造成危害，且毒性具有长期的持续性（徐灵等，2006）。它性质稳定，难降解，又能抑制作物生长发育，造成早衰、减产甚至死亡。同时，重金属是一类典型的累积性污染物，能在水生生物体内以及植物体内累积富集，通过饮水和食物链逐级传递富集、生物浓缩、生物放大等，并可在某些条件下转化为毒性更大的金属-有机化合物，最终对人体健康造成严重危害（陈振楼等，2000）。

石油类　石油类主要是指煤油、汽油、柴油、润滑油等无机质油类。此类物质进入水域因其比重小而又不溶于水，故而在水面上形成一层覆盖薄膜，阻止水体与空气的气体交换，降低水体的溶氧量，毒害水生生物，长江口渔场及近岸养殖生物将受到灾难性的严重破坏，整个生态系统失去平衡；同时，江面漂浮油膜将严重影响长江沿岸城镇的正常供水及城市面貌。由于水系的相互关联，长江口严重的油污染，也将殃及其他水域。

叶绿素 a　叶绿素 a 是表征水体初级生产力状况，且与其他环境因子的变化有关，同时叶绿素 a 含量也是表征水域赤潮发生状况的重要指标。

粪大肠菌群　粪大肠菌群是卫生学和流行病学上安全度的工人指标和重要监测项目，用于评价水体受到生活污水的影响程度，目前 WHO、ISO、全球水质监测系统以及世界上绝大多数国家都以其作为水质分表污染的指标菌。通过该指标的监测可以准确地了解到生活污水污染的程度。

7.2.3 指标体系的建立

1. 评估方法——层次分析法（AHP）

在构建评价指标体系对河口生态风险进行综合评价时，为了体现各个评价指标在评价体系中的重要程度及作用地位，需要对各评价指标赋予不同的权重系数。为了提高评价结果的科学性，本书采用目前较为成熟的层次分析法（AHP）确定各评价指标的权重。该方法以随机数学为工具，通过大量的数据观察寻求统计规律，其优点是具有人的思维分析、判断和综合的特征，可以把复杂问题决策化，对于定性判断起重要作用、结果难以准确计量的河口生态风险评价尤为适用。

层次结构模型的建立 利用层次分析法确定各评价指标权重，首先要根据各评价指标的影响程度和从属关系构建层次结构模型，主要分为目标层、要素层和指标层。目标层次代表所要达到的预定目标或理想结果，在此次评估中，目标层即河口水环境质量状况；要素层指为实现目标所需要考虑的要素，在水环境质量评价中，要素层包括水环境状况、生态环境状况和沉积物环境状况；指标层指实现目标的各种方案、措施等，在生态风险评价中，指标层具体指各个要素层所要评价的要素指标，采用可以获得的定量指标或定性指标反映河口的风险状况。

构建判断矩阵 通过对各个评价因素进行两两比较，确定各评价指标间的相对重要性，通常采用数字 1～9 及其倒数的标度值方法，得到判断矩阵

$$A = (a_{ij})_{n \times n}, \ a_{ij} > 0, \ a_{ji} = \frac{1}{a_{ij}} \qquad (7-1)$$

判断矩阵的元素 a_{ij} 用 Santy 的 1～9 标度方法给出，为确定企业环境风险评价体系各级指标的相对权重，采用专家评分法即德尔菲法进行确定。其中，A 表示评价指标，U 表示评价元指标，U_{ij} 即表格中的数值表示 U_i 与 U_j 相比对上一层指标（A 评价指标"风险源"）的重要程度。$U_{ij} = 1/U_{ji}$。根据评价结果得出判断矩阵，计算矩阵的判断矩阵的最大特征根及其对应的特征向量，从而得到指标的权重（表 7.9、表 7.10）。

表 7.9 功能权重矩阵

A	要素 1(U_j)	要素 2(U_j)	要素 3(U_j)
要素 1(U_i)	1	—	3 (U_{ij})
要素 2(U_i)	—	1	—
要素 3(U_i)	1/3 (U_{ji})	—	1

表 7.10 U_{ij} 取值含义表

U_{ij} 的取值	含 义
1	U_i 与 U_j 同等重要
3	U_i 较 U_j 稍微重要
5	U_i 较 U_j 明显重要
7	U_i 较 U_j 相当重要
9	U_i 较 U_j 极其重要
2,4,6,8	相邻判断 1～3,3～5,5～7,7～9 的中值
$U_{ji} = 1/U_{ij}$	表示 j 比 i 的不重要程度

计算单排序权向量并做一致性检验。为同一层次中相应因素对于上一层次中的某个因素相对重要性进行排序,这一过程称为层次单排序。可归结为计算判断矩阵的特征值和特征向量问题:

$$Aw = \lambda w \tag{7-2}$$

式中,A 为判断矩阵;λ 为 A 的最大特征根;w 为对应的正规化特征向量,其分量为相应元素单排序权值。对应于判断矩阵最大特征根 λ_{max} 的特征向量,经归一化(使向量中各元素之和等于 1)后记为 w。w 的元素为同一层次因素对于上一层次因素某因素相对重要性的排序权值,这一过程称为层次单排序。能否确认层次单排序,需要进行一致性检验,所谓一致性检验是指对 A 确定不一致的允许范围。

定理:n 阶一致阵的唯一非零特征根为 n。

定理:n 阶正互反阵 A 的最大特征根 $\lambda \geqslant n$,当且仅当 $\lambda = n$ 时 A 为一致阵。

由于 λ 连续的依赖于 a_{ij},则 λ 比 n 大的越多,A 的不一致性越严重。用最大特征值对应的特征向量作为被比较因素对上层某因素影响程度的权向量,其不一致程度越大,引起的判断误差越大。因而可以用 $\lambda - n$ 数值的大小来衡量 A 的不一致程度。在分析某层对目标层的影响时,还必须进行一致性检验。计算方法为:

$$CI = \frac{\lambda - n}{n - 1} \tag{7-3}$$

$CI = 0$,有完全的一致性。

CI 接近于 0,有满意的一致性。

CI 越大,不一致越严重。

为衡量 CI 的大小,引入随机一致性指标 RI。方法为随机构造 500 个成对比较矩阵 A_1,A_2,$\cdots$,A_{500},则可得一致性指标,CI_1,CI_2,$\cdots$,CI_{500}

$$RI = \frac{CI_1 + CI_2 + \cdots CI_{500}}{500} = \frac{\dfrac{\lambda_1 + \lambda_2 + \cdots + \lambda_{500}}{500} - n}{n - 1} \tag{7-4}$$

随机一致性指标 RI 取值见表 7.11。

表 7.11 随机一致性指标 RI

n	1	2	3	4	5	6	7	8	9	10	11
RI	0	0	0.58	0.90	1.12	1.24	1.32	1.41	1.45	1.49	1.51

定义一致性比率:

$$CR = \frac{CI}{RI} \tag{7-5}$$

一般,当一致性比率 $CR = \dfrac{CI}{RI} < 0.1$ 时,认为 A 的不一致程度在容许范围之内,有满意的一致性,通过一致性检验。可用其归一化特征向量作为权向量,否则要重新构造成对比较矩阵 A,对 a_{ij} 加以调整。

计算总排序权向量并做一致性检验 计算最下层对最上层总排序的权向量。利用总排序一致性比率：

$$CR = \frac{a_1CI_1 + a_2CI_2 + \cdots + a_mCI_m}{a_1RI_1 + a_2RI_2 + \cdots + a_mRI_m} \quad CR < 0.1 \tag{7-6}$$

进行检验。若通过,则可按照总排序权向量表示的结果进行决策,否则需要重新考虑模型或重新构造那些一致性比率 CR 较大的成对比较矩阵。

2. 指标权重的确定

目前对长江口水环境的监测要素有约 30 项,将所有指标作为河口水环境质量的评价要素既不能反映长江口水环境的主要生态环境问题,也存在数据量大、操作复杂的困难,因此需要在常规监测要素的基础上对其进行筛选,根据主要环境问题和管理目标,建立长江口水环境评估指标体系(表 7.12～表 7.17)。

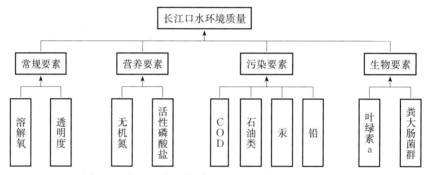

图 7.2 长江口水环境质量评价指标体系层次结构图

从多年的平均态的角度,近年来长江入海的营养物质逐年增加,对河口区水环境造成严重影响,因此其重要性居首。油类含量主要反映人类活动对海洋环境的影响。近年来,长江口杭州湾海域航运发展与工程开发力度大,工程建设开发过程中,施工船舶油污水、生活污水等污染源将对工程区及其邻近海域水质、沉积物和生态环境产生不同程度的影响。重金属类污染物具有来源广、毒性强、不易分解、有积累性的特点,并易在生物体内富集,并沿食物链放大,甚至严重危害人类健康。因此污染因子的重要性居于次要地位。叶绿素 a 是表征水体富营养化的重要指标,是水体污染的初级响应指标。pH 和 DO 的含量则相对正常,受人为因素影响较小。因此,就对水环境影响程度来看:营养要素＞污染要素＞生物要素＞常规要素,据此构建判断矩阵并计算常规因素、营养要素、污染要素和生物要素的权重分别为 0.092 8、0.454 6、0.321 4 和 0.131 2。营养要素和污染因素中各指标的相对重要性根据上文水环境综合评价中的各指标权重确定,常规因素和生物因素指标采用等权赋值。

表 7.12 长江口水环境质量各因素判断矩阵

决策目标	常规要素	营养要素	污染要素	生物要素	Wi
常规要素	1.000 0	0.250 0	0.330 0	0.500 0	0.094 0
营养要素	4.000 0	1.000	2.000 0	3.000 0	0.460 3
污染要素	3.000 0	0.500 0	1.000 0	3.000 0	0.302 9
生物要素	2.000 0	0.330 0	0.330 0	1.000 0	0.142 8

注：$CR=0.030\ 4<0.10$,判断矩阵通过一致性检验。

表7.13　常规因素各指标判断矩阵

常规要素	透明度	DO	Wi
透明度	1.000 0	1.000 0	0.500 0
DO	1.000 0	1.000 0	0.500 0

表7.14　营养因素各指标判断矩阵

营养要素	无机氮	活性磷酸盐	Wi
无机氮	1.000 0	2.000 0	0.666 7
活性磷酸盐	1.000 0	1.000 0	0.333 3

注：$CR<0.10$，判断矩阵通过一致性检验。

表7.15　污染因素各指标判断矩阵

污染要素	COD	石油类	汞	铅	Wi
COD	1.000 0	3.000 0	2.000 0	3.000 0	0.453 1
石油类	0.333 3	1.000 0	0.500 0	0.500 0	0.118 2
汞	0.500 0	2.000 0	1.000 0	2.000 0	0.261 6
铅	0.333 3	2.000 0	0.500 0	1.000 0	0.167 1

注：$CR=0.026\ 5<0.10$，判断矩阵通过一致性检验。

表7.16　生物因素各指标判断矩阵

生物要素	叶绿素 a	粪大肠菌群	Wi
叶绿素 a	1.000 0	1.000 0	0.500 0
粪大肠菌群	1.000 0	1.000 0	0.500 0

最终获得长江口水环境质量评价指标体系及各指标权重如下：

表7.17　长江口水环境质量评价指标体系

目标层	原则层	原则层权重	指标层	指标层权重
长江口水环境质量	常规因素	0.094 0	透明度	0.047 0
			DO	0.047 0
	营养因素	0.460 3	DIN	0.306 9
			PO_4-P	0.153 4
	污染因素	0.302 9	COD	0.137 2
			石油类	0.035 8
			汞	0.079 2
			铅	0.050 6
	生物因素	0.142 8	叶绿素 a	0.071 4
			粪大肠菌群	0.071 4

7.2.4　评价模型与分级标准

评价指标分级标准是河口水环境质量评价的基础，目前评价尚无公认或统一的分级标准，通过借鉴国家相关标准《海水水质标准》(GB 3097 - 1997)、《近岸海洋生态健康评价指南》(HY/T 087 - 2005)及美国近岸海域环境质量评价体系等相关研究成果，确定河口水环境质量评价指标分级标准(表7.18),根据其风险程度划分为健康、亚健康和不健康3个质量等级。

表 7.18 长江口河口水环境质量评价指标因子分级表

因素	指标	优	良	较差	差
		I (3)	II (2)	III (1)	IV (0)
常规因素	透明度	达到水深 1 m 处的水体表面自然光>10%		达到水深 1 m 处的水体表面自然光 5%~10%	达到水深 1 m 处的水体表面自然光<5%
营养因素	DO	>6	5~6	3~5	<3
	DIN	<0.2	0.2~0.3	0.3~0.4	>0.4
	PO_4-P	<0.015	0.015~0.03	0.03~0.045	>0.045
污染因素	COD	<2	2~3	3~4	>4
	石油类	<0.05	0.05~0.3	0.3~0.5	>0.50
	汞	<0.000 05	0.000 05~0.000 2	0.000 2~0.000 5	>0.000 5
	铅	<0.001	0.001~0.005	0.005~0.01	>0.010
生物因素	叶绿素 a	<2	2~5	5~20	>20
	粪大肠菌群	2 000 供人生食的贝类养殖水质≤140		—	

根据风险源指标体系及划分依据,进行单因子分级评分,在各单因子分级评分的基础上,通过加权叠加法求出各风险源的相对风险系数,评估结果将风险源的风险等级采用等分方式,划分为高风险、中等风险和低风险三个等级(表7.19)。

$$E = \sum_{j=1}^{n} x_j r_j \qquad (7-7)$$

式中,E 为风险源评分值;x_j 为第 j 个指标的评分值;r_j 为第 j 个指标的权重值。获得分数后,采用归一化为百分制。

表 7.19 不同水质量状况下的河口水环境含义

质量等级	C 值区间	河口水环境质量状况
健 康	67~100	河口水环境保持其自然属性,结构合理、协调,生态功能及恢复力较强,环境压力在生态系统的承载能力范围内
亚健康	34~66	河口水体环境本维持其自然属性,生态功能及恢复力一般,人为扰动较大,生态压力超出自身承载能力,但只要压力消除或减弱,生态系统尚能自我恢复
不健康	0~33	河口水环境属性明显改变,组成结构及性质改变程度严重,主要生态功能严重退化或丧失,人为破坏、环境污染、资源的不合理利用等生态压力超出自身承载能力,需辅以外力恢复

7.2.5 评价结果与分析

从调查结果来看,2013 年至 2014 年 8 月长江口海域各个评价指标的变动范围不尽相同:透明度和 DO 两年均值相当,但变化范围存在差异;DO2013 年变化范围大于 2013 年;2014 年 DIN、石油类、汞、叶绿素 a 含量高于 2013 年,而 PO_4-P、COD、铅含量则低于 2013 年。粪大肠菌群在每年趋势性监测中未进行各站位的监测,在此暂不参与评价(表7.20)。总体来看,上海海域的无机氮和活性磷酸盐超标现象较为显著,局部海域 COD、油类、铅、汞含量超一类海水水质标准。

表 7.20 2013～2014 年 8 月长江口海域水环境指标

监测项目	2013 年 8 月		2014 年 8 月	
	范围	平均值	范围	平均值
透明度(m)	0.1～5.0	0.7	0.1～8.0	0.8
DO(mg/L)	2.12～13.2	6.34	1.27～8.74	6.33
DIN(mg/L)	0.01～2.62	1.40	0.083～2.33	1.93
PO_4-P(mg/L)	0.001～0.102	0.044	0.002～0.070	0.031
COD(mg/L)	0.17～3.21	1.31	0.27～8.74	1.17
石油类(μg/L)	6.69～73.70	20.72	12.0～91.0	36.7
汞(ng/L)	*～82.0	30.4	*～91.3	34.8
铅(μg/L)	0.12～4.79	1.00	*～4.80	0.98
叶绿素 a(μg/L)	0.04～21.10	0.79	0.043～9.23	1.03
粪大肠菌群				

注:"*"表示该项未检出,"—"表示未监测。

根据河口水环境质量评估指标和各指标在海水水质标准中不同等级的标准值,按前文所述过程计算长江口水环境质量综合指数的标准值。结果显示,2013 年,长江口河口水环境质量综合指数归一化后水环境质量值为 41.98～95.29,平均值为 55.18,约 87% 的监测站位处于亚健康状态,仅 13% 监测站位水环境状况较好,长江口总体水环境质量处于亚健康状态。2014 年长江口河口水环境质量略好于 2013 年,综合指数归一化后水环境质量值为 42.29～96.91,平均值为 60.26,约 78.6% 的站位处于亚健康状态,21.4% 的监测站位属健康状态,总体水环境质量仍为亚健康。

7.3 长江口近岸海域生态系统健康评价

健康的生态系统是国家发展和社会稳定的一个重要组成部分,是可持续发展的根本保证。放眼全球,海洋生态系统受到人类活动的干扰和影响逐渐广泛而深入。2002 年开始,全世界 2 000 多位专家将用四年时间调查全球生态系统健康和人类活动对生态系统造成的威胁(Gevin,2002)。海洋生态系统为地球生命保障系统和社会环境可持续发展提供了自然资源和生存环境两个方面巨大的生态服务功能(Costanza et al.,1997;陈仲新和张新时,2000)。一个只有同时具备结构和功能的完整性、抵抗干扰和恢复的能力的生态系统才能长期提供如此巨大的服务功能与效益。因此,生态系统健康是保证生态系统服务的前提,是人类社会可持续发展的根本保证。

"生态系统健康"(Ecosystem health,EH)概念来源于医学,20 世纪 80 年代后期,以加拿大学者 Schaeffer 和 Rapport 为代表真正提出"生态系统健康"这一概念。生态系统健康是衡量生态系统功能特征的隐喻标准。这一概念的提出,为环境管理提供了新方法、新思路。1990 年 10 月和 1991 年 2 月分别在美国马里兰和华盛顿召开了生态系统健康专门会议,共同确立生态系统健康成为环境管理的目标(蔡晓明,2000)。20 世纪 90 年代初国际上形成了"生态系统管理"理念(任海等,2000),是合理利用和保护生态系统健康最有效的途径,它着眼于保护和维持生态系统的结构、功能的可持续性,保证生态系统健康(蔡晓明,2000)。1996 年,时任美国副总统的戈尔在国家科技委员会的生态监测研讨会上提议,白宫已立项开展对美国的生态系统健康研究。由此可见,生态系统健康已不仅仅是一门新兴的生态学科,而且正在发展成为一种影响各国乃至全球的以生态系统为基础的生态化管理的生态学实践。

"生态系统健康"是指不考虑人类允许的活动影响,生态系统始终有能力支持富有生产力和恢复力的物种群落(Pew Oceans Commission,2005)。生态系统健康评价与服务价值评估、生态风险评估共同构成海洋生态系统安全的三大内容(图 1),是构建海洋环境立体监测技术的重要支撑技术之一,成为海洋生态系统监控的目标与途径。2002 年全国海洋生态调查之后酝酿形成并于 2004 年在全国实施的海洋生态监控区计划,确立了以海洋生态系统健康监控为目标。因此,建立典型河口海湾生态系统健康评价指标体系及其评价模式,并开发系统软件,可为长期地深入实施河口海湾生态系统业务化监控与生态化管理、规划决策提供技术支撑,亦可为其他海洋生态系统类型的健康评价提供示范。

在此,本章面向国家重大需求,结合国际研究成果,针对海洋生态系统健康评价技术尚未成熟的现状,基于 Costanza 概念模型和驱动力-压力-状态-响应-控制概念框架(D-PSR-C 模型),选择关键胁迫指标和生态参数,利用层次分析等系统工程方法,建立河口、海湾生态系统健康评价指标体系;构建河口、海湾生态系统健康评价模型,开发系统软件;选择长江口作为示范区,开展应用示范,并对评价模式加以改进。

7.3.1 典型河口海湾生态系统健康评价指标体系与模型

1. 典型河口海湾生态系统健康评价指标体系

1) 指标筛选及其评价标准模式集的选择原则

海洋生态系统健康评价的首要任务是选择评价指标。生态系统健康评价指标涉及多学科、多领域,根据 7.2.1 所述的五项指标体系筛选原则,通过专家评估与筛选,构建长江口生态系统健康评价指标体系。并通过以下三项原则构建评价标准模式集:① 若有国家标准则采用国家标准,如 N、P 等水质指标;② 若无国家标准,则借鉴前人的经验评价标准;③ 没有可借鉴的评价标准,则出专家咨询法确定。

表 7.21　长江口生态系统健康评价指标体系

一层指标	二层指标		三层指标		数　据　说　明
1. 驱动力	1.1	经济发展	1.1.1	GDP 增长率	规划目标
	1.2	社会发展	1.2.1	生命支撑生存空间	规划目标:海域非使用面积比例(%)=非使用面积/总海域面积
2. 压力	2.1	环境污染	❶2.1.1	水质指数	2.1.1　水质指数叶绿素 a
					2.1.2　水质指数 COD
					2.1.3　水质指数 N
					2.1.4　水质指数 P
			❷2.1.2	底质指数	2.1.5　底质指数石油
					2.1.6　底质指数有机碳
					2.1.7　底质指数总汞
					2.1.8　底质指数镉
					2.1.9　底质指数铜
					2.1.10　底质指数铅
					2.1.11　底质指数砷

续表

一层指标	二层指标	三层指标	数 据 说 明
	2.2 人类干扰	2.2.1 空间资源利用	海域使用面积=开发海域面积/可开发的总海域面积。
		2.2.2 生物资源利用	上海市渔业捕捞量
3. 状态力	3.1 结构	❸3.1.1 浮游植物生物多样性指数	
		❻3.1.2 浮游动物生物多样性指数	
		3.1.3 底栖生物多样性指数	
	3.2 功能	❼3.2.1 浮游植物现存量	细胞数的自然对数
		❹3.2.2 浮游动物生物量	浮游动物总丰度
		3.2.3 底栖生物量	底栖生物总丰度
4. 响应力	4.1 活力	❺4.1.1 珍稀物种的种类与数量	物种数量(浮游动物+浮游植物+底栖生物)
		4.1.2 渔业资源总量	
		4.1.3 经济生物的种苗产量	
	4.2 恢复力	4.2.1 生长范围	
	4.3 生态服务	4.3.1 海洋经济总值	不考虑造船业、滨海旅游业等的贡献
5. 调控力	5.1 投入量	5.1.1 海洋管理和科研水平	
		5.1.2 万元 GDP 的海洋环保投入比重	如监测费用
		5.1.3 恢复管理投入	非健康生态系统的投入
	5.2 法律法规政策	5.2.1 法律有效性及执行情况	
		5.2.2 当地人认识程度	

注：❶～❺推荐为必选指标,其他为可选指标。

2）河口生态系统健康评价指标体系

根据海洋生态系统的基础理论,结合国家海洋局东海分局、华东师范大学、国家海洋环境监测中心的相关资料,研究了"长江口长时间序列的 DO 数据分析(23 年数据)、PCA 主成分分析(2004～2007 年数据)、2005～2007 年长江口富营养化状态分析、长江口浮游动物生态分布与环境关系",系统地分析了典型河口——长江口生态系统特征,系统分析了生态系统健康的影响因子,基于 D-PSR-C 概念框架和 Costanza 健康评价模型,构建典型河口、海湾生态系统健康评价的指标体系,共 11 个二级指标、22 个三级指标(表7.21)。

2. 评价模型

1）PSR 模型的提出及改进、主要类型

PSR(Pressure-State-Response),即压力—状态—响应模型,是环境质量评价学科中生态系统健康评价子学科中常用的一种评价模型,最初是由加拿大统计学家 David J. Rapport和 Tony Friend(1979)提出,后由经济合作与发展组织(OECD)和联合国环境规划署(UNEP)共同发展于 1996 年提出的用于研究可持续发展的框架体系。PSR 模型使用"压力—状态—响应"这一思维逻辑,体现了人类与环境之间的相互作用关系。人类

通过各种活动从自然环境中获取其生存与发展所必需的资源,同时又向环境排放废弃物,从而改变了自然资源储量与环境质量,而自然和环境状态的变化又反过来影响人类的社会经济活动和福利,进而社会通过环境政策、经济政策和部门政策,以及通过意识和行为的变化而对这些变化做出反应。如此循环往复,构成了人类与环境之间的压力—状态—响应关系。

联合国可持续发展指标体系包括社会、经济、环境和制度四个方面150多个指标,其中驱动力指标主要包括就业率、人口净增长率、成人识字率、可安全饮水的人口占总人口的比率、运输燃料的人均消费量、人均实际GDP增长率、GDP用于投资的份额、矿藏储量的消耗、人均能源消费量、人均水消费量、排入海域的氮、磷量、土地利用的变化、农药和化肥的使用、人均可耕地面积、温室气体等大气污染物排放量等;状态指标主要包括贫困度、人口密度、人均居住面积、已探明矿产资源储量、原材料使用强度、水中的BOD和COD含量、土地条件的变化、植被指数、受荒漠化、盐碱和洪涝灾害影响的土地面积、森林面积、濒危物种占本国全部物种的比率、二氧化硫等主要大气污染物浓度、人均垃圾处理量、每百万人中拥有的科学家和工程师人数、每百户居民拥有电话数量等;响应指标主要包括人口出生率、教育投资占GDP的比率、再生能源的消费量与非再生能源消费量的比率、环保投资占GDP的比率、污染处理范围、垃圾处理的支出、科学研究费用占GDP的比率等。

PSR框架模型是评估资源利用和持续发展的模式之一。其中压力指标用以表征造成发展不可持续的人类活动和消费模式或经济系统,状态指标用以表征可持续发展过程中的系统状态,反应指标用以表征人类为促进可持续发展进程所采取的对策。建立一套完整的PSR模型是一个复杂的工程,原因之一在于可选取的指标众多,指标之间既存在关联和重叠,也有不小的差异,甚至有可能有所遗漏或者以偏概全,原因之二在于PSR框架模型中的指标在各国中的应用由于各国情况的不同而难以统一,同时各指标在各国指标体系中的作用也有所差异。

PSR框架试图以一种简单明了的方式来说明人与环境的因果关系。但实际上,自然环境系统极其复杂,PSR框架很难反映自然生态系统极其复杂的关系,也不能反映出环境与经济之间的相互作用,更不能反映出环境对人类福利的影响关系。指标的取舍要以系统的完整概括性和直观解释便利为目标,需要详加考证,选取指标之后亦尚有很多工作要做。

欧洲环境署(European Environment Agency,EEA)在PSR框架模型基础上,着重于战略环境影响评价,提出了DPSIR模型(图):驱动力(driving forces)—压力(pressures)—状态(state)—影响(impacts)—响应(responses)。该模型在EEA报告中广泛应用。

DPSIR模型为决策者提供了一个工作框架,在该框架中决策者所进行的决策在环境质量等的影响后果方面可以通过框架提供的反馈指标和反馈途径提到反馈。DPSIR模型中,驱动力主要包括经济指标和人类活动指标,压力主要包括污染物排放指标,状态主要包括物理、化学和生态指标,影响主要包括对生态系统、人类健康以及功能指标,响应主要包括决策(优先项目)、目标设定等指标。

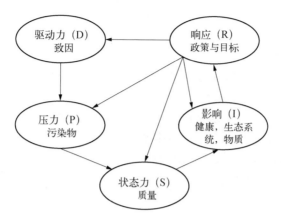

图 7.3　DPSIR 评价框架（EEA,1998）

DDPSIR 概念框架的各个成分定义如下,在每个定义之后列出了过去与现状的数据类别。

● 驱动力

对于个人,首要驱动力包括住房、食物和水,次要驱动力包括交通、娱乐和文化;对于企业团体,驱动力包括低成本生产和盈利;对于国家,驱动力是保持低失业率。在宏观经济领域,生产和消费过程是依照经济因素(农业、能源、工业、交通、房地产等)进行的。

　　— 人口(数据,年龄结构,教育水平,人口政策稳定性)

　　— 交通(人数,货物;道路运输,水运,空运,越野)

　　— 能源利用(每种活动的能源利用,燃料类型,技术)

　　— 发电厂(类型,厂龄结构,燃料类型)

　　— 工业(类型,厂龄结构,资源类型)

　　— 采矿(类型,厂龄结构)

　　— 农业(牲畜数量,作物类型,作物结构稳定性,肥料)

　　— 垃圾(类型,存放时间)

　　— 排水系统(类型)

　　— 非工业因素

　　— 土地利用

● 压力

驱动力使人类活动满足自身需要,如生产交通活动等。这些活动通过生产、消费过程对环境施加压力。这些压力包括三种主要类型:过度利用环境资源,改变土地利用方式,向大气、水、土壤中排放污染物(化学污染物、垃圾、放射性污染物、噪声等)。

　　— 资源利用

　　— 直接、间接向土地、大气、水中排放污染物

　　— 堆放垃圾

　　— 产生噪声

　　— 放射性

— 振动

— 灾害（风险）

● 状态

状态是环境受到压力影响后的结果，是各环境因素功能受到影响后的质量情况。环境状态包括物理、化学和生物条件。

— 空气质量（国家尺度、区域尺度、局部尺度、城市尺度等）

— 水质质量（河流、湖泊、海洋、海岸带水体、地下水）

— 土壤质量（国家、局部、自然生境、农业区）

— 生态系统（生物多样性、植被、土壤生物、水生生物）

— 人类（健康）

— 土壤利用

● 影响

决定生态系统和人类福利的环境中物理、化学和生物状态的变化。换句话说，影响生物功能、生态系统自我维持能力以及最终的人类健康和经济社会功能执行的环境或经济变化。

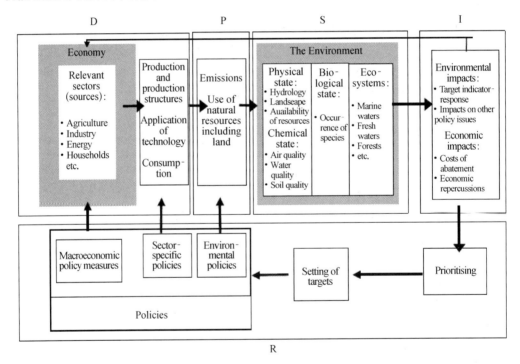

图 7.4　基于 DPSIR 框架的综合环境评价（改自 NERI，EEA，1998）

● 响应

社会或决策者的响应是减少影响，并能影响到驱动力—压力—状态—影响链环中任一部分的行为。如对于驱动力的响应采用公共交通替代私人汽车，对压力的响应为减少 SO_2 的排放。

2）DPSRC 模型框架

PSR 以及后续的 DPSIR 以一种简单明了的方式说明人与环境的因果关系。但实际上,自然环境系统极其复杂,PSR框架很难反映自然生态系统极其复杂的关系,另外,DPSIR中,状态与影响相互交织,工作中其指标往往具有双重含义。

尽管诸多学者应用 PSR 以及 DPSIR 进行了区域宏观可持续发展与环境问题的研究,也进行了具体问题的应用,但由于对系统运行机理的弱化,应用结果在宏观上更适合,而具体问题则难以令人满意。

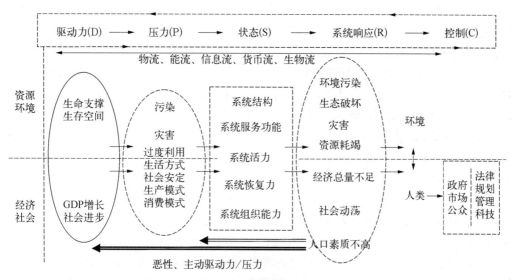

图 7.5　D-PSR-C 概念框架(徐惠民等,2005)

基于社会—经济—自然复合生态系统(图)(马世骏,1984)和 PSR 模型体系,提出DPSRC框架。驱动力—压力—状态—响应—控制框架模型(图)(Driving force-Press-Status-Response-Control Model,D-PSR-C 模型)。

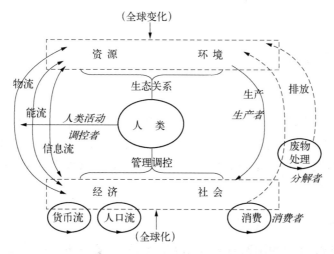

图 7.6　人类与社会经济资源环境复合系统关系(马世骏和王如松,1984)

3) 驱动力、压力、状态、响应、调控的指标选择说明

(1) 驱动力。驱动力为人类开发利用资源环境、发展社会经济的动力。从社会经济角

度,驱动力是社会经济发展的目标;从资源环境角度,驱动力是开发利用资源环境的动力,也是资源环境受到掠夺、破坏的根源,同时也是对人类行为与自然变化进行控制的目标所在。

驱动力的指标选取中,资源环境方面包括生命支撑指标和生存空间两个指标。其中,生命支撑指人类生存与发展所需要的各种食物、矿产资源;生存空间主要指国土资源,如围海造地等。

驱动力的指标选取中,社会经济方面包括 GDP 增长和社会进步两个指标。GDP 增长包括区域经济增长总指标,也可以各项分指标,如工业增长、农业增长、旅游业增长等;社会进步包括文化事业、政治法律、人口素质、社会福利等。

（2）压力。压力为直接对资源环境、社会经济产生影响的行为,即包括人类行动压力,也包括自然条件变化的压力,如各种自然灾害对区域生态系统的影响。压力有正压力和负压力,大部分压力都是负压力,而调控手段往往带来正压力。

压力指标的选取过程中,资源环境方面包括排污、资源过度开采、灾害影响等。而社会经济方面指标以生产、生活方式、社会安定等为主,其中有些指标易于获取,如基尼系数等,而另一些指标则需要间接获取,如生活方式需要通过较为广泛的社会调查来得到。

（3）状态力。状态为系统从复合系统运行机制角度所展现的系统现状。状态指标包括复合系统的功能结构、服务功能、活力、恢复力、组织力五个主要指标。每个指标都是综合指标,需要按照相关系统的内在机理选取下一层次指标进行计算获取。

（4）系统响应力。系统响应为复合系统在压力作用下所表现出的具体结果表现。系统响应指标包括环境污染、生态破坏、灾害损失、资源耗竭、经济问题、社会安定、人口素质等主要指标。同样,系统响应指标大部分是综合指标,如环境污染包括水体污染、大气污染、土壤污染、生物等。

（5）调控力。控制是人类根据状态,在系统响应的基础上所做出的行动。控制指标包括法律法规、科技发展、规划制定、管理行为等主要指标。控制的目标包括驱动力、压力、状态以及系统响应,而其行动主要针对压力和状态。

7.3.2　数据来源及处理

1. 社会调查

社会调查收集的数据资料主要有:国家海洋局东海监测中心拥有的 2004～2008 年 8 月份海洋环境监测数据,包括水质指标 4 项(叶绿素 a、COD_{Mn}、无机氮、活性磷酸盐),底质指标 8 项(锌、铬、铜、铅、砷、镉、总汞、PCB),生物指标 3 项(浮游动物、浮游植物、大型底栖生物),站位 37 个。

2. 外业调查

2007 年 5 月和 11 月由国家海洋局东海环境监测中心补充开展了长江口近岸海域外业调查两个航次,并分别开展了内业分析。项目包括水质(叶绿素 a、COD_{Mn}、无机氮、活性磷酸盐),底质指标(锌、铬、铜、铅、砷、镉、总汞、PCB),生物指标(浮游动物、浮游植物、大型底栖生物)。站位:37 个站(图 7.7)。

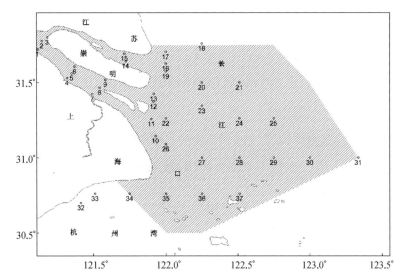

图 7.7 长江河口近岸海域 2007 年生态调查站位图,阴影部分为评价区域

3. 数据处理

1) 数据无量纲化

数据无量纲化过程即单因子健康距离的过程。由于不同项目参与生态系统健康距离的计算,必须对指标各项进行无量纲化、归一化处理。各指标原始数据与模式集数据按照健康距离法公式进行计算的过程,即无量纲化过程。

在无量纲化过程中,海域水质污染指数采用富营养化指数进行计算,然后再进行无量纲化。富营养化指数为:

$$NQI = \frac{COD}{5} + \frac{IN}{0.5} + \frac{P}{0.045} + \frac{Chla}{1.5} \tag{7-8}$$

式中,NQI 为富营养化指数,本专题海洋生态系统健康评价中用以表示水质污染指数;IN 为总氮;Chla 为叶绿素 a,1.5 为长江口富营养化计算中叶绿素的参考值。

在无量纲化过程中,海域底质污染指数采用沉积物生态风险指数,计算方法为:选择参与计算的指标包括以下 8 种:Zn、Cr、Cu、Pb、As、Cd、Hg、PCB。首先计算沉积物污染程度,计算公式为:

$$C_f = \frac{C^i}{C_n^i} \tag{7-9}$$

式中,C_f 为某一污染物的污染参数;C^i 为沉积物中污染物的实测浓度(即沉积物表中给出的具体数值);C_n^i 为全球工业化前沉积物中污染物含量(表 7.22)。

表 7.22 全球工业化前沉积物中污染物含量

项目	Zn	Cr	Cu	Pb	As	Cd	Hg	PCB
C_n^i	175	90	50	70	15	1.0	0.25	0.01

注:单位为 mg/kg,即 10^{-6}。

其次计算污染物污染程度,这个值即为多种污染物的污染参数之和:

$$C_d = \sum_{i=1}^{8} C_f^i \qquad (7-10)$$

然后计算单个污染指数水域潜在生态风险参数,计算方法如下:

$$E_r^i = T_r^i C_f^i \qquad (7-11)$$

式中,E_r^i 为潜在生态风险参数;T_r^i 为单个污染物的毒性相应参数(表 7.23)。

表 7.23　沉积物中污染物的毒性参数

项目	Zn	Cr	Cu	Pb	As	Cd	Hg	PCB
T_r^i	1	2	5	5	10	30	40	40

总的生态风险之和为潜在生态风险指数 RI:

$$RI = \sum_{i=1}^{8} E_r^i = \sum_{i=1}^{8} T_r^i \times C_f^i \qquad (7-12)$$

2) 健康距离的确定

权重采用层次分析法进行计算,计算原理详见 7.2.3 层次分析法计算过程。

在建立海洋生态系统健康评价指标体系的基础上,选择 D-SPR-C 模型(图 7.5),以 Costanza 概念框架模型为基础,结合健康距离法,构建定量化健康评价模型(图 7.8)。

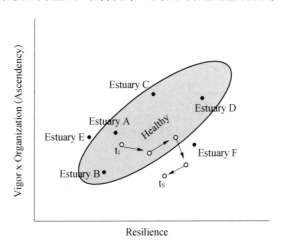

图 7.8　定量化健康评价模型-健康距离法示意图

假设 A 和 B 是两个生态系统,X_1、X_2、$\cdots X_n$ 是 A 与 B 的共同特征,为所采用的评价健康的指标;A 到 B 的绝对距离为 $B(x_i) - A(x_i)$ ($i = 1, 2, \cdots \cdots n$),$A$ 到 B 的相对距离为 $[B(x_i) - A(x_i)]/A(x_i)$,即 $\Delta(A,B)/A$;反之,B 到 A 相对距离为 $[A(x_i) - B(x_i)]/B(x_i)$,即 $\Delta(B,A)/B$。评价指标的权重为 $k_1, k_2, \cdots \cdots k_n$($k1 + k2 + \cdots \cdots + kn = 1$),$A$ 到 B 的综合距离 $HD(A,B) = [(B(x_i) - A(x_i))/A(x_i)] \cdot K_i$,就是 A 到 B 的相对综合的健康距离 HD_{AB}。按照健康距离法计算公式,进行单项目健康距离和综合健康距离的计算。健康距离计算公式如下:

$$HD_{(A,B)} = \sum_{i=1}^{n} \left| \frac{B(x_i) - A(x_i)}{A(x_i)} \right| \times w_i \qquad (7-13)$$

式中，w_i（$w_1 + w_2 + \cdots + w_n = 1$）为各评价指标的权重。一般地，干扰越大，压力越大，健康损益值越大，HD 越大，该生态系统偏离模式生态系统就越远，越不健康，对人类服务功能就越弱。

4. 河口海湾生态系统健康等级划分及其生态学意义

河口海湾生态系统健康等级划分为以下五个等级：很健康[0,0.2]、健康[0.2,0.4]、亚健康[0.4,0.6]、不健康[0.6,0.8]和病态[0.8,1.0]五个等级进行划分（表 7.24）。其中：

很健康（Very healthy）——表明对系统的干扰不大，系统对干扰的抵抗能力较强，干扰对系统功能结构的影响轻微，甚至可以忽略。等级标识为Ⅰ，以深绿色显示。

健康（Healthy）——表明系统受到一定程度的干扰，且该干扰在一定程度中表现出来，在干扰解除后，系统可以在自然状态下恢复。等级标识为Ⅱ，以浅绿色显示。

亚健康（Sub-healthy）——表明生态系统受到较严重的干扰，干扰程度基本在自然系统容忍的范围内，系统重建需要在人工干预下进行。等级标识为Ⅲ，以草绿色标识。

不健康（unhealthy）——表明生态系统受到严重的干扰与破坏，原生生态系统处于崩溃的边缘，系统重建工作在自然状态下很难实现。等级标识为Ⅳ，以红褐色显示。

病态（Illness）——表明生态系统已经发生严重的不可逆变化，原生生态系统已基本崩溃，系统重建达不到原系统的状态，或者说重建的系统是新的生态系统。等级标识为Ⅴ，以红色显示。

表 7.24　河口海湾生态系统健康等级划分及其生态学意义

等级	健康程度	分值	说　明
Ⅰ	很健康 Very Healthy	<0.2	对系统的干扰不大，系统对干扰的抵抗能力较强，干扰对系统功能结构的影响轻微，甚至可以忽略
Ⅱ	健康 Healthy	0.4～0.2	系统受到一定程度的干扰，且该干扰在一定程度中表现出来，在干扰解除后，系统可以在自然状态下恢复
Ⅲ	亚健康 Subhealthy	0.6～0.4	生态系统受到较严重的干扰，干扰程度基本在自然系统容忍的范围内，系统重建需要在人工干预下进行
Ⅳ	不健康 Unhealthy	0.8～0.6	生态系统受到严重的干扰与破坏，原生生态系统处于崩溃的边缘，系统重建工作在自然状态下很难实现
Ⅴ	病态 Illness	1.0～0.8	生态系统已经发生严重的不可逆变化，原生生态系统已基本崩溃，系统重建达不到原系统的状态，或者说重建的系统是新的生态系统

7.3.3　长江河口近岸海域生态系统健康评价

长江口生态监控区是我国自 2004 年以来实施的全国三大重点河口生态监控区之一。应用示范区域即为长江口生态监控区，其范围即为徐六泾以东至 123°10′ 以西，启东嘴以南至杭州湾上海海域以北的长江口海域，面积约 13 668 km²（图 7.7，带小圆点的阴影部分为应用示范评价区域）（国家海洋局，2005）。

1. 长江口近岸海域生态系统特征

长江河口生态系统是一个典型的区域性河口生态系统,陆海相互作用强烈,气候系统、河流系统、海岸带系统以及海洋系统之间相互影响强烈,其生态系统健康可以通过以下五个特征指标进行分析:① 水质类型变化;② 自净功能,特别是环境净化或有害有毒物质降解功能变化;③ 生物多样性和群落结构变化;④ 渔业资源和关键种群资源量变化;⑤ 海洋有害赤潮发生频率及危害程度。

长江口近岸海域生态系统的总体特征为:属于严重退化型生态系统,其生态系统服务功能总体水平大幅度下降,目前处于高度退化的临界阈值阶段,其基本特征表现为:

(1) 水质类型由 20 世纪 70 年代末的二类、三类水质下降为目前的四类和超四类水质。

(2) 水体环境净化与有害有毒物质降解功能衰退。

(3) 生物多样性和净初级生物量下降显著,局部区域季节性生物群落结构简化,系统组分向耐受更多压力转变。

(4) 关键种群资源量锐减,渔业资源严重衰退,渔场功能的地位与作用正在下降。

(5) 海洋有害赤潮频发,数量与危害程度加大。

人类社会经济活动对长江河口生态系统的影响越来越显著(图 7.9)。从生态效应结果来看,人类活动依其对长江河口生态系统的影响可以分为四类:

(1) 海洋污染,最终表现为海洋富营养化,如陆域农业活动、排污、森林砍伐等以江河和陆源入海污染物的形式对海洋产生影响;海上溢油/有毒化学品泄漏、海水养殖等。

(2) 海洋生境改变及其破碎化,直接/间接影响/改变海洋自然属性,如大型水利工程、海岸带经济活动(围垦等)、海洋开发活动(海洋工程建设、海洋倾倒、海洋捕捞、海水养殖等)。

(3) 外来种入侵,如人工引种、船舶压舱水排放、海水养殖等。

(4) 气候变化,如工矿企业大气排放、汽车尾气排放等。

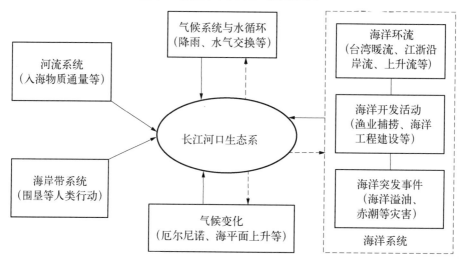

图 7.9 长江河口生态系统的压力分析

2. 数据来源

数据来源于国家海洋局东海环境监测中心2004～2008年8月5次丰水期生态监测资料和2007年补充监测数据(表7.25)。监测项目共25项:① 水质,包括DO、COD_{Mn}、NO_2-N、NO_3-N、NH_4-N、PO_4-P、石油类和Chl a;② 沉积物,包括重金属(Zn、Cr、Cu、Pb、As、Cd、总Hg)和PCB;③ 生物,包括浮游植物、浮游动物和底栖生物种类、密度和生物量。分析方法参照《海洋监测规范》(GB 17378-1998)(国家海洋局,1998)。

表7.25 2004年8月～2008年8月长江河口生态系统调查站位及项目概况

调查时间	站位数(个)	监 测 项 目
2004～2008年8月	37	三氮、活性磷酸盐、DO、COD_{Mn}、石油类、叶绿素a
	23	沉积物重金属(锌、铬、铜、铅、砷、镉、总汞)和PCB
	23	浮游植物、浮游动物和底栖生物种类、密度和生物量

数据来源:国家海洋局东海环境监测中心(2004～2008年8月)。

3. 长江口近岸海域生态系统健康评价指标体系及模式集

根据长江口生态系统特征及相关资料,建立了长江口近岸海域生态系统健康评价指标模式集,包括评价指标基准值及权重值等(表7.26)。

表7.26 河口近岸海域生态系统健康指标权重值及模式集

一级指标	权重值	二级指标	权重值	三 级 指 标	权重值	模式集
1. 驱动力	0.15	1.1 经济发展	1.00	1.1.1 GDP增长率	1.00	9%～13%
	0.15	1.2 社会发展	1.00	1.2.1 生命支撑生存空间	1.00	95%
2. 压力	0.25	2.1 环境污染	0.17	❶2.1.1 水质指数	0.50	0～1
	0.25		0.17	❷2.1.2 底质指数	0.50	0～1
	0.25	2.2 人类干扰	0.83	2.2.1 空间资源利用	0.50	5%
	0.25		0.83	2.2.2 生物资源利用	0.50	5 000 t
3. 状态力	0.35	3.1 结构	0.63	❸3.1.1 浮游植物生物多样性指数	0.38	3～4
	0.35		0.63	❻3.1.2 浮游动物生物多样性指数	0.54	4～5
	0.35		0.63	3.1.3 底栖生物多样性指数	0.08	3～4
	0.35	3.2 功能	0.38	❼3.2.1 浮游植物现存量	0.38	10
	0.35		0.38	❹3.2.2 浮游动物生物量	0.54	2 000
	0.35		0.38	3.2.3 底栖生物量	0.08	10
4. 响应力	0.2	4.1 活力	0.33	❺4.1.1 珍稀物种的种类与数量	0.11	200
	0.2		0.33	4.1.2 渔业资源总量	0.56	1 417.4
	0.2		0.33	4.1.3 经济生物的种苗产量	0.33	20 t
	0.2	4.2 恢复力	0.33	4.2.1 生长范围	1.00	229 mm
	0.2	4.3 生态服务	0.33	4.3.1 海洋经济总值	1.00	18%
5. 调控力	0.05	5.1 投入量	0.75	5.1.1 海洋管理和科研水平	0.33	3
	0.05		0.75	5.1.2 万元GDP的海洋环保投入比重	0.56	3
	0.05		0.75	5.1.3 恢复管理投入	0.11	3
	0.05	5.2 法律法规	0.25	5.2.1 法律有效性及执行情况	0.83	3
	0.05	政策	0.25	5.2.2 当地人认识程度	0.17	3

注:❶～❺推荐为必选指标,其他为可选指标。

根据当前的实际数据情况,选择如下 7 个指标构成长江口近岸海域的生态系统健康评价指标体系:水质指数、底质指数、浮游植物生物多样性指数、浮游动物多样性指数、浮游植物现存量、浮游动物生物量、珍稀物种的种类与数量。

4. 评价指标权重的计算

评价指标权重值如表 7.27 所示。

表 7.27　长江口海域生态系统健康评价指标权重值

水域指标权重TEMP表

一级指标名称	一级指标专家打分	一级指标权重值	二级指标名称	二级指标专家打分	二级指标权重值	三级指标名称	三级指标专家打分	三级指标权重值	三级指标ID
2压力	5	0.3125	21环境污染	1	1	211水质指数	1	0.5	3
2压力	5	0.3125	21环境污染	1	1	212底质指数	1	0.5	4
3状态力	7	0.4375	31结构	5	0.625	311浮游植物…	5	0.4167	7
3状态力	7	0.4375	31结构	5	0.625	312浮游动物…	7	0.5833	8
3状态力	7	0.4375	32功能活力	3	0.375	321浮游植物…	5	0.4167	10
3状态力	7	0.4375	32功能活力	3	0.375	322浮游动物…	5	0.5833	11
4响应力	4	0.25	41活力	1	1	411珍稀物种…	1	1	13

5. 指标计算

按 7.3.2 数据处理方法,对综合指标的标准化处理与归一化处理,

根据表 7.27 和 7.3.2 给出的公式,对长江口近岸海域生态系统健康评价各指标进行标准化和归一化。

健康距离法(Health distance,HD),根据 7.3.2 给出的公式操作步骤,完成对长江口近岸海域生态系统健康距离的计算。

6. 长江口近岸海域生态系统健康的评价结果

长江口近岸海域生态系统健康的评价结果如图 7.10 所示,5 个健康等级的海域面积比例如表 7.28 所示。从表中得知,以健康海域面积比例计,从评价结果来看,2004～2008 年 8 月的长江口近岸海域健康海域面积比例在 50%～93% 之间,总体上为亚健康—很健康这区间,五年来呈现略有好转态势。这一评价结果与国家海洋局《中国海洋环境质量公报》提供的评价结果和综合评价结果基本上是一致(国家海洋局,2005～2009)。

表 7.28　长江口海域健康评价等级面积比例(%)

年　份	很健康（Ⅰ）	健康（Ⅱ）	亚健康（Ⅲ）	不健康（Ⅳ）	病态（Ⅴ）	总体评价
2004	45%	5%	35%	0%	15%	50
2005	33%	32%	34%	0%	1%	65
2006	32%	33%	31%	0%	4%	65
2007	57%	36%	2%	0%	5%	93
2008	31%	35%	30%	0%	4%	66

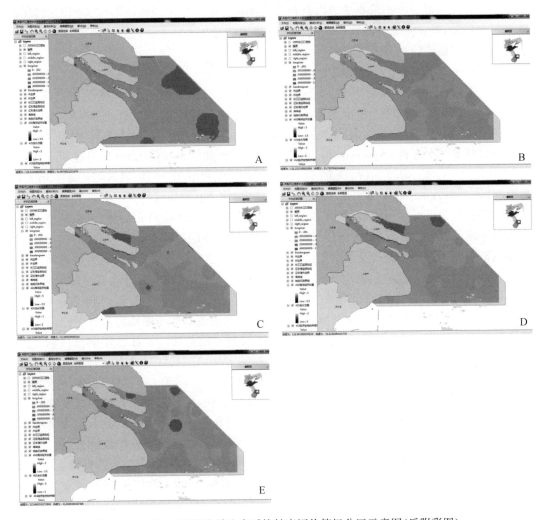

图 7.10　长江口近岸海域生态系统健康评价等级分区示意图(后附彩图)
A. 2004 年 8 月;B. 2005 年 8 月;C. 2006 年 8 月;D. 2007 年 8 月;E. 2007 年 8 月

7.4　基于 ASSETS 模型的长江口富营养化评价

　　随着工业化程度的提高、城市化进程的加快和世界人口的不断增加,人类活动越来越频繁和深刻地影响着海洋环境。其中,近海水域富营养化已经成为沿海国家的一个重要的水环境问题。在大多数水生态系统中,限制浮游植物生长的主要营养元素是 N 和 P。由于人类活动的影响,大量富含 N、P 的有机物和污水排入海湾、河口和沿岸水域,导致浮游植物在适宜的光温条件下异常繁殖,初级生产力(有机碳)急剧增加,水域呈现富营养化特征。引起富营养化的原因很多,大体上包括陆源径流、大气沉降输入、海水养殖废水排放、水流状态限制等几个方面(屠建波,2006)。

富营养化主要是由于营养盐类以及耗氧有机物的输入量出现动态平衡失调而引起的生态异常现象,是赤潮发生的物质基础。富营养化是近几十年才认识到的现象,但其已经成为当今世界面临的最主要环境问题之一。

为了解海域水体的富营养化程度,国内外学者自 20 世纪 60 年代起就对海水富营养化评价方法进行了广泛而深入的研究,并提出了多种评价模型。归纳起来,主要为两大评价模型(Nixon,1995):① 以测定透明度、营养盐和叶绿素 a 等参数建立以营养盐为基础的第Ⅰ代评价模型;② 以富营养化症状为基础的河口及沿岸海域富营养化多参数第Ⅱ代评价模型。

河口营养状况评价(Assessment of Estuarine Trophic Status,ASSETS)是第Ⅱ代评价模型之一,它是 1999 年在美国提出的"河口富营养化评价"(National Estuary Eutrophication Assessment,NEEA)的基础上精炼而成的(纪焕红等,2004)。它是通过压力(致害因素,如无机氮)、状态(富营养化症状,如叶绿素 a、DO 等)和响应(未来的营养盐压力和系统的敏感性分析)三大指标来确定河口评价海域的富营养化状况级别,能比较全面评估富营养化的致害因素及其引起的各种可能的富营养化症状,反映了当前对河口海洋生态系统富营养问题的认识水平和科学研究水平。目前已被应用于美国 138 个河口、葡萄牙的 10 个河口及德国沿岸海域的富营养化评价(纪焕红等,2004;屠建波,2006)。

长江口是我国世界级的特大型河口。强大的长江径流每年不断地向长江河口及邻近海域输送大量的营养盐,成为有机生物生存和发展的物质基础。长江每年向河口输送无机氮 8.88×10^6 t,磷酸盐 1.36×10^4 t,硅酸盐 2.04×10^6 t。长江口营养盐含量显著高于我国其他河口,如磷酸盐和无机氮比黄河高 9~10 倍。东海环境监测中心多年的监测资料表明,长江口海域水体呈现富营养化或严重富营养化,导致近年来赤潮频繁发生。

目前,我国的河口和沿岸海域富营养化评价模型和方法尚停留在以营养盐为基础的评价模型,即根据无机氮、无机磷和 COD 浓度计算富营养化指数的各种数学公式。应用较多的主要有以下几种方法:单因子评价法(Brlcker S B,2003);综合指标评价法(王保栋,2005;姚云,2005;潘怡,2009);模糊综合评价法(苏畅,2008;诸大宇,2008)、人工神经网络法(康建成,2008)等。这一现状已不适应于我国海岸带富营养化问题的科学研究和海岸带管理的需求。

众多对长江口海域富营养化的研究仅仅局限于以邹景忠(1983)建立起的富营养化指数模型[7]和郭卫东(1998)所提出的分类分级的富营养化评价模式(潘怡,2009),主要参数为无机氮、活性磷酸盐、氮磷比值和化学需氧量。评价方法简单、评价标准单一,不能及时准确地反映长江口海域富营养化的真实状况,更不能适应管理的需求。

本节以 ASSETS 为基准,通过确定压力、状态和响应等不同的评价指标及相应的分级标准,初步建立长江口海域的富营养化评价模型,并应用该模型,综合判定长江口富营养化的级别与状态。长江口海域的富营养化评价模型为我国河口和沿岸海域富营养化评价体系的建立树立一个典范,最终保护和维持我国海洋生态系统平衡和生态健康。

7.4.1 ASSETS 模型

1. 评价因子

评价因子包括 3 类,即:压力、状态和响应。

总的人为影响：即系统致害压力，用人为的 DIN 浓度比率表达；

总富营养状况：描述系统的状态，包括初级症状(叶绿素 a，附生植物，大型藻类)和次级症状(缺氧状况，水下植被损失，有害和有毒赤潮)；

未来前景展望：人类活动的响应，即预期的未来营养盐压力和系统的敏感性分析。

2. 计算公式及评价标准

1) 压力

只使用人为的无机氮(DIN)浓度与预期的总浓度的比值来衡量。

根据比值的大小对总人为影响定级评分。人为无机氮浓度比值计算公式如下：

$$m_h = \frac{m_{in}(s_o - s_e)}{s_o} \qquad (7-14)$$

$$m_b = \frac{m_{sea}s_e}{s_o} \qquad (7-15)$$

$$m_c = m_h + m_b \qquad (7-16)$$

$$OHI = \frac{m_h}{m_c} \qquad (7-17)$$

(7-14)—(7-17)式中：m_h 为总的人为增加的无机氮浓度；

m_b 为海洋中背景值的无机氮浓度；

m_{in} 为河口区无机氮的浓度；

m_{sea} 为大洋海水中的无机氮的浓度；

s_o 为近海盐度；

s_e 为河口区的平均盐度；

OHI 为总人为影响因子，其为总人为增加的无机氮浓度 m_h 与预期无机氮总浓度 m_c 的比值；根据其值将其分成 5 个级别(表 7.29)。

表 7.29　压力评价标准

序　号	级　别	数值范围
1	低	0＜v≤0.2
2	中低	0.2＜v≤0.4
3	中	0.4＜v≤0.6
4	中高	0.6＜v≤0.8
5	高	＞0.8

2) 状态

(1) 初级症状

叶绿素　使用藻华期叶绿素 a 最大浓度来作为评价标准。为了避免由于偶然出现的异常高值而引起误判，采用统计方法求出累积百分数为 90% 所对应的叶绿素浓度进行评价。叶绿素评价标准见表 7.30。

表 7.30　叶绿素评价标准

序　号	级　别	Chla 浓度
1	低	$\leqslant 5\mu g/L$
2	中	$5 < Chla \leqslant 20\mu g/L$
3	高	$20 < Chla \leqslant 60\mu g/L$
4	过度富营养化	$Chla > 60\mu g/L$

附生植物和大型藻类　过量的大型藻类和附生植物的生长将会造成双壳类动物和底栖植物的死亡,根据其对生物资源是否产生有害影响,分为三种情况:问题、没有问题及没有明显影响。

(2)次级症状

DO 评价　利用底层 DO 浓度作为评价依据,累积百分数 10% 所对应的底层 DO 浓度值,作为底层 DO 参数的判定依据。DO 评价标准见表 7.31。

表 7.31　DO 评价标准

序　号	级　别	DO 含量
1	缺氧	0 mg/L
2	低氧	$0 < DO \leqslant 2$ mg/L
3	生物胁迫	2 mg/L $< DO \leqslant 5$ mg/L

水下植被(SAV)损失评价　使用空间覆盖度的量化指标,水下植被损失评价见表 7.32。

表 7.32　水下植被(SAV)损失评价

序　号	级　别	空间覆盖度
1	很低	0~10%
2	低	10%~25%
3	中	25%~50%
4	高	>50%

有毒藻类的爆发　根据赤潮发生对生物资源产生的有害影响分为三种情况——有问题、没有问题和对生物资源没有明显影响。

次级症状表达水平值的分级标准与初级症状相同,见表 7.33:

表 7.33　初级症状和次级症状赋值

序　号	河口表达值	级别水平
1	$0 < x \leqslant 0.3$	低
2	$0.3 < x \leqslant 0.6$	中
3	$0.6 < x \leqslant 1.0$	高

（3）总富营养化状态水平判断

根据初级症状和次级症状所处的表达水平，将其分类放在一个矩阵中（图7.11），就可以判断富营养化的表达水平所处的级别了。当然，总评价还是要依据国家评价组专家的综合判断。在一些河口地区，河口的评价水平还可根据专家对该河口的综合了解而做出改变。举例来说，如果一个河口是处在中和中高的边界线上，专家可以根据具体情况作出向上或向下的变化。

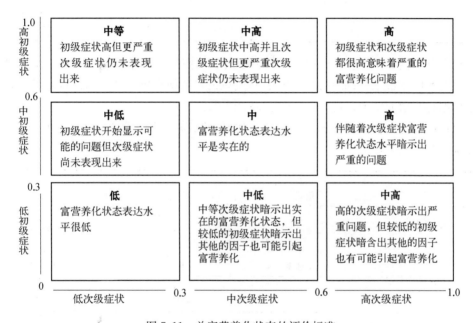

图7.11　总富营养化状态的评价标准

3）未来前景展望

未来前景展望依据系统敏感度和未来营养盐压力进行综合评价。

（1）系统敏感度

系统敏感包括稀释潜力和冲刷潜力。稀释潜力是指河口自身通过径流对营养盐的稀释能力，冲刷潜力是指基于潮汐等水动力条件对营养盐的冲刷能力。河口稀释潜力和冲刷潜力判定标准见表7.34和表7.35。

表7.34　河口稀释潜力判定标准

类型	如果	那么	类别	如果	那么
	垂直分层	稀释比例		稀释值	稀释潜力
A	垂直均匀（终年、整个河口区域）	$1/VOL_{estuary}$	1	10^{-13} 10^{-12}	高
B	小范围分层（航运通道、上层河口区域）	$1/VOL_{estuary}$	2	10^{-11}	中
C	垂直分层（一年大部分时间、大部分河口区域）	$1/VOL_{fwf}$ fwf＝淡水部分	3	10^{-10} 10^{-9}	低

表 7.35　河口冲刷潜力判定标准

类型	潮差(英尺)	淡水注入量/河口体积	冲刷潜力
1	高(>6)	大或中($10^{-2}\sim1$)	高
2		小($10^{-4}\sim10^{-3}$)	中
3	中(>2.5)	大($10^{-1}\sim1$)	高
4		中(10^{-2})	中
5		小($10^{-4}\sim10^{-3}$)	低
6	低(<2.5)	大($10^{-1}\sim1$)	高
7		中(10^{-2})	中
8		小($10^{-4}\sim10^{-3}$)	低

　　根据分层情况,判断长江河口是哪种类型河口;假如是 A 类和 B 类河口,则稀释比例以河口提及的倒数来算;如果是 C 类河口,则以河口的淡水体积部分的倒数来算。稀释潜力是根据稀释值而定的,分为三个级别,高、中、低。

　　河口敏感度分析主要依据河口水动力状况(冲刷和稀释扩散能力)表达为高、中、低 3个级别。其判断依据见图 7.12。

高	低 敏感度	低 敏感度	中 敏感度
冲刷潜力中	低 敏感度	中 敏感度	低 敏感度
低	中 敏感度	高 敏感度	高 敏感度
	高	中 稀释潜力	低

图 7.12　基于稀释潜力和冲刷潜力的河口敏感度判断依据

(2) 未来营养盐压力

预期未来营养盐压力:根据预期的营养盐排放表示为 3 个级别:减少,不变,增加。

敏感度	高	高度改变 在河口地区所观察到的与营养盐相关的症状有可能根本改变	没有变化 在河口地区所观察到的与营养盐相关的症状有可能保持不变	轻微恶化 在河口地区所观察到的与营养盐相关的症状有可能轻微恶化
	中	改变很少 在河口地区所观察到的与营养盐相关的症状有可能改变	没有变化 在河口地区所观察到的与营养盐相关的症状有可能保持不变	高度恶化 在河口地区所观察到的与营养盐相关的症状有可能高度恶化
	低	改变很少 在河口地区所观察到的与营养盐相关的症状有可能在某种程度上改变	没有变化 在河口地区所观察到的与营养盐相关的症状有可能保持不变	高度恶化 在河口地区所观察到的与营养盐相关的症状有可能高度恶化
		降低	没有变化 未来营养盐压力	增加

图 7.13　基于敏感度和未来营养盐压力的前景展望

4) 评价

压力、状态和响应因子分级分类得分集合表(表 7.36)及矩阵(图 7.14)。

表 7.36 压力、状态和响应因子分级分类得分集合

级别	5	4	3	2	1
压力	低	中低	中	中高	高
状态	低	中低	中	中高	高
响应	高度改善	低度改善	无变化	低度恶化	高度恶化

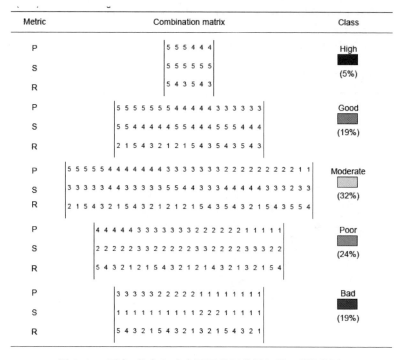

图 7.14 压力、状态和响应因子分级分类矩阵(后附彩图)

3. 评价步骤

评价分为以下 6 个步骤:

(1) 将河口分为 3 个盐度区(< 0.5,0.5~25,>25)。

(2) 根据人为的 DIN 浓度比率,对总人为影响定级评分(高—中高—中—中低—低,相应分值分别为 1~5 分)。

(3) 最初对每种富营养化症状定为 3 个或 2 个级别(高—中—低;观测到/未知)。然后根据每种症状的空间覆盖度(>50%为高,25%~50%为中;10%~25%为低;<10%为很低;未知)、症状持续期(从几天、几周到几个月)和症状频率(周期性;偶发性;未知)进行评分。最后,综合各种症状的分值并给出总的初级症状和总的次级症状的 3 个级别(高、中、低)。

(4) 将初级症状和次级症状的分值合并为总的总富营养化状态等级,给予次级症状较高的权重,最后得到 5 个可能的级别(高;中高;中;中低;低。相应分值分别为 1～5 分)。

(5) 预期的未来营养盐压力与河口敏感度评价分值合并,产生 5 个可能的级别(高度改善—低度改善—无变化—低度恶化—高度恶化。相应分值分别为 5～1 分)。

(6) 综合三大类别即压力—状态—响应中每个类别的评价分值,得到评价海域富营养化状况总级别(5 级:优—良—中—差—劣)。状态和压力类别的分值在最后的综合评级中占主导地位。

7.4.2 基于 ASSETS 的长江口富营养化评价指标体系的应用

1. 研究区域与评价范围

研究区域为长江口及其邻近海域,2 月、11 月站位布设 31 个;5 月站位布设 41 个;8 月站位布设 46 个(图 7.15、图 7.16 和图 7.17)。

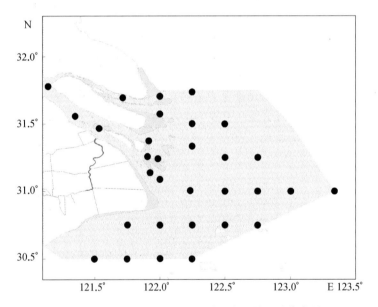

图 7.15 2 月、11 月长江口海域研究区域及站位布设

评价范围:30°30′～31°45′N,121°10′～123°00′E 之间的区域,面积约 1.85 万 km²。

2. 信度数据资料来源及其完整性和可信度

所用数据资料主要来源于东海环境监测中心 2004～2007 年长江口海域(30°30′～31°45′N,121°10′～123°00′E)调查中的盐度、叶绿素 a、DO 等数据。长江口海域的赤潮发生统计情况的资料来自国家海洋局东海分局。

自 20 世纪 80 年代以来,东海监测中心一直从事长江口海域的环境调查,调查方法均参照国家海洋调查规范和海洋监测规范,调查人员均持证上岗,且中心从 20 世纪 90 年代以来通过国家 CMA 认证,所获得的数据资料可信度高。2004 年以来,长江口海域调查站

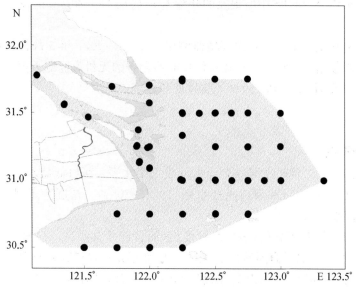

图 7.16 5 月长江口海域研究区域及站位布设

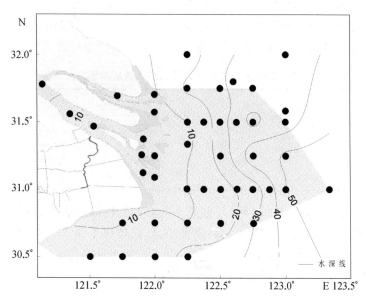

图 7.17 8 月长江口海域研究区域、站位布设及水深分布线

位及调查频次就一直保持不变,盐度、DO、叶绿素 a 和营养盐等数据完整性较好。

3. 评价指标及其标准

结合长江口的监测数据状况,基本选用了 ASSETS 模型中的压力、状态和响应三大指标,如压力指标选择了无机氮、盐度;响应指标选用了稀释潜力、冲刷潜力和未来营养盐压力等指标,但基于有些资料缺失,状态中的初级症状仅选择了叶绿素 a、次级症状中选择了底层 DO 和赤潮的发生状况。

评价标准利用 ASSETS 中所提及的叶绿素 a、底层 DO 和赤潮的发生状况的评价标准及判定依据。

所用数据资料主要来源于东海环境监测中心 2002~2007 年 8 月长江口海域调查中的盐度和无机氮数据,以及 2006 年在长江口断面调查的无机氮监测数据。

图件主要用 Surfer7.0 和 Excel 等软件处理。

4. 评价结果

1) 总人为影响

根据陈吉余(1995)将长江河口混合水分成三个水系:河口低盐水系(0.5‰~5‰)、河口中盐水系(5‰~18‰)和河口高盐水系(18‰~30‰)。盐度小于 30 的区域为河口区。选取的近海盐度为 30‰。

由于长江口海域常年分层,表层水盐度低,而营养盐含量高。根据 ASSETS 模型中所提及的原则,本文选取了监测站位的表层盐度和无机氮监测数据的中值作为河口区的相应指标的均值,大洋海水中无机氮浓度以 2006 年长江口断面(32°00′05″N、124°00′00″E 和 32°25′00″、124°30′05″)中表层无机氮的均值为依据,取值为 0.1 mg/L。

以 2004~2007 年为例,选取了 4 个月份的长江口海域的海洋环境质量状况的数据,分析了其人为影响压力分析状况。假定河流输入的营养盐完全是由人类活动引起的,忽略其中河流营养盐的自然演变过程,人为影响压力的计算结果见表 7.37。

表 7.37 2004~2007 年长江口海域人为影响压力分析表

年份	2 月	5 月	8 月	11 月	全年平均
2004	0.673	0.908	0.871*	0.881	0.833
2005	0.873	0.860	0.849	0.926	0.877
2006	0.741	0.917	0.855	0.750	0.816
2007	0.738	0.774	0.855	0.755	0.781

根据评价标准,2004~2007 年 4 年间总人为影响的比值分别为 0.833、0.877、0.816 和 0.781,人为影响压力级别分属高、高、高及中高,总体属于高人为影响压力级别,得分为 1。但由表中数据可见,人类影响因子的值以 5 月和 8 月较高,2 月和 11 月相对较低。总体而言,近 3 年来人类影响因子的比值有所降低。

2) 状态

ASSETS 模式中对研究区域一般根据盐度分为 3 个区域:感潮区(s<0.5),混合区(0.5<s≤25)和海水区(s>25)。

由于长江口海域感潮淡水期面积很小,在本节中将其归为混合区。长江口海域分为两个区:混合区(s≤25)和海水区(s>25)。

利用 AUTOCAD 软件,计算了长江口海域混合区和海水区的面积,见表 7.38。长江口海域混合区和海水区的面积以 5 月和 8 月较大,2 月和 11 月相对较小,但 2005 年 11 月混合区和海水区面积有所异常。2004 年 8 月,由于部分站位所测得的数据是在 10 月初,所得到的面积可能偏小。

表 7.38 2004～2007 年长江口海域表层混合区和海水区面积统计(km²)

年　份		2 月	5 月	8 月	11 月	年平均
2004	混合区	0.89	1.25	1.27	1.27	1.17
	海水区	0.96	0.60	0.58	0.58	0.68
2005	混合区	1.20	1.31	1.36	1.74	1.29
	海水区	0.65	0.54	0.49	0.11	0.56
2006	混合区	0.98	1.28	1.17	1.05	1.12
	海水区	0.87	0.57	0.68	0.80	0.73
2007	混合区	0.95	0.99	1.63	1.02	1.15
	海水区	0.90	0.86	0.22	0.83	0.70

(1) 初级症状

叶绿素 a 含量水平及季节变化。2004～2007 年长江口海域表层叶绿素 a 浓度的范围与均值见表 7.39。2 月份(冬季)浓度最低,各年度间差异不大;5 月份(春季)和 11 月份(秋季)稍高;8 月份(夏季)最高,最低和最高值相差数十倍。总体来讲,各季节叶绿素 a 含量均值都低于 10 μg/L。

表 7.39 2004～2007 年长江口海域表层叶绿素 a 含量的范围与均值(μg/L)

月　份	2 月	5 月	8 月	11 月
2004 年	0.1～1.92 0.94	0.29～9.1 2.88	2.76～43.90 7.88	1.25～10.50 4.05
2005 年	0.25～2.47 0.93	2.01～10.10 4.82	2.55～19.10 8.64	0.96～8.04 5.43
2006 年	0.34～2.59 1.20	0.84～28.70 3.07	0.85～20.80 4.12	0.79～18.90 3.35
2007 年	0.46～1.79 0.90	0.59～8.17 2.76	0.60～2.83 1.31	0.37～1.78 1.00

不同级别叶绿素 a 统计分类分布。根据 ASSETS 模型中所提及的叶绿素 a 含量的不同级别的标准[低($<5\ \mu g/L$)、中($5<chla\leqslant20\ \mu g/L$)、高($20<chla\leqslant60\ \mu g/L$)和过度富营养化($>60\ \mu g/L$)]对长江口海域不同季节的叶绿素含量水平进行了统计,结果见表7.40。由表可知,2 月份叶绿素含量水平均处于低级别,其他三个月份含量基本处于低和中级别,其中 2005 年 8 月份个别站位的含量处于高级别。与 5 月和 11 月份相比,8 月份长江口海域叶绿素 a 含量水平处于中和高级别的站位数所占的比重相对大些。从整体来看,长江口海域表层叶绿素含量水平相对较低。

表 7.40 2004～2007 年长江口表层海域不同级别叶绿素 a 浓度的站位百分比

年　份	标准	2 月	5 月	8 月	11 月
2004 年	$\leqslant5\ \mu g/L$	100%	85%	45.7%	67%
	$5<chla\leqslant20\ \mu g/L$	无	15%	47.8%	33%
	$20<chla\leqslant60\ \mu g/L$	无	无	6.5%	无
	$>60\ \mu g/L$	无	无	无	无

年　份	标　准	2月	5月	8月	11月
2005 年	≤5 μg/L	100%	60%	27%	30%
	5<chla≤20 μg/L	无	40%	73%	70%
	20 < chla≤60 μg/L	无	无	无	无
	>60 μg/L	无	无	无	无
2006 年	≤5 μg/L	100%	82.5%	72%	80%
	5<chla≤20 μg/L	无	15.0%	24%	20%
	20 < chla≤60 μg/L	无	2.5%	4%	无
	>60 μg/L	无	无	无	无
2007 年	≤5 μg/L	100%	95%	100%	100%
	5<chla≤20 μg/L	无	5%	无	无
	20 < chla≤60 μg/L	无	无	无	无
	>60 μg/L	无	无	无	无

叶绿素 a 累积百分数统计　在 ASSETS 评价中,叶绿素 a 的浓度是累积百分数 90% 所对应值。2004 年长江口海域混合区和海水区叶绿素 a 的浓度分别为 8 μg/L 和 8 μg/L, 2005 年分别为 9.2 μg/L 和 9.6 μg/L,2006 年分别为 5.5 μg/L 和 7.0 μg/L,2007 年分别为 2 μg/L 和 3 μg/L。与混合区相比,海水区叶绿素 a 浓度相对较高,但都处于低和中等级别水平。

空间覆盖度计算　空间覆盖度是指那些达到或超过叶绿素 a 累积百分数 90% 的站位在各区域的分布状况。

ASSETS 评价。根据叶绿素 a 浓度、空间覆盖度、频次以及各区域的区域面积的综合状况,对计算了 2004～2007 年 4 个年度的叶绿素 a 症状指数,见表 7.41。分值均为 0.25, 分值均小于 0.3。根据判别标准,叶绿素 a 浓度指数的级别均为低。

表 7.41　2004～2007 年长江口海域表层叶绿素浓度及评价结果

年份	分区	浓度 (μg/l)	空间覆盖度	频次	级别	得分	症状指数	总症状指数
2004	混合区	8,中	17%,低	周期性	低	0.25	0.158	0.25
2004	海水区	8,中	13%,低	周期性	低	0.25	0.092	
2005	混合区	9.2,中	11%,低	周期性	低	0.25	0.174	0.25
2005	海水区	9.6,中	12%,低	周期性	低	0.25	0.076	
2006	混合区	5.5,中	6%,很低	周期性	低	0.25	0.157	0.25
2006	海水区	7,中	13%,低	周期性	低	0.25	0.093	
2007	混合区	2,低	16%,很低	周期性	低	0.25	0.155	0.25
2007	海水区	3,低	7%,很低	周期性	低	0.25	0.095	

（2）次级症状

DO 含量水平及季节变化。长江口海域底层 DO 含量季节变化较大(表 7.42)。2月份 DO 含量均大于 6 mg/L,最高可达 13.10 mg/L,所有站位均符合一类海水水质标准; 5 月份大部分站位 DO 含量均大于 6 mg/L,少数站位含量低于 6 mg/L,极个别站位低于

5 mg/L,属二类或三类海水水质,2004 年出现四类海水;8 月份各站位之间 DO 含量差异较大,大部分站位 DO 含量大于 5 mg/L,少部分站位 DO 含量低于 5 mg/L,极少数站位低于 2 mg/L,个别低于 1 mg/L,最低值可低至 0.86 mg/L,出现超四类海水水质;11 月份大部分站位 DO 含量均大于 6 mg/L,少数站位含量低于 6 mg/L,极个别站位低于 5 mg/L,2005 年和 2006 年出现二类海水,2007 年出现四类海水。

表 7.42　2004～2007 年长江口海域底层 DO 浓度的范围与均值(mg/L)

月　份	2 月	5 月	8 月	11 月
2004 年	8.34～12.09 10.04	3.13～8.60 6.63	1.32～7.36 5.81	6.64～9.43 7.99
2005 年	8.15～13.10 10.90	8.21～9.67 8.66	2.91～7.19 5.45	5.27～9.02 7.57
2006 年	8.78～12.00 10.58	4.90～8.87 7.46	1.29～10.44 5.41	5.53～9.44 7.69
2007 年	8.50～10.86 9.72	5.4～8.48 7.11	0.86～8 4.28	3.29～10.46 7.96

不同级别缺氧状态统计分类分布。根据 ASSETS 模型中所提及的底层 DO 的不同级别缺氧状态的标准,对长江口海域不同季节出现无氧(0)、缺氧(0<DO≤2 mg/L)、生物胁迫(2<DO≤5 mg/L)三种状况进行了统计,结果见表 7.43。由表可知,2 月份不存在缺氧状况,11 月也基本没有出现缺氧状况(2007 年极少数站位出现了生物胁迫现象),2004 年和 2006 年 5 月份部分站位出现生物胁迫现象,4 个年份 8 月份均出现了生物胁迫现象,且 2007 年百分比例较高,4 个年份中有 3 个年份出现缺氧状况,2004、2006、2007 年缺氧站位数占监测站位数的 2%、11% 和 7%。以上数据资料充分说明,8 月份长江口海域底层缺氧最为严重。

表 7.43　2004～2007 年长江口海域底层 DO 出现不同级别缺氧状态的站位百分比

月　份		2 月	5 月	8 月	11 月
2004 年	0	无	无	无	无
	0<DO≤2	无	无	2%	无
	2<DO≤5	无	23%	17%	无
2005 年	0	无	无	无	无
	0<DO≤2	无	无	无	无
	2<DO≤5	无	无	27%	无
2006 年	0	无	无	无	无
	0<DO≤2	无	无	11%	无
	2<DO≤5	无	4%	41%	无
2007 年	0	无	无	无	无
	0<DO≤2	无	无	7%	无
	2<DO≤5	无	无	48%	6%

底层 DO 浓度累积百分数统计。根据 ASSETS 法,使用底层 DO 浓度累积百分数 10% 所对应的底层 DO 浓度值,作为底层 DO 参数的判定依据。2004 年长江口海域叶混

合区和海水区底层 DO 浓度分别为 6 mg/L 和 4 mg/L，2005 年分别为 6 mg/L 和 4 mg/L，2006 年分别为 7 mg/L 和 2 mg/L，2007 年分别为 6 mg/l 和 2 mg/L。与混合区相比，海水区 DO 含量水平更低。

ASSETS 评价。根据表 7.43，长江口海域缺氧现象一般出现在 8 月份，属于定期发生。结合底层 DO 浓度、空间覆盖度、区域面积等指标，计算出 2004～2007 年底层 DO 浓度指数的分值（表 7.44）。混合区不存在低氧现象，无分值；海水区分别为 0.092、0.076、0.093 和 0.095。根据评价原则，低氧区的分值以海水区为准，症状指数均小于 0.3。根据判别标准，底层 DO 浓度指数的级别均为低。

表 7.44　2004～2007 年长江口海域底层 DO 浓度(mg/L)评价结果

年　份	分　区	浓度(mg/L)	等　级	空间覆盖度	频　次	级　别	得　分	症状指数	总症状指数
2004	混合区	6	/	3%，很低	定期	/	/	/	0.092
	海水区	4	生物胁迫	11%，很低	定期	低	0.25	0.092	
2005	混合区	6	/	13%，低	定期	/	/	/	0.076
	海水区	4	生物胁迫	20%，低	定期	低	0.25	0.076	
2006	混合区	7	/	5%，很低	定期	/	/	/	0.093
	海水区	2	生物胁迫	4%，很低	定期	低	0.25	0.093	
2007	混合区	6	/	14%，低	定期	/	/	/	0.095
	海水区	2	生物胁迫	2%，很低	定期	低	0.25	0.095	

赤潮爆发情况

2004～2007 年，长江口海域每年赤潮发现次数在 6～9 起之间，小于 10 次；累计面积大于 1 000 km²，2005 年，赤潮发生累计面积超过 6 000 km²。据统计，2005 年赤潮发现次数和累计面积为 4 年之首，2006 年最低。赤潮发生的生物种类以硅藻和甲藻为主，主要有中肋骨条藻、具齿原甲藻、米氏凯伦藻（有毒、又称长崎裸甲藻）、夜光藻、叉状角藻、圆海链藻等 11 种。

对长江口海域赤潮状况的级别判定如表 7.45。

表 7.45　2004～2007 年长江口海域赤潮参数的评价结果

年　份	分　区	爆发情况	持续时间	频　次	级　别	得　分	症状指数	总症状指数	备　注
2004	混合区	发现	天到周	周期性	中	0.5	0.316	0.684	
2004	海水区	发现	周到月	周期性	高	1	0.368		
2005	混合区	发现	天到周	周期性	中	0.5	0.349	0.651	其中 3 次有毒
2005	海水区	发现	周到月	周期性	高	1	0.303		
2006	混合区	发现	天	周期性	低	0.25	0.157	0.530	/
2006	海水区	发现	周到月	周期性	高	1	0.373		
2007	混合区	发现	天到周	周期性	中	0.5	0.311	0.689	其中 1 次有毒
2007	海水区	发现	周到月	周期性	高	1	0.378		

根据次级症状的判别标准，2004～2007 年赤潮情况的总评价结果为高、高、中、高。

在次级症状的各个评价因子中，得分最高的那个评价因子决定了次级症状的总级别。在长江口海域赤潮发生情况的级别要高于底层 DO，2004～2007 年次级症状分值分别为

0.684、0.651、0.530 和 0.689，总级别分别为高、高、中、高。

总富营养化状态水平

根据初级症状和次级症状的综合判定标准，2004～2007 年该海域的富营养化的总级别分别为中高、中高、中低和中高。但较低的初级症状和较高的次级症状显示出有可能有其他的因子也引起富营养化。2004～2007 年长江口海域富营养化状态总级别为中高，得分为 2。

3）未来前景展望

（1）系统敏感度

系统敏感度包括稀释潜力和冲刷潜力。

稀释潜力：长江口海域终年大部分区域都是呈现分层现象，冲淡水一般是在表层 0～15 m 的范围内，因此，根据河口类别判定标准，长江口为 C 类河口。

长江口淡水体积的计算

以 5 月份（平水期）的淡水体积为计算基准。2004～2007 年长江口混合区的面积平均为 1.21 万 km²（含感潮淡水区 4 911 km²），海水区的面积平均为 0.64 万 km²，感潮淡水区水深以 10 m 为基准，混合区水深以 3 m 为基准，海水区以 0.5 m 为基准。（长江河口段上自江苏太仓徐六泾，下至入海口，长约 170 km；南汇嘴到崇明东滩约 57 km，感潮淡水区面积约 4 900 km²。）

$$长江口淡水体积 V = 4\,900 \times 10^6 \times 10 + 7\,189 \times 10^6 \times 3 + 6\,400 \times 10^6 \times 0.5$$
$$= 7.39 \times 10^{10}$$

稀释潜力 $= 1/V_{fwf} = 1/7.39 \times 10^{10} = 1.35 \times 10^{-11}$

根据判定标准，长江口海域稀释潜力定级为中。

冲刷潜力：长江口是中等强度的潮汐河口，口外为正规半日潮，口内为非正规半日浅海潮。南支潮差由口门往里递减，口门附近的多年平均潮差 2.66 m，最大潮差 4.62 m，属于中等强度（平均潮差为 2～4 m）的潮汐河口。潮流在口门内为往复流，除口门后向右旋转过渡，旋转方向为顺势针。通过口门的进潮量枯季小潮为 13 亿 m³，洪季大潮时达 53 亿 m³。根据冲刷潜力判定标准，长江口潮差级别为高。

每日淡水注入量根据 2002～2007 年大通站平均流量数据计算而得。

2002～2007 年日流量平均为 2.68×10^4 m³/s，每日淡水注入量约为 2.32×10^9 m³。

根据水深和面积，计算了研究区域的河口体积，河口体积约 4.52×10^{11} m³。

淡水每日的注入量和河口体积的比率大约为 5.16×10^{-3}。总体上，根据判定标准表，长江口冲刷能力级别定为中等冲刷潜力。

将稀释潜力和冲刷潜力结果进行整合，得到长江口海域敏感度级别为中。

（2）未来营养盐压力

① 长江上游

已有的研究表明，长江流域的化肥施用量不断增长，1978 年的时候不到 1 000 万 t，1997 年时达到 4 000 万 t，2004 年更达 4 636 万 t，呈直线增长（长江口外已成世界上主要低氧-缺氧海区之一——长江口水生态环境急需控制和治理，2008 年 7 月 28 日）。

同时，以 2002～2007 年 8 月在徐六泾所测得到无机氮浓度和大通站的长江径流量，得出近几年年来,长江流域对长江口海域的污染压力的贡献(图 7.18),由图可知,8 月无机氮通量呈现出增加的趋势。

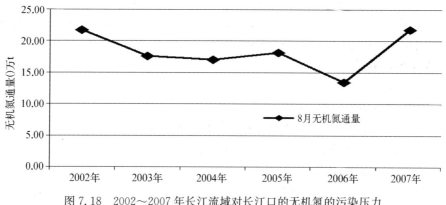

图 7.18　2002~2007 年长江流域对长江口的无机氮的污染压力

② 上海

氮肥用量的快速增长直接或间接地导致了长江口水体中硝酸盐含量的增高,而生活污水排放量的逐年增加也是长江水体中氮营养盐含量增加的主要原因之一。以上海为例来说,从人口规模来看,上海已成为仅次于东京、墨西哥城、圣保罗、纽约的世界第五大城市。据统计,1990 年上海户籍人口为 1 283 万人,2004 年上升为 1 352 万人。上海市户籍人口增长原因是人口净迁入,而外来流动人口是上海人口总量增长的主要来源。上海外来流动人口 1988 年仅为 106 万人,2000 年第五次人口普查时已经升至 387 111 万人,2003 年增至 499 万人(图 7.19)。随着上海人口的高速增长,城市排放进入其海域的生活垃圾、废水及其粪便总量增加,由此所产生的大量有机质、磷酸盐等营养成分涌入海域。1980 年生活垃圾是 131 万 t,1990 年增长到 279 万 t,2004 年已达 610 万 t,是 1980 年的近 6 倍(图 7.20)。从人口的增长与污水的排放总量看,二者成正相关关系。可见由于人口的高增加,生活垃圾相应增加。

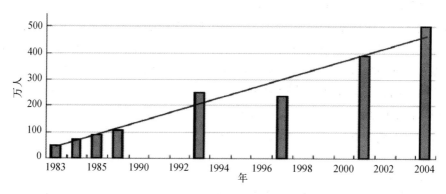

图 7.19　上海流动人口发展(孟红明,2006)

江苏长江口毗邻海域涉及江苏的 8 个城市及 8 市所属的沿江 30 个县(市区),流域面积 4 万 km²,根据现状调查确定江苏长江口毗邻海域污染物 COD,TN 的主要来源于生活

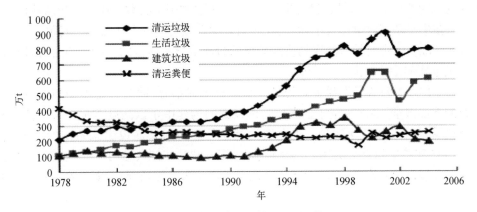

图 7.20　上海市环境卫生情况(孟红明,2006)

污染源,而 TP 的主要来源是畜禽养殖。随着人口的增加,城市进程的加快,进入长江口海域的污染物肯定是增加的。

根据以上分析,长江口海域未来营养盐压力表现为增加。结合河口中等敏感度和未来营养盐压力增加的趋势,综合判定长江口海域的未来前景展望(DFO)为高度恶化,得分为 1。

③ 富营养化总体评价

长江口海域人为影响因子(压力)属于高,得分为 1;富营养化状态为中高,得分为 2;响应因子为高度恶化,得分为 1。根据矩阵分析表,长江口海域总的富营养化状态为劣。

7.5　小结

本章采用了 3 种综合评价方法对长江口区水质生态环境进行评价:

(1) 建立了长江口区域水环境综合指标体系。采用主成分分析法(PCAM)和层次分析法(AHPM),利用客观监测数据得到各个指标的权重,并对长江口及其邻近海域水质环境进行综合评价,总体水环境质量仍为亚健康。

(2) 对长江口近岸海域生态系统进行健康评价,长江口生态系统处于亚健康状态。建立典型河口海湾生态系统健康评价指标体系及其评价模式,可为长期深入实施河口海湾生态系统业务化监控与生态化管理、规划决策提供技术支撑,亦可为其他海洋生态系统类型的健康评价提供示范。

(3) 开展了基于 ASSETS 模型的长江口富营养化评价。以 ASSETS 为基准,通过确定压力、状态和响应等不同的评价指标及相应的分级标准,初步建立长江口海域的富营养化评价模型。应用该模型,综合判定长江口富营养化状态为劣。该模型为我国河口和沿岸海域富营养化评价体系的建立树立一个典范。

但是,我们也清楚地看到,本章所讨论的三种长江口水域环境质量评价方法,包括指标体系、评价标准、评价模型等,许多理论问题有待进一步深入研究与完善,尤其是以下四个方面值得高度重视:

(1) 指标及其权重是核心问题。权重确定方法上除利用层次分析法外,指标权重值的确定还应该判断其结果是否符合生态学常识,需要利用实测数据作进一步的验证。

（2）在生态系统健康评价中,时间效应与尺度效应是值得重视的两个问题。

（3）基准值确定与长时间序列监测数据的验证是指标体系的可行性与合理性评价中的两项最重要的检验标准。

（4）要把人类看成是海洋生态统的一个有机组成部分,同时又是影响与调节海洋生态系统的重要因素,必须在海洋生态化管理模式的构建中予以高度重视。来自长江流域入海物质通量、长江口边滩围垦、渔业资源捕捞等压力对长江口生态系统的影响很大。2004~2007 年 4 年间总人为影响的比值分别为 0.833、0.877、0.816 和 0.781,人为影响压力级别分属高、高、高及中高,总体属于高人为影响压力级别,而未来营养盐压力表现为增加。

8 河口水域生态化管理技术研究

8.1 概况

自 20 世纪 80 年代以来,随着我国经济的发展,沿海地区工业化和城市化进程的加快,海洋(岸)工程的大规模建设,沿海一些河口、海湾和大中城市毗邻海域接纳了大量的污染物。尽管海洋有巨大的自净潜力,但毕竟能力有限。加之 2003 年我国重化工业布局逐步向沿海靠拢,进一步加剧了我国沿岸海域的污染压力,导致我国近岸海域海洋污染非常严重,海洋生境破碎,湿地面积减少和退缩,生物多样性减少,生态系统破坏严重,部分生态系统结构发生改变,有的生态系统甚至已经开始退化,生态系统健康受损,系统功能下降甚至丧失,环境灾害问题频发,全球变化负效应凸显。

为系统全面地进行生态监测、评价,加强海洋生态监管,在总结过去 20 多年海洋监测、分析研究基础上,选择具有典型物种、海湾、河口等海洋生态典型区域,建立海洋生态监控区(MEMAs)。2004 年起实行 MEMAs 制度以来取得了巨大成就,但其相关理论、方法处于缺失状态,与海洋多目标管理工作也有较大的脱节。此外,近年来开展的海洋主体功能区划也迫切需要新的理论方法予以支撑。

MEMAs 是为我国施行海洋生态化管理提供基础背景资料和管理效果的评估依据的海洋区域。从实际业务化工作来看,这些 MEMAs 基本都是典型的海洋生态系统,如长江口 MEMAs 为河口生态系统,乐清湾 MEMAs 为典型的港湾生态系统等。基于生态系统管理的理念,开展 MEMAs 设置的理论、方法的研究,在科学和管理决策之间架起一座桥梁,为我国 MEMAs 制度的实施提供重要的技术支撑,也将为海洋环境保护规划以及主体功能区划的开展提供必要的理论支持,从而为我国沿海海域特别是近岸海域的海洋资源和环境管理与保护提供理论指导。

从全国层面上来说,MEMAs 是多目标的生态重要性区域,而从区域层面上来说,MEMAs 是多个单目标生态重要性区域的集合体。海洋重要生态区(MEIAs)是MEMAs 选择的基础,是海洋生态监控工作的目标之所在。海洋重要生态区是海洋主体功能区划的基础,是对海洋环境生态进行评价的对象/单元所在。MEIAs 也是海洋主体功能区划与 MEMAs 两个项目之间联系的桥梁,也是这两个项目实施后管理之目标所在。

本章以生态系统为基础,以海洋可持续发展和海洋强国发展战略为目标,系统地构建我国海洋管理新模式——海洋生态化管理(Marine Ecological Management,MEM)的概念模式;以海洋生态化管理的内涵为出发点,以海洋生态系统特征为重点,开展 MEMAs 设置原理和方法的指标体系及评价研究;选择长江口 MEMAs 为例,开展应用验证。

8.2 MEIAs 区划方法研究

2002 年我国开展了首次全国范围的海洋生态调查,2004 年建立了 MEMAs 制度,2008 年提出要开展海洋功能区划修编,并着手开展海洋主体功能区规划编制的动议,2015 年国务院批复实施《全国海洋主体功能区规划》。其中,始终有一个问题我们没有解决,那就是如何将海洋大生态区划分为若干生态完整的重要性区域。因此,提出"海洋生态重要性区域"这一概念,是开展海洋主体功能区规划、海洋生态系统管理的重要理论基础。

海洋生态系统与陆地生态系统的特性明显不同,对两者的研究现状也明显有差异,在我国,前者研究进展落后后者约 30 年左右。因此,在陆地生态功能区划已出炉多年的情况下(环境保护部等,2008),2014 年国家海洋局着手开展有关海洋生态功能区划研究。另外,从长远来看,尝试从海洋景观角度来开展相关研究是近年来的发展趋势(Taylor et al.,2008;兰竹虹等,2009;索安宁等,2009;吴瑞贞等,2008;叶属峰等,2005),这一点在海岸带科学方面尤为明显(陈利顶等,1996;王树功等,2005;彭建等,2003)。

因此,着手开展海洋生态重要性区域(Marine Ecological Important Areas,MEIAs)概念范式建立,并开展基于生物多样性指数的长江口 MEIAs 区划方法案例研究,具有一定的理论与实践意义。

8.2.1 基于生物多样性的 MEIAs 概念的建立

从目前的研究现状来看,MEIAs 区划可以通过生态系统服务的重要性判定或者生物多样性指数高低来进行划分。但由于国内外,尤其是我国对海洋生态系统服务的研究不够深入,目前还难以从物质量与价值量两个角度来量化区域性海洋生态系统服务。因此,本文拟采用生物多样性指数来进行 MEIAs 区划。

由于生物多样性对人类生存的巨大价值及目前所遭受的严重威胁,生物多样性的资源保护,持续利用及相关的基础研究,日益成为国际学术界和其他各界关注的中心议题之一(马克平,1994)。生物多样性保护的优先性研究成为保护生物学研究的焦点之一。生物多样性包含基因、物种、生态系统、景观多个层次。由于生物多样性正在迅速丧失而保护行动可用的资源有限,保护所有的生物多样性显然是不可能的,而且地球上生物的分布本身并不是均匀的,集中力量优先保护一些更重要的生物多样性地区可能是更现实的途径。因此,生物多样性保护优先性研究受到人们的高度重视。确定生物多样性保护优先性的指标很多,如稀有物种的丰富度,分类学上具有特征意义的物种多样性的丰富度,以及特有物种集中分布并且其生境严重丧失的程度等。由此来看,从生物多样性角度来定义 MEIAs 是合理的,也是科学的。

1. 生物多样性的概念及其分类

联合国(1992)"生物多样性公约"关于生物多样性的定义是："生物多样性是指所有来源的形形色色的生物体,这些来源包括陆地、海洋和其他水生生态系统及其所构成的生态综合体;这包括物种内部、物种之间和生态系统的多样性"。生物多样性通常认为有 4 个水平,即遗传多样性、物种多样性、生态系统多样性、景观多样性(陈灵芝和马克平,2001)。

2. 基于生物多样性的海洋生态重要性区域(MEIAs)概念

MEIAs 是海洋生态功能区划的基本单元,是指具有重要生态服务功能的区域,如生态服务功能总体价值高、单项生态服务功能价值高、特殊生态服务概念价值。具体地,基于生物多样性指数来定义 MEIAs 概念,指浮游植物、浮游动物和底栖生物三者指数的乘积大小来定义 MEIAs。

8.2.2 MEIAs 区划指标体系构建

1. 指标的选择原则

一个理想的指标体系必须具备三个条件:
- 指标之间具有可比性,即指标是根据统一的原则和标准进行选取的。
- 指标表达形式简单化,对指标进行简化处理同时保持最大信息量。
- 指标之间具有联系,将指标统一在一个综合框架中。

一般地,可按"SMART"原则选择指标:明确性(specific)、可测量性(measurable)、可完成性(achievable)、相关性(relevant)和时间限制性(time-bound)。按照"SMART"原则建立海洋生态重要性(EIAs)评价指标体系:

(1) 明确性

指标必须在内容、地点、时间(what,where,when)上是明确的。

(2) 可测量性

指标必须是可以度量的,在数量上比其质量更为重要。

(3) 可完成性

指标必须是现实的,对于一般的科技工作来说,是可以完成的得到的。

(4) 相关性

对于研究目标来说,指标是必需的,与研究目标之间具有相关性。

(5) 时间限制性

指标必须反映出有一个可以明白的具体时间。

2. 指标及其涵义

MEIAs 的一级指标包括浮游植物、浮游动物和底栖生物三大类,二级指标包括物种丰富度指数、Shannon-Weaver 多样性指数、均匀度指数。三种指数计算公式分别介绍如下。

（1）物种丰富度指数

表示群落中种类丰富程度的指数，一般采用马卡列夫的计算公式（Margalef,1958）（马克平,1994）。

$$d = \frac{S-1}{Log_2 N} \qquad (8-1)$$

式中，S 为种类数；N 为所有种的个体总数（或密度）。

（2）Shannon-Weaver 多样性指数

反映生物群落中物种的丰富度及其个体数量分布，一般采用 Shannon-Weaver（1963）多样性指数（马克平,1994）。

$$H' = -\sum P_i \log_2 P_i \qquad (8-2)$$

式中，S 为种类数；N 为所有种的个体总数（或密度）；P_i 为样品中第 i 种个体数（或密度）占总个体数（或密度）的比例。

（3）均匀度指数

生物群落中各物种间数量分布的均匀程度（Pielou,1966）（马克平,1994）。

$$J' = \frac{H'}{H'_{Max}} = \frac{H'}{\log_2 S} \qquad (8-3)$$

式中，S 为种类数，H' 为多样性指数。

3. MEIAs 的分级标准及赋值

MEIAs 的三大类一级指标对应下的二级指标分类标准和赋值情况如下表 8.1 所示，将指标分为高、较高、中、低 4 个级别。

表 8.1　生物多样性指标的分类标准及赋分

类 别	指标	高	较高	中	低
	赋值	7	5	3	1
浮游植物	物种丰富度	$\geqslant 1.0$	$0.75 \leqslant x < 1.0$	$0.5 \leqslant x < 0.75$	< 0.5
	多样性指数	$\geqslant 3$	$2 \leqslant x < 3$	$1 \leqslant x < 2$	< 1
	均匀度指数	$\geqslant 0.75$	$0.5 \leqslant x < 0.75$	$0.25 \leqslant x < 0.5$	< 0.25
浮游动物	物种丰富度	$\geqslant 1.0$	$0.75 \leqslant x < 1.0$	$0.5 \leqslant x < 0.75$	< 0.5
	多样性指数	$\geqslant 3$	$2 \leqslant x < 3$	$1 \leqslant x < 2$	< 1
	均匀度指数	$\geqslant 0.75$	$0.5 \leqslant x < 0.75$	$0.25 \leqslant x < 0.5$	< 0.25
底栖生物	物种丰富度	$\geqslant 1.0$	$0.75 \leqslant x < 1.0$	$0.5 \leqslant x < 0.75$	< 0.5
	多样性指数	$\geqslant 3$	$2 \leqslant x < 3$	$1 \leqslant x < 2$	< 1
	均匀度指数	$\geqslant 0.75$	$0.5 \leqslant x < 0.75$	$0.25 \leqslant x < 0.5$	< 0.25

4. MEIAs 综合指数的计算

（1）一级指标权重

可以使用层次分析法来确定一级指标的权重（表 8.2）。

表 8.2　一级指标的权重

序　号	一　级　指　标	权　重
1	浮游植物	0.4
2	浮游动物	0.4
3	底栖生物	0.2

可以使用层次分析法来确定二级指标的权重(表 8.3)。

表 8.3　二级指标的权重

类　别	指　标	权　重
浮游植物	物种丰富度	0.25
	多样性指数	0.5
	均匀度指数	0.25
浮游动物	物种丰富度	0.25
	多样性指数	0.5
	均匀度指数	0.25
底栖生物	物种丰富度	0.25
	多样性指数	0.5
	均匀度指数	0.25

(2) 海洋生态重要性指数(IMEIAs)

$$海洋生态重要性指数(IMEIAs) = IP \times IZ \times IB \qquad (8-4)$$

式中,IMEIAs 为海洋生态重要性指数;IP 为浮游植物的生态重要性指数;IZ 为浮游动物的生态重要性指数;IB 为底栖生物的生态重要性指数。

5. 区划制图

文中全部图件采用 SURFER 9.0 软件制作,数据采用 Microsoft Office Excel 2007 处理。

8.2.3　长江口 MEIAs 区划方法

1. 材料与方法

本文使用东海环境监测中心 2006 年、2007 年 5 月和 8 月开展的长江口生态监控区监测数据,基本信息见表 8.4 所示。

表 8.4　2006 年和 2007 年 5 月、8 月长江口生态监控区监测数据统计

年　份	月　份	站位数	监　测　项　目
2006	5	20	浮游植物、浮游动物、底栖生物
	8	20	浮游植物、浮游动物、底栖生物
2007	5	20	浮游植物、浮游动物、底栖生物
	8	20	浮游植物、浮游动物、底栖生物

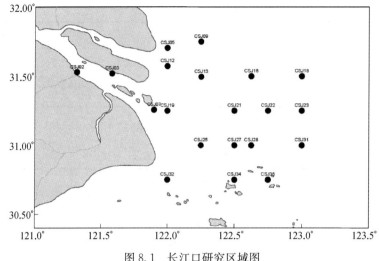

图 8.1　长江口研究区域图

2. 长江口 MEIAs 划分及其区划

1) 基于浮游植物多样性的长江口 MEIAs 划分

基于浮游植物生物多样性,长江口的斑块分类统计如表 8.5、图 8.2 和 8.3 所示。从表 8.5 的斑块数统计来看,浮游植物多样性指数为 0～2 的斑块约 2 个,指数为 2～3 的斑块为 2～4 个,指数为 3～4 的斑块有 1～3 个,指数为 4～5 的斑块有 2～3 个,指数为 5～6 的斑块仅 8 月份有 0～2 个,指数大于 6 的斑块仅 2006 年 8 月份有 2 个。此外,8 月份的浮游植物生物多样性指数和斑块数明显高于 5 月份。

表 8.5　基于浮游植物生物多样性指数的长江口 MEIAs 斑块数统计

年　份	月　份	0～2	2～3	3～4	4～5	5～6	＞6	斑块总数
2006	5	2	2	3	3	0	0	10
	8	2	3	1	2	2	2	12
2007	5	1	4	1	2	0	0	8
	8	2	2	2	2	1	0	9

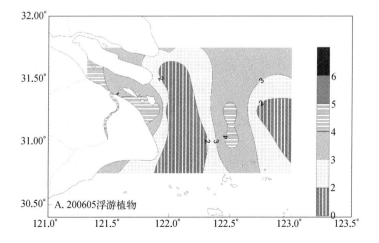

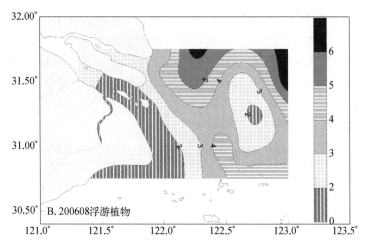

图 8.2　基于浮游植物生物多样性指数的长江口 MEIAs 划分

A. 2006 年 5 月；B. 2006 年 8 月

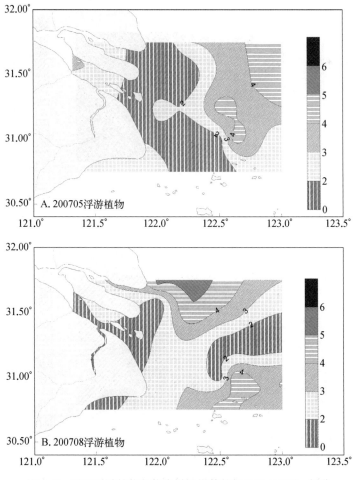

图 8.3　基于浮游植物生物多样性指数的长江口 MEIAs 划分

A. 2007 年 5 月；B. 2007 年 8 月

2) 基于浮游动物多样性的长江口 MEIAs 划分

基于浮游植物生物多样性,长江口的斑块分类统计如下表 8.6、图 8.4 和 8.5 所示。从表 8.6 的斑块数统计来看,浮游动物多样性指数为 0~2 的斑块没有,指数为 2~3 的斑块仅 2007 年有 2 个,指数为 3~4 的斑块仅 5 月份存在 1~3 个,指数为 4~5 的斑块有 1 或 3 个,指数为 5~6 的斑块有 1~3 个,指数大于 6 的斑块有 1~2 个。此外,8 月份多样性指数明显高于 5 月份,但斑块总数却低于 5 月份。

表 8.6　基于浮游动物生物多样性指数的长江口 MEIAs 斑块数统计

年　份	月　份	0~2	2~3	3~4	4~5	5~6	>6	斑块总数
2006	5	0	0	1	3	3	1	8
	8	0	0	0	1	2	2	5
2007	5	0	2	3	3	1	1	10
	8	0	0	0	1	1	2	4

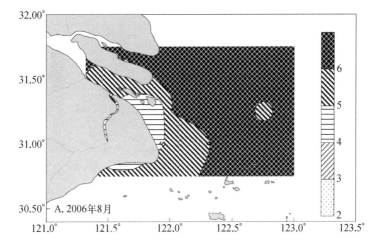

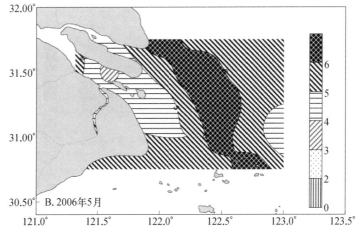

8.4　基于浮游动物生物多样性指数的长江口 MEIAs 划分

A. 2006 年 8 月;B. 2006 年 5 月

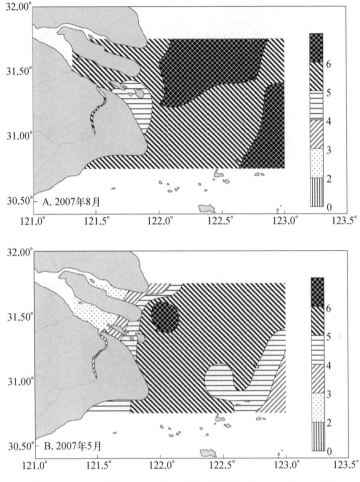

图 8.5　基于浮游动物生物多样性指数的长江口 MEIAs 划分
A. 2007 年 8 月；B. 2007 年 5 月

3）基于底栖动物多样性的长江口 MEIAs 划分

基于底栖生物生物多样性指数，长江口的 MEIAs 斑块分类统计如表 8.7、图 8.6 和 8.7 所示。从表 8.7 的斑块统计数来看，底栖动物生物多样性指数为 0～2 的斑块有 2～3 个，指数为 2～3 的斑块有 2～5 个，指数为 3～4 的斑块有 2～4 个，指数为 4～5 的斑块有 1～2 个，指数为 5～6 的斑块有 2～4 个，指数大于 6 的斑块有 1～3 个。此外，两个年度的两个月份斑块数较多，总数上比较接近。

表 8.7　基于底栖生物生物多样性指数的长江口 MEIAs 斑块分类数统计

年　份	月　份	0～2	2～3	3～4	4～5	5～6	>6	斑块总数
2006	5	3	2	2	2	3	1	13
	8	3	3	4	1	2	1	14
2007	5	2	5	3	1	2	3	16
	8	2	3	3	1	4	3	16

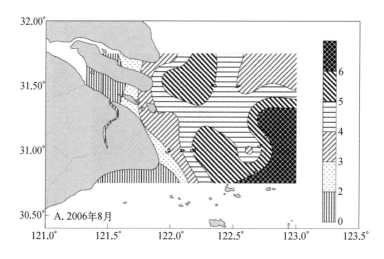

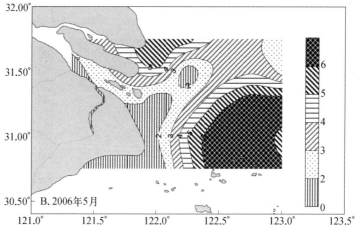

图 8.6　基于底栖生物生物多样性指数的长江口 MEIAs 划分

A. 2006 年 8 月；B. 2006 年 5 月

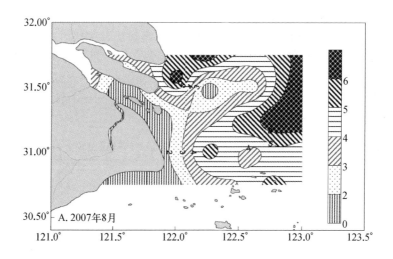

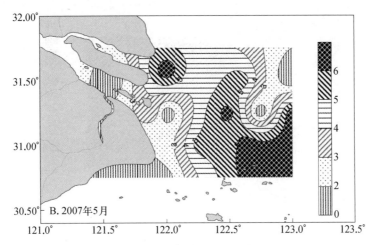

图 8.7　基于底栖生物生物多样性指数的长江口 MEIAs 划分

A. 2007 年 8 月；B. 2007 年 5 月

4) 基于生物多样性综合指数的长江口 MEIAs 划分

基于生物多样性综合指数,长江口的 MEIAs 斑块分类统计如表 8.8、图 8.8 和 8.9 所示。从表 8.8 的统计数字来看,综合指数为 0~2 的斑块不存在,指数为 2~3 的斑块有 1~2 个,指数为 3~4 的斑块有 2~3 个,指数为 4~5 的斑块有 1~3 个,指数为 5~6 的斑块有 1~2 个,指数大于 6 的斑块仅存在于 8 月份。

表 8.8　基于生物多样性综合指数的长江口 MEIAs 斑块分类数统计

年　份	月　份	0~2	2~3	3~4	4~5	5~6	>6	斑块总数
2006	5	0	1	2	3	1	0	7
	8	0	1	2	2	1	3	9
2007	5	0	2	3	2	2	0	9
	8	0	1	2	1	2	1	7

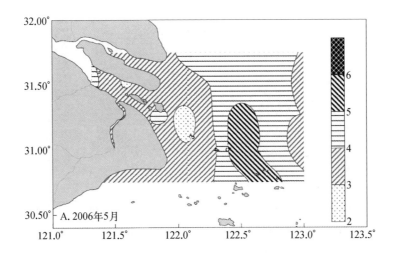

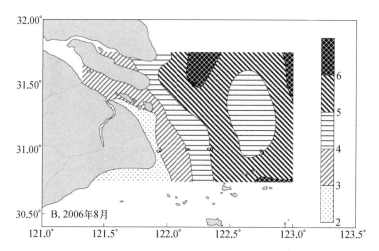

图 8.8　基于综合生物多样性指数的长江口 MEIAs 划分

A. 2006 年 5 月；B. 2006 年 8 月

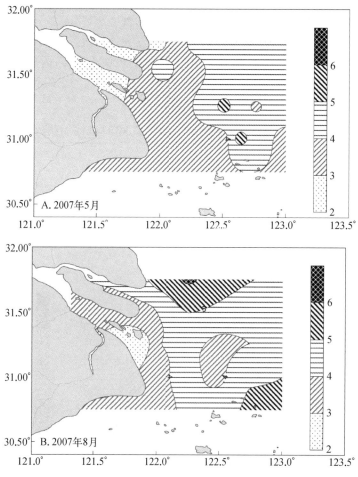

图 8.9　基于综合生物多样性指数的长江口 MEIAs 划分

A. 2006 年 5 月；B. 2006 年 8 月

8.3　海洋生态监控区(MEMAs)系统设定原理与方法研究

2009年中国海洋质量公报显示,18个生态监控区中,有15个分布在国家沿海经济战略布局区域,监测海域面积约52 000 km²,共涉及21个生态系统。海洋生态监控区系统类型主要为河口、海湾、滨海湿地、珊瑚礁、红树林和海草床等。主要监测内容包括水质、沉积物、河流入海物质通量、生境、生物多样性、渔业资源等。21个生态系统中,处于健康的为5个,处于不健康的为5个,处于亚健康的为11个。面临的主要生态问题是环境污染、生境丧失、生物入侵和生物多样性低等,这些问题在21世纪初已经显现,现在愈加突出。

从战略意义上讲,有关生态监控区的研究,可为全国海洋生态区划、海洋主体功能区划以及现行使用海洋功能区划提供基础支持和技术支撑。海洋生态监控区制度的设立,为开展海洋生态区划的研究起了先导作用,通过海洋生态区划提出不同区域海洋生态主导功能,以及生态保护重点和对策,同时与海洋功能区划和主体功能区划相衔接。

从现实意义来看,通过针对性开展监测,及时掌握这些重点区域的海洋环境动态变化,适度调整人类活动的影响强度,降低这些区域的生态风险影响,保证海洋生态系统的健康发展,保障为人类社会可持续的利用海洋及其生物资源。

截止到2010年底,全国的生态监控区制度已经执行7年。海洋各级行政主管部门和监测部门付出了艰辛的劳动,但是,我国近岸海洋生态系统健康状况恶化的趋势仍未得到有效缓解,生态保护与建设处于关键阶段。从设置生态监控区所发挥的作用来看,监测尚未达到真正的监测与调控的统一。生态监控区的工作仅仅做到了"监"和"评",根本无从谈起"控",两点论中仅仅做了一点,发挥作用尚不明显,目的也未真正达到。

生态监控区的监测尚未真正发挥作用,一个很重要的原因就是,设定原理与方法的相关理论、方法处于缺失状态,与海洋局多目标的管理工作也有较大的脱节。和陆地不同,海洋水体具有流动性、空间层次多、水平空间界限不明显等复杂性,我国沿海18个生态监控区21个生态系统的业务化监测工作迫切需要理论的指导;当然,随着我国沿海新一轮海洋开发热潮的到来,沿海和近岸海域对海洋生态化管理的要求也非常迫切。

8.3.1　海洋生态化管理的概念模式

1. 生态化及生态化管理

1) 生态化其内涵

关于"生态化"(ecologization)一词,出现于21世纪。目前,生态化已经广泛渗透到我国生产、生活的各个领域,如城市生态化、旅游生态化、教育生态化、生态化规划、生态化治理等可达60余种。

而对于"生态化"的概念,在我国近期的文献和传媒上,众说不一,如"生态化是绿化","生态化是可持续发展","生态化是可持续发展的起点","生态化是一种'天人合一'自然与人和谐融洽的状态","生态化是生态环境的建设,是生态系统的优化","生态化是借用生态学的基本观点,基本概念和基本方法移植和延伸到其他领域,研究和解决有关问题,各种学科既积极为解决生态问题做出贡献,同时也以生态学观点丰富本学科的理论"等多达 15 种。

据国内有关学者研究,生态化是由苏联学者创用的概念。其内涵是将生态学原则渗透到人类活动的全部范围中去,用人和自然协调发展的观点去思考和认识问题,并根据社会和自然的具体可能性,最优处理人和自然的关系。

最近,刘湘溶(2009)对"生态化思维及其基本原理"进行了探讨。作为辩证思维方式最新阶段,生态化思维伴随着 20 世纪后半叶生态学的勃兴和科学技术的生态学综合而日益兴起。生态化思维方式作为一种新的思维方式,有自身的特点,解释力更有现实针对性,适用范围更广,或用西方科学哲学的术语讲,它不但能解答矛盾法则思维方式能够解答的现象,同时又能解答矛盾法则思维方式不能有效解答的现象,如同相对论之于牛顿力学,非欧几何学之于欧式几何学。

整体性原理、多样性原理、边缘优势效应原理和未来优先原理构成了生态化思维的基本原理。对整体性原理的把握可从三个方面来理解:

一是自然界的整体性结构、功能和运演规律。

二是社会和自然的整体关系。

三是人类变革自然之实践的整体性综合效应。

多样性原理来自生态学概念,生态学概念中指出,多样性有三层内涵:遗传多样性、物种多样性、生态系统多样性,多样性越高,网络化程度越高的,物质、能量、信息交换也越密集,异质性越强,补偿功能和同化异化的代谢功能越健全,一个系统也就越稳定和有序,多样性强调了在自然、社会中的多样共生与和谐发展。

边缘优势效应即开放性原理,两种或两种以上不同生态系统的交界地带与同一生态系统内部的情形比较,一般来说生物群落的结构更为复杂,物种、种群的密度变化大且更为活跃,种群间的竞争激烈,种群的生存力和繁殖力相对要高。在自然界和社会领域均存在这种效应。

未来优先原理倡导的便是一种面向未来,对子孙后代负责的精神。凡事都应研究把握其规律和走向,站在未来要求的高度,反省过去,审视和谋划现在。当今人类的经济活动规模之大是以往任何时代都无法比拟的,人类经济活动对自然生态、自然环境的作用之大也是以往任何时代无法比拟的。人类经济活动对自然生态、自然环境造成的影响的显现往往具有滞后性。在此情势之下,所谓"未来优先",就是在进行变革自然的实践时,一定要虑及它长远的生态后果、环境后果,奉行谨慎原则,切忌急功近利。应该牢牢记住"坏作为比不作为更糟,盲目的发展比不发展为祸更烈"这一道理。

2) 生态化管理及其特征

生态化及其思维方式的理念给生态化管理提供了更深层次的借鉴意义。生态化管理也随着"生态化"的广泛使用而渗透到各个领域和行业的管理理念中。它是一种系统管理的思维、观念、体制和方法,具有以下几个特点:

第一,它强调可持续发展,即未来优先原理,最终目标是达到经济与环境的动态平衡。

第二,它强调整体性和系统性,即整体性原理,用整体论和系统论的思想来指导,谋求自然生态系统和社会经济系统协调、稳定和持续的发展。

第三,它意味着一种管理模式的转变,即从传统的"线性、理解性"管理转向一种"循环、渐进式"管理。

第四,它强调更多公众和利益相关者更广泛的参与,是一种民主的而非保守的管理方式。

由此可以看出,与仅从经济发展的角度出发,追求最大的经济利益为目标的传统管理模式有所不同,生态化管理则坚持协调、稳定和可持续发展的原则,实现经济效益、社会效益和环境效益的和谐统一。

2. 海洋生态化管理的概念模式

海洋生态系统是地球自然生态系统的重要组成部分,它同样由生物和非生物两部分组成,生物部分由海洋微生物、海洋动物、植物等构成,非生物部分由海洋环境即无机物、有机物、水温、盐度、水团、潮汐等构成,海洋环境又可划分为大小不一的范围,小至一个海塘、一块岩礁、一丛海草,大到一个海湾,甚至整个海洋。这两部分对于海洋生态系统同样重要,缺少任何一方,都可能导致海洋生态系统丧失其海洋功能。

占地球表面的70%的海洋,支撑着丰富多样的生命网络,海洋生态系统对地球的健康和发展起有着极其宝贵的价值。海洋生态系统服务功能巨大,海洋生态系统的物质循环和能量流动都是一个动态的过程,在无外界干扰的情况下,就会达到一个动态平衡状态。因此,过度的开采与捕捞海洋生物,就会导致某一环节生物量减少,从而致使下一个相连环节生物量也减少。彼此相关联的食物链,一个环节的破坏,就会导致整个食物链乃至整个海洋生态系统平衡的破坏。

1) 海洋生态资源的特点

1984年,美国生物海洋学家 Sherman 等提出了大海洋生态系(large marine ecosystem,LME)的概念,强调应从生态系统的角度保护海洋生态资源。

我国海洋资源开发长期处于粗放式的开发状态。经历了海洋资源从没有充分开发到某些资源开发过渡,海洋环境从污染较少到污染逐渐加剧,从单一资源开发向综合开发的过渡。随着海洋开发的不断深入,长期的"无度、无序、无偿"用海,严重制约了海洋资源的可持续利用。海洋资源是海洋经济发展的基础,只有实现海洋资源的可持续利用,才能实现海洋经济的可持续发展。

海洋生态资源的价值特征主要有:

(1) 整体性。海洋生态环境资源的价值既包括满足人类需要的各种直接使用价值(提供海产品及休闲娱乐等),也包括维持人类生态系统正常循环的功能性间接使用价值(如海水具有的调节温度、改善气候、保护生物多样性等功能),二者是统一的一个整体,必须综合考虑。

(2) 地域性。一方面,海洋生态资源在地区分布上具有差异性,不同的地理、地质环境使资源在不同的地域具有不同的丰度。另一方面,相同的海洋生态资源在不同的地域具有不同的可利用方式、程度和环境效应。因此,其价值体现也不同。

(3) 时间性。一方面,包括海洋生态资源用途的时间变化及其未来的发展在价值上的体现。随着人们对海洋生态资源的开发利用增加,其数量越来越少,质量也逐渐下降,这两者之间的矛盾日益尖锐。此外,现代科学技术的迅猛发展,使人们发现了新的资源,或在利用资源时又发现了其新的用途,或资源利用率大大提高,这也是生态资源价值时间性的体现。

2）海洋生态管理的特征

海洋生态管理是指恰当运用有关生态系统及其动力学的科学知识,对人类活动进行全面、综合的管理方法,以期尽早识别那些危及海洋生态系统健康的影响,及时采取补救措施,从而达到维护生态系统的完整性和持续利用其产品和服务的目的。其更趋向于管理人类活动对海洋环境所造成的长期累积影响,而不局限于管理人类对海洋环境的零散影响。

概括起来,海洋生态管理有以下 3 个特征:

一是在管理活动中综合考虑生态、经济、社会和体制等各方面因素。

二是管理对象主要是对海洋生态系统造成影响的人类活动,而不是海洋生态系统本身。

三是管理目标是维持海洋生态系统健康。

3）海洋生态化管理的概念模式

自 20 世纪 80 年代以来,人类把目光投向了海洋。对于浩瀚无边的海洋而言,海洋生态系统复杂多变,加之人类对海洋的认识程度有限,对海洋的资源和环境管理基本上采取了"重开发、轻保护"、"重经济、轻生态"的模式。面对着由于开发海洋所带来的日益恶化的海洋环境,一些学者相继对基于生态系统的海洋管理模式及内容进行了探讨。

1984 年提出了大海洋生态系的概念,强调应用从生态系统的角度保护海洋生物资源,它为海洋生态系统管理提供了一个通过跟踪重要的生物和环境参数监测和评价海洋环境的健康程度和变化状况的框架,美国的东北部大陆架生态系统率先利用这一方法进行评价。

2002 年,世界高峰会议呼吁开展以生态系统为基础的海岸带综合管理;2003 年,世界自然保护联盟(IUCN)第五届世界公园大会呼吁在海洋保护区建设中采取以生态系统为基础的管理途径。在生态系统管理方面,已经开展了两项颇具影响的国际计划,一是"全球生态系统探索分析(PAGE)"(刘树臣,2009),二是 2002 年由联合国科菲·安南启动的"千年生态系统评估"项目(millennium ecosystem assessment,MEA)。

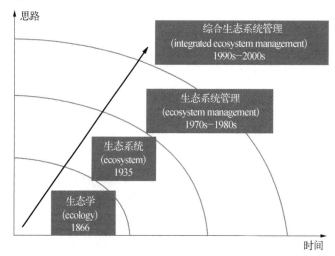

图 8.10　生态系统管理术语的发展(刘树臣,2009)

在国内,叶属峰(2006)对海洋生态系统管理进行了探讨和分析;王淼等(2008)提出了从"重经济、轻生态"的传统海洋管理模式到基于"法律法规、政策、综合管理"的海洋生态系统管理模式的转变。秦艳英等(2009)提出了基于生态系统管理理念在地方(厦门)海岸带综合管理的应用,基于生态系统管理(EBM)理念是 ICM(海岸带综合管理)的指导原则之一,它不是一般意义上对生态系统的管理活动,而是人类重新审视自己的管理行为,从生态系统结构及资源的可持续利用角度出发来重新认识并管理人类的行为。

"和谐发展"已成为 21 世纪人类社会最为关注的主题。从建设有中国特色的社会主义国情出发,从面向中央在"十二五"规划对发展海洋经济的战略定位出发,从可持续发展的原则和实现社会、经济、环境效益的和谐统一为着眼点,笔者将以生态化管理内涵为指导、以海洋生态系统为基础、应用于海洋管理实施的理念称之为海洋生态化管理。

那怎么理解海洋生态化管理的内涵呢? 笔者从生态化、生态化管理以及海洋生态系统特征进行了一定的概括:以生态学理论原则为指导,以人和自然和谐融洽为目的,以海洋生态系统为基础,充分考虑人类开发活动对海洋的影响,规范人类开发利用海洋行为和保护海洋环境行为的活动,不仅满足海洋生态系统本身的生态和谐状态,而且更重要的是追求海洋生态系统、社会发展与经济发展的和谐统一,最终实现人类社会的可持续发展。

基于生态化及生态化管理的内涵,结合生态化思维的特征,笔者认为,海洋生态化管理具备以下四个特征:一是管理从整体上把握,在管理活动中综合考虑生态、经济、社会和体制等各方面因素,还要适时调整措施;二是管理的对象主要是对海洋生态系统造成影响的人类活动,而不是海洋生态系统本身;三是管理区域上,不仅要考虑生态系统的完整性,还要特别重视生态系统的边界;四是管理的目标要考虑长远性和全面性,维持海洋生态系统健康和可持续利用。

8.3.2　海洋生态化管理的监控区的系统设定原理与方法

1. 指标的设置和筛选

1) 指标设置的原则

根据海洋生态化管理的内涵,结合我国监控区设置的目的,以我国近岸海域海洋环境及生态的实际状况,所设计的指标体系和选择指标时遵循以下基本原则:

(1) 海洋可持续发展的原则

海洋生态化管理的目的是促进海洋资源的合理利用与开发,避免盲目的资源开发和生态环境破坏,增强区域社会经济发展的生态环境支撑能力,促进海洋的可持续发展。

(2) 人类活动管理的原则

海洋生态系统健康是海洋生态化管理的目标,海洋生态化管理的对象为自然、社会、环境、生态复合系统(即对人类活动进行调控,也对生态系统进行适度干扰从而促进生态系统的恢复与正向演变)。

(3) 生态系统重要性完整性的原则

既然是监控区设置的指标,该监控区所涉及的生态系统必须是非常重要的,而且要包含其完整边界。生态系统强调一个完整或整体系统的功能,而不是将各组分割裂开来。

重要性是指对海洋来说,生态系统是独特的,或有典型保护区的,或有重要物种的;完整性是监控区的边界最大可能的包括其外边界。

(4)生态系统环境现状的原则

众所周知,近二十年来,我国近岸海域海洋生态环境质量日趋下降,海洋生态灾害频发,这也就是说,监控区指标设置与否,必定要结合海洋的实际现状情况,否则监控区设置的主导因子和依据的确定缺乏根据。

(5)可操作性的原则

在分类指标设置和选取上,既要具有科学性,指标的选择、指标权重的确定、数据的选取、计算与合成等要建立在科学的基础上,指标的概念、意义明确,测定方法标准,统计计算方法规范,又要便于在今后实际工作容易应用。在保证精度的前提下,指标体系的设置应简易适中,易于推广,应避免过于烦琐,部分数据再保证其客观性的基础上,可通过调查和专家咨询法获得。

2)指标筛选的思路

在项目研究中,认为监控区系统设置的目的就是为了保持海洋生态系统的可持续发展,海洋区域的可持续发展是设置的监控区监测与调控条件改善的结果,因而在监控区指标筛选时既要考虑可持续发展的指标,又要结合生态系统特征及其现状。这些指标是由若干相互联系、相互补充、具有层次性和结构性的指标组成的有机系列。这些指标可分为两类:一类为直接从原始数据而来的基本指标,用以反映子系统的特征;另一类为对基本指标的抽象和总结,用以说明子系统之间的联系及区域复合系统作为一个整体所具有性质的综合指标,如各种"比"、"率"、"度"及"指数"等。在选择评价指标时,要特别注意选择那些具有重要控制论意义,可受到管理措施直接或间接影响的指标;选择那些具有时间和空间动态特征的指标;选择那些显示变量间相互关系的指标和那些显示与外部环境有交换关系的开放系统特征的指标。

在此采用频度统计法、理论分析法、专家咨询法设置、筛选指标,以满足科学性和完备性原则。频度统计法是对目前监控区评价研究的报告、论文进行频度统计,选择那些使用频度较高的指标;理论分析法是对监控区监测报告的内涵、特征进行分析综合,选择那些重要的发展特征指标;专家咨询法是在初步提出评价指标的基础上,征询有关专家的意见,对指标进行调整;如此建立的指标体系称之为一般指标体系。为使指标体系具有可操作性,需进一步考虑被评价区域的自然环境特点和社会经济发展状况,考虑指标数据的可得性,并征询专家意见,得到具体指标体系。

2. 指标体系的构建

设置指标的选择和确定是指标体系研究内容的基础和关键,直接影响到监控区指标体系是否全面、合理和可操作性。因此,指标体系的构成要素对评价过程至关重要,选择的因素太多,可能会过分增加监控区指标体系结构的复杂程度和评价的难度,而且掩盖了主要的关键因素;指标过少,评价过程简单易行,但又难以全面反映系统客观状况。科学、客观、全面地确定监控区指标体系有着重要的意义,监控区尽管监测多年,但到目前为止,设置监控区的指标体系还没有现成的比较成熟的指标。

通过对监控区设置的目的、生态化管理的内涵,从生态系统重要性、人类活动管理、生态环境质量现状等的分析的基础上,并考虑到设置指标在实际管理工作中的可操作性,按照层次分析法,根据评价指标各组成之间的关系,构建了一个包括指标层和可操作性的层次结构的分析模型。

3. 指标及其涵义

根据以上设置指标的原则及思路,结合海洋生态化管理的理念内涵,从海洋生态系统的实际情况出发,可供选择的指标如下:

1) 生态系统重要性完整性指标

——重要保护区

◇ 海洋自然保护区的数量,占地面积(国家级、省市级)

◇ 海洋特别保护区的数量,占地面积

——珍稀或特殊物种

◇ 海洋珍稀动物（中华鲟等）

◇ 海洋植物物种(红树林等)

——产卵场、幼苗区、幼鱼区

◇ 中华绒螯蟹蟹苗和日本鳗鲡苗

——特殊物理现象(低氧现象等)

◇ 低氧区 底层 DO 含量,低氧区面积

◇ 上升流 有无上升流现象

2) 人类活动影响指标

——河流污染物质输入

◇ 径流量

◇ 营养盐输入量

◇ COD 物质通量

◇ 重金属物质通量

——沿岸排污企业排污口

◇ COD 物质输入量

◇ 重金属物质输入量

◇ 有毒有害物质输入量

——海洋工程建设或运营

◇ 海洋工程海域影响面积

◇ 施工期或运营期海洋工程产生的污染物质量

——海洋倾倒区

◇ 倾倒区使用数量

◇ 倾倒量

◇ 倾倒物质

——渔业养殖与捕捞

◇ 渔业养殖规模

◇ 海洋捕捞

3) 海洋生态环境现状指标

——富营养化指数

◇ 营养指数(E)

$$E = COD \times 无机氮 \times 活性磷酸盐 \times 10^6 / 4\,500 \tag{8-4}$$

单位：mg/L。如 $E \geqslant 1$，则水体呈富营养化状态

◇ 氮磷比(N/P)

海洋中的浮游植物是按一定比例从海水中吸收营养盐，这一恒定比例称为 Redfield 系数，一般为 16：1。海水中营养盐物质的量比值偏离 Redfield 系数过高或过低，均可导致浮游植物的生长受到某一相对低含量元素的限制，并显著影响水体中浮游植物的种类组成。

——海洋生物多样性指数

◇ 浮游植物多样性指数：浮游植物的种类、数量

◇ 浮游动物多样性指数：浮游动物的种类、数量

◇ 底栖生物多样性指数：底栖生物的种类、数量

海洋生物多样性指数值为三者的平均值

——海洋生态灾害指数

◇ 赤潮发生频次，发生面积，有毒赤潮发生次数

◇ 绿潮发生规模

◇ 溢油或其他化学品泄漏发生频率

4. 分级标准及其赋值

表 8.9　海洋生态监控区指标分级体系

序号	一级指标	二级指标	分级 标准	高 7	中高 5	中 3	低 1
1	生态系统重要性指标	重要保护区	类型、数量	$\geqslant 2$	其他		无
		珍稀或特殊物种	数量	$\geqslant 3$	其他		无
		产卵场或幼鱼区	数量	有			无
		特殊物理现象	低氧区面积	$>500 \text{ km}^2$	其他		无
2	人类活动影响指标	河流污染物质输入	年径流量(亿 m³)	$\geqslant 500$	$300 \leqslant x$ <500	$100 \leqslant x$ <300	<100
		排污口污染物输入	年污染物质入海量 (万 t)	$\geqslant 30$	$20 \leqslant x < 30$	$10 \leqslant x < 20$	<10
		海洋工程建设或运营	工程邻近面积占监控区比例	$\geqslant 5\%$	$3\% \leqslant x < 5\%$	$x < 3\%$	其他
		海洋倾倒区	年倾倒区倾倒量(万 m³)	$\geqslant 10\,000$	$8\,000 \leqslant x$ $<10\,000$	$6\,000 \leqslant x$ $<8\,000$	$<6\,000$
		渔业养殖	养殖区面积占监控区比例	$\geqslant 2\%$	$1\% \leqslant x < 2\%$	$<1\%$	无

续表

序号	一级指标	二级指标	分级	高	中高	中	低
			标准	7	5	3	1
3	海洋生态环境现状指标	富营养化	富营养化指数	$\geqslant 5$	$3\leqslant x<5$	$1\leqslant x<3$	<1
		海洋生物多样性	海洋生物多样性指数	<1	$1\leqslant x<2$	$2\leqslant x<3$	$\geqslant 3$
		海洋生态灾害	有毒赤潮发生次数	$\geqslant 3$	$2\leqslant x<3$	$1\leqslant x<2$	无

5. 监控区系统设置指数的计算

根据海洋生态化管理的理念内涵,对于监控区所设置的指标体系,可使用层次分析法来确定一级、二级指标的权重,见表 8.10 和表 8.11。

表 8.10　海洋生态监控区指标体系一级指标的权重

序　号	一　级　指　标	权　重
1	生态系统重要性	0.3
2	人类活动影响	0.5
3	海洋生态环境现状	0.2

表 8.11　海洋生态监控区指标体系二级指标的权重

序　号	一　级　指　标	二　级　指　标	权　重
1	生态系统重要性	重要保护区	0.3
		珍稀或特殊物种	0.3
		产卵场或幼鱼区	0.2
		特殊物理现象	0.2
2	人类活动影响	河流污染物质输入	0.3
		排污口污染物输入	0.2
		海洋工程建设或运营	0.2
		海洋倾倒区	0.1
		渔业养殖与捕捞	0.2
3	海洋生态环境现状	富营养化指数	0.3
		海洋生物多样性指数	0.3
		海洋生态灾害指数	0.4

海洋监控区指标体系设置指数计算:

二级指标综合　二级指标评价结果为二级指标权重乘以二级指标所得分值。计算公式如下:

$$P_i = \sum_{i=1}^{n} w_i \cdot p_i \qquad (8-5)$$

其中,P_i 为二级指标综合评价的得分;p_i 为二级指标第 i 个因子相应的赋值;w_i 为第 i 个因子所对应的权重;

一级指标综合　二级指标评价结果分别乘以相应权重得到一级指标的综合分,计算公式如下:

$$P_{ij} = \sum_{j=1}^{m} W_j \cdot p_i \qquad (8-6)$$

其中，P_{ij} 为一级指标综合评价的得分；p_i 为二级指标综合评价的得分；W_j 为第 j 个一级指标因子所对应的权重。

最后，根据所计算得出的指数值，判断监控区系统设置的级别，分 4 类：非常重要、重要、中等重要和不重要。

基于初始设定的指标赋值分为：高（赋值 7 分）、中高（赋值 5 分）、中（赋值 3 分）、低（赋值 1 分），所以，对监控区设置的标准分为 4 类：非常重要（$\geqslant 5$），重要（$3 \leqslant x < 5$），中等（$1 \leqslant x < 3$）和不重要（$x < 1$）。

8.3.3 长江口 MEMA 的设定

1. 研究区域

长江口徐六泾以东，30°30′N 至 31°45′N，123°00′E 以西海域。监测海域面积约 13 668 km²。

2. 资料来源

本书中所用数据资料主要来源于国家海洋局东海环境监测中心 2005～2006 年 5 月和 8 月长江口海域（30°30′～31°45′N，121°10′～123°00′E）监测所获得的水文、水质、生物等数据。水质站位 40 个，海洋生物站位 20 个（图 8.11）。2005～2007 年长江口海域的赤潮发生统计情况的资料来自国家海洋局东海分局。

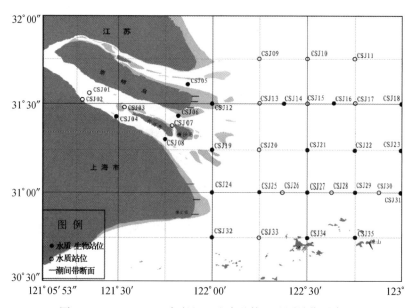

图 8.11 2005～2006 年长江口生态监控区监测站位示意图

3. 长江口监控区系统设定指数

1）生态重要性指数

（1）海洋重要保护区

崇明东滩国家级鸟类自然保护区，位于长江入海口，崇明岛的最东端，它是由长江携带大量的泥沙沉积而成,是长江口地区最大而且仍保持原始自然状态的一块滩涂湿地,占地保护区区域面积 241.55 km²,约占上海市湿地总面积的 7.8%。其中核心区面积为 165.92 km²,缓冲区面积为 10.7 km²,实验区面积为 64.93 km²。目前,已记录到的鸟类有 17 目 50 科 288 种(2005)。其中国家一级保护的鸟类有东方白鹳、黑鹳、白头鹤 3 种、国家二级保护的鸟类有白枕鹤、黑脸琵鹭、小天鹅等 34 种;列入《中国濒危动物红皮书》的鸟类 20 种;列入中日、中澳政府间候鸟及其栖息地保护协定的鸟类分别为 156 种和 54 种,每年在崇明东滩过境中转和越冬的水鸟总量逾百万只。崇明东滩还具有丰富的鱼类、两栖爬行类、无脊椎动物资源和以芦苇、蘸草群落为主的高生产量的植物资源。特殊的地理位置和快速演化的生态系统特征使崇明东滩成为具有国际意义的重要生态敏感区。

九段沙湿地国家级自然保护区,由上沙、中沙、下沙、江亚南沙及附近浅水水域组成,东濒东海,西接长江,西南、西北分别与浦东和横沙岛隔水相望,总面积约 420.2 km²,九段沙湿地是长江口地区唯一基本保持原生状态的河口湿地,系中国自然生态保护网络的重要组成部分占地。

上海市金山三岛海洋生态自然保护区是上海市所辖范围内第一个自然保护区。该保护区位于杭州湾北岸,坐落在上海市金山区,距金山嘴海岸约 6.6 km。由核心区(大金山岛)和缓冲区(小金山岛、浮山岛以及邻近 1 km 范围内的海域)组成。

上海市长江口中华鲟自然保护区,地处长江入海口,属于野生生物类型自然保护区,主要保护对象是长江口以中华鲟为主的水生野生生物及其栖息生态环境,

(2)珍稀或特殊物种

中华鲟被列入国家一级重点保护动物名录,它是地球上存活的最古老的脊椎动物之一,距今已有 1.4 亿年的历史,有"国宝活化石"之称。中华鲟是大型洄游性鱼类,生在长江里,长在海洋中,秋季,顺长江逆流而上,直至长江的上游产卵繁殖。

(3)产卵场或幼鱼区

凤鲚(*Coilia mystus Linnaeus*)是长江口区主要经济鱼类;刀鲚(*Coilia nasus Temminek et Schlegel*),为长距离江海洄游性鱼类,平时生活在近海。每年 2 月中旬开始,亲鱼陆续由海入江进行生殖洄游;长江口产卵后的刀鲚,一般亲鱼还回河口和近海。幼鱼则顺流而下至河口区索饵肥育,直至 11 月后才降河至东经 121°50′以东近海越冬。日本鳗鲡苗鳗苗资源是长江口的一项宝贵财富。鳗苗俗称"水中软黄金",因其人工繁殖技术没有成熟,养殖商品鳗鱼的苗种要依靠在咸淡水交汇处的入海口捕捞。长江水域中华绒螯蟹蟹苗久负盛名,其种质优秀,为增养殖优良品种,产卵场位于东经 121°51′至 122°20′,即崇明东旺沙、宝山、横沙浅滩,九段沙浅滩以及佘山、鸡骨礁一带的广大河口和浅海区

(4)特殊物理现象

多年的研究和监测结果表明,长江口海域低氧现象明显;长江口外夏季底层缺氧区面积由 20 世纪 60 年代的 1 800 km² 增加到 90 年代末的 13 700 km²。2008 年长江口监测结果表明,严格低氧海域面积约 2 000 km²,发现低氧区的海域均在 −15 m 以下区域;某些站位 DO 最低值并不位于底层海域,而出现在 −20 m 水层,最低值为 1.48 mg/L;低氧水团的分布并不完全连续,存在一定的跳跃现象。2006 年低氧极值为 1.29 mg/L(122°30′E、31°45′N)。

表 8.12　海洋监控区系统指标——生态重要性指数及其赋值

序　号	指　　标	具　体　状　况	分　值
1	重要保护区	2 个国家级海洋自然保护区	7
2	珍稀或特殊物种	中华鲟	7
3	产卵场或幼苗区	刀鲚、凤鲚、中华绒螯蟹蟹苗、日本鳗鲡苗	7
4	特殊物理现象	具有明显的低氧现象	7

$$P_{Ecology} = 0.3 \times 7 + 0.3 \times 7 + 0.2 \times 7 + 0.2 \times 7$$
$$= 2.1 + 2.1 + 1.4 + 1.4$$
$$= 7.0$$

2）人类活动影响指数

（1）河流污染物输入

根据长江水资源公报中大通水文站的监测结果,2005 年长江年径流量为 9 015 亿 m³,2006 年长江年径流量为 6 628 亿 m³,1950~2000 年多年平均值 9 051 亿 m³。

（2）排污口污染物输入

以上海市排污口(含黄浦江)向沿岸排放的污染物为依据,2005 年 17 个排污口全年主要入海污染物质总量达 22.35 万 t,其中黄浦江 20 万 t;2006 年污染物排放总量为 23.9 万 t,其中黄浦江 21 万 t。

（3）在建或运营的海洋工程

长江口深水航道治理工程和洋山深水港建设工程是上海国际航运中心的两大关键性工程。

长江口深水航道治理工程分三期实施。一期工程于 1998 年 1 月开工,2000 年 3 月完成,航道水深从 7 m 增深到 8.5 m;二期工程于 2002 年 4 月开工,2005 年 3 月完成,航道水深由 8.5 m 增深到 10 m 并延伸到南京;三期工程于 2006 年 9 月开工,2010 年 3 月 14 日实现 12.5 m 航道水深目标。长江口深水航道治理工程带来了显著的经济效益和社会效益。据统计,2010 年,通过长江口的货运量已由 2000 年的 2.2 亿 t 增加到 9.1 亿 t,上海港的货物吞吐量达到了 6.5 亿 t,集装箱吞吐量达到 2 905 万标箱。但对海洋环境的影响也是显而易见的,主要影响海域为 121°30′~122°30′E,30°30′~31°30′N,面积约 1 000 km²。

国际航运中心洋山深水港工程位于杭州湾口长江口外,西北距上海南汇的芦潮港约 30 km,距国际航线为 68 海里,是离上海最近的具备 15 m 以上水深的天然港址。根据总体规划,依托大、小洋山岛链形成南、北两大港区。到 2020 年,将形成陆域 20 km²,深水岸线 20 km 以上,布置集装箱深水泊位 50 多个,设计年吞吐能力 2 500 万标准箱(TEU)。工程海域主要位于 121°45′~122°30′E,30°30′~30°50′N,影响面积约 400 km²。

此外,上海漕泾电厂工程、东海大桥海上风电厂工程、长兴岛造船基地海洋工程、青草沙水源地工程等多个工程也在建设之中。

（4）使用的海洋倾倒区

长江口规划使用的倾倒区有吴淞口北倾倒区、长江口鸭窝沙北倾倒区,长江口骨灰撒海临时倾倒区、长江口深水航道专用倾倒区(2♯、6♯、8♯、9♯、10♯)、金山疏浚物倾倒区、洋山深水港临时倾倒区。最为常用的为长江口深水航道专用倾倒区和洋山深水港临时倾倒区。以长江口深水航道三期工程为例,12.5 m 水深年疏浚量为 6 000 万 m³。再加上洋山工程等的疏浚,年疏浚物量超过 6 000 万 m³。

(5) 渔业养殖与捕捞

长江口海域的养殖区主要集中在岱山和嵊泗,根据 2008 年舟山市海洋环境质量公报,嵊泗养殖区面积为 15.90 km²,岱山养殖区面积为 1.24 km²,普陀养殖区面积为 1.80 km²,嵊山养殖区面积为 14.27 km²,合计为 33.21 km²,养殖区面积占监控区面积的 0.24%。

表 8.13　海洋监控区系统指标——人类活动影响指数及其赋值

序　号	指　　标	具 体 状 况	分　值
1	河流污染物质输入	多年平均径流量为 9 051 亿 m³	7
2	排污口污染物输入	上海市向长江口排放的污染物质超过 20 万 t	5
3	建设或运营的海洋工程	2 个国际大型海洋工程邻近海域面积占监控区海域面积的 3.8%。	5
4	海洋倾倒区倾倒量	年倾倒量超过 6 000 万方	3
5	渔业养殖与捕捞养殖区面积占监控区比例	养殖区占监控区面积的 0.24%	3

$$P_{Activity} = 0.4 \times 7 + 0.2 \times 5 + 0.2 \times 7 + 0.2 \times 3 + 0.1 \times 3$$
$$= 2.8 + 1.0 + 1.4 + 0.6 + 0.3$$
$$= 6.1$$

3) 海洋生态现状指数

(1) 富营养化指数

2005 年和 2006 年长江口生态监控区海域富营养化指数值见表 8.14。

2005 年富营养化指数均大于 5,2006 年长江口底层海域富营养化指数在 2～5 之间。

表 8.14　2005 年和 2006 年长江口生态监控区海域富营养化指数状况

时　间	5月份表层	5月份底层	均　值	8月份表层	8月份底层	均　值
2005 年	13.02	9.19	11.11	17.36	5.11	11.24
2006 年	5.74	2.22	3.98	4.81	2	3.41

(2) 海洋生物多样性指数

根据长江口生态监控区监测报告中对海洋生物的评价结果,2005 年浮游植物、浮游动物、底栖生物多样性指数分别为 1.96、2.11 和 2.13,平均值为 2.06;2006 年浮游植物、浮游动物、底栖生物多样性指数分别为 1.37、2.87 和 2.30,平均值为 2.17。

(3) 海洋生态灾害指数

2005 年,赤潮发生 9 次,赤潮累计发生面积超过 3 000 km²,有毒赤潮 3 次;2006 年,赤潮发生 5 次,赤潮累计发生面积约 1 100 km²,无有毒赤潮;2007 年,赤潮发生 7 次,赤潮累计发生面积约 1 800 km^2,有毒赤潮 1 次。

表 8.15　海洋监控区系统指标——海洋生态现状指数及其赋值

序　号	指　　标	具 体 状 况	分　　值
1	富营养化指数	按 2006 年富营养化指数的均值赋值	5
2	海洋生物多样性指数	2005 年平均值为 2.06; 2006 年平均值为 2.17;	3
3	海洋生态灾害指数	2005～2007 年平均有毒赤潮 1.3 次	3

$$P_{Status} = 0.3 \times 5 + 0.3 \times 3 + 0.4 \times 3$$
$$= 1.5 + 0.9 + 1.2$$
$$= 3.6$$

4) 监控区系统设置指数

根据综合指数的计算公式,得出长江口生态监控区监控系统指标指数为 5.87。

$$P_{MAMs} = W_i \times P_{Ecology} + W_i \times P_{Activity} + W_i \times P_{Status}$$
$$= 0.3 \times 7.0 + 0.5 \times 6.1 + 0.2 \times 3.6$$
$$= 5.87$$

根据监控区重要性设置的四级分类标准,由结果可知,长江口监控区重要性指数为 5.87,设置的重要性级别属"非常重要"。

8.4　小结

生态化管理是现今海洋管理的新模式、新思路,是一种高级阶段的辩证思维方式。2008 年,国家海洋事业发展规划纲要提出建立以生态系统为基础的海洋区域管理模式,生态化管理技术研究是实现建立海洋管理新模式的重要途径之一。

以生态学理论原则为指导,以海洋生态系统为基础,以人和自然和谐融洽为目的充分考虑人类开发活动对海洋的影响,规范人类开发利用海洋行为和保护海洋环境行为的活动,不仅满足海洋生态系统本身的生态和谐状态,而且更重要的是追求海洋生态系统、社会发展与经济发展的和谐统一,最终实现人类社会的可持续发展。因此,海洋生态化管理的目标是保障海洋生态系统的可持续发展,维持海洋生态系统健康,其理论依据是生态学理论,管理对象为自然、社会、环境复合系统。

本章 MEIAs 区划是以生态系统服务重要性与生物多样性综合指数两种方法相结合的结果。从长江口的 MEIAs 研究案例来看,不同月份、不同年际间的 MEIAs 划分结果有明显差异,MEIAs 斑块化特别明显,但基于综合生物多样性指数的划分结果,MEIAs 却基本上趋于一致,即生物多样性指数为 3～6 之间,大致可分为综合指数为 2～3、3～4、4～5、5～6 四种斑块类型。对于这一概念,本章仅从理论层面上进行构建,尚未从管理与应用层次进行深层次的研讨。同时,这一概念范式构建是具有一定难度的,与海洋功能区划、主体功能区划的关系、区别及如何统一的问题尚需进一步研究,如何将 MEIAs 这一概念得到很好应用,是将来研究的关键主题。对于它是否能作为海洋生态化管理的一个抓手,还需广大同胞共同努力。此外,MEIAs 指标体系中仅采用了生态指标,没有采用社会经济指标与物理指标,这是本章中的一个明显的缺陷。社会经济指标与物理化学指标如何介入,将是一个值得深入探讨的科学问题。

MEMAs 系统设定的指标体系由海洋生态系统重要性、人类活动影响和海洋环境现状三个子目标构成。海洋生态系统重要性由保护区、珍稀物种、产卵场或幼鱼区、海洋物理现象四项指标构成,人类活动影响由河流、排污口、海洋工程、海洋倾倒区、渔业养殖及捕捞五项指标构成,海洋环境现状由富营养化、海洋生物多样性和海洋灾害发生指数三项指标构成。根据设定的监控区系统设定的指标体系及计算方法,选择在长江口生态监控区进行了示范应用。结合近年来对海洋开发的实际情况,计算了海洋监控区系统设定的指标体系的综合指数。从研究结果来看,长江口海域生态系统非常重要,人类开发活动影响巨大,而且海洋环境现状令人担忧,所以,长江口 MEMAs 监控指数级别为非常重要,要加强该区域的监测,进行生态修复,调控人类活动及其造成的影响,维护河口生态系统的可持续发展。

本章着重于 MEIAs 概念范式的建立,并开展基于生物多样性指数的长江口 MEIAs 区划方法案例研究,具有一定的借鉴意义,但是在以下几个方面尚不完善:

(1) MEIAs 概念模式不完善,没有充分考虑我国沿海的生态系统类型,本文仅从长江口为案例进行了简单解剖。对于这一概念,本文仅从理论层面上进行构建,尚未从管理与应用层次进行深层次的研讨。同时,作者已到了这一概念范式构建的困难性,与海洋功能区划、主体功能区划的关系、区别及如何统一的问题尚需进一步研究,如何将 MEIAs 这一概念得到很好应用,是将来研究的关键主题。对于它是否能作为海洋生态化管理的一个抓手,还需广大同胞共同努力。

(2) MEIAs 指标体系中仅采用了生态指标,没有采用社会经济指标与物理指标,这是本章中的一个明显的缺陷。社会经济指标与物理化学指标如何介入,将是一个值得深入探讨的科学问题。

(3) 从本文的研究中可以得知,MEIAs 大致可分为四种类型,但鉴于海洋的流动性特点,可见 MEIAs 斑块的空间范围不是固定不变的,不同季节、不同年际间具有一定的差异。

参 考 文 献

阿比达,余新宇.2012.酚二磺酸分光光度法测定硝酸盐氮常见影响因素分析及调控.能源与节能,15(9):126-128.

白佳玉.2008.以生态系统为基础的海洋管理模式引发的思考.海洋开发与管理,5:30-32.

白军红,邓伟.2001.中国河口环境问题及其可持续管理对策.水土保持通报,21(6):13-15.

蔡晓明.2001.生态系统生态学.北京:科学出版社.

蔡亚娜.2004.关于"生态化".http://www.eedu.org.cn/Article/ecology/ecology/200404/766.Html[2008-3-31].

曹宇,哈斯巴根,宋冬梅.2002.景观健康概念、特征及其评价.应用生态学报,13(11):1151-1515.

柴超,俞支明,宋秀贤,等.2007.三峡工程蓄水前后长江口水域营养盐结构及限制特征.环境科学,28(1):64-69.

陈高,代力民,姬兰柱,等.2004.森林生态系统健康评估Ⅰ.模式、计算方法和指标体系.应用生态学报,15(10):1743-1749.

陈光,刘廷良,孙宗光.2005.水体中TOC与COD相关性研究.中国环境监测,5:9-12.

陈吉余.1995.长江口拦门沙及水下三角洲的动力沉积、演变和深水航道治理.华东师范大学学报(长江口深水航道治理与港口建设专辑),1-22.

陈吉余,陈沈良.2003.长江口生态环境变化及对河口治理的意见.水利水电技术,34(1):19-25.

陈吉余,沈焕庭,恽才兴,等.1988.长江河口动力过程和地貌演变.上海:上海科技出版社.

陈静生,关文荣,夏星辉.1998.长江干流近三十年来水质变化探析.环境化学,17(1):8-13.

陈利顶,傅伯杰.1996.黄河三角洲地区人类活动对景观结构的影响分析.生态学报,16(4):337-344.

陈琳,刘国光,吕文英.2004.臭氧氧化技术发展前瞻.环境科学与技术,27:143-145.

陈灵芝,马克平.2001.生物多样性科学:原理与实践.上海:上海科学技术出版社.

陈云南,黄菲,赵红,等.2012.电位滴定法测定水中高锰酸盐指数.四川环境,31(1):42-45.

陈振楼,许世远,柳林,等.2000.上海滨岸潮滩沉积物重金属元素的空间分布与累积.地理学报,55(6):641-651.

陈仲新,张新时.2000.中国生态系统效益的价值.科学通报,45(1):17-22.

储金宇,吴春笃,陈万金,等.2002.臭氧技术及应用.北京:化学工业出版社.

崔保山,杨志峰.2001.湿地生态系统健康研究进展.生态学杂志,20(3):31~36.

崔保山,杨志峰.2002a.湿地生态系统健康评价指标体系Ⅰ.理论.生态学报,22(7):

1005~1011.

崔保山,杨志峰.2002b.湿地生态系统健康评价指标体系Ⅱ.方法与案例.生态学报,22(8):1231~1239.

崔木花,侯永轶.2008.海洋开发中的生态管理探析.特区经济,(5):145-147.

戴云.1998.紫外分光光度法直接测定饮水中硝酸盐氮含量.微量元素与健康研究,(3):16-18.

丁红春.2006.纳米二氧化钛光催化机理及其新型COD测定方法与仪器的研究.上海:华东师范大学2006届博士学位论文.

董惠英.1991.测定废水中氨氮的新方法.上海化工,(3):21-24.

范海梅,高秉博,余江,等.2015.上海海域营养盐趋势与长江排海量相关性研究,(1):1-5.

范世华,方肇伦.1996.环境水中COD的FI分光光度法自动在线检测.分析科学学报,12(2):103-106.

方艳菊,丁春红,张中海,等.2005.QD-COD/TiO_2光电化学传感器的制备及其在COD测定中的应用研究.化学传感器,25(4):16-21.

傅伯杰,陈利顶,马克明,等.2001.景观生态学原理及应用.北京:科学出版社.

高利利,吴澄,程金平.2010.长江口主要污染因子研究及富营养化状况评价.上海环境科学,29(5):192-196,201.

郭良洽,谢增鸿,林旭聪,等.2004.直接荧光法和流动注射荧光法测定微量氨的研究.光谱学与光谱分析,24(7):851-854.

郭卫东,章小明,杨逸萍,等.1998.中国近岸海域潜在性富营养化程度的评价.台湾海峡,17(1):64-70.

国家海洋局.2004.2003年中国海洋环境质量公报.http://www.coi.gov.cn/gongbao/huanjing/[2014-12-17]

国家海洋局.2005.2004年中国海洋环境质量公报.http://www.coi.gov.cn/gongbao/huanjing/[2014-12-17]

国家海洋局.2005.2004年中国海洋环境质量公报.http://www.coi.gov.cn/gongbao/huanjing/[2014-12-17]

国家海洋局.2006.2005年中国海洋环境质量公报.http://www.coi.gov.cn/gongbao/huanjing/[2014-12-17]

国家海洋局.2007.2006年中国海洋环境质量公报.http://www.coi.gov.cn/gongbao/huanjing/[2014-12-17]

国家海洋局.2007.2006年中国海洋环境质量公报.http://www.coi.gov.cn/gongbao/huanjing/[2014-12-17]

国家海洋局.2007.海洋监测规范(GB17378-2007).北京:海洋出版社.

国家海洋局.2008.2007年中国海洋环境质量公报.http://www.coi.gov.cn/gongbao/huanjing/[2014-12-17]

国家海洋局.2009.2008年中国海洋环境质量公报.http://www.coi.gov.cn/gongbao/

huanjing/[2014 - 12 - 17]

国家海洋局.2009.关于进一步加强海洋生态保护与建设工作的若干意见(国海发〔2009〕14 号),http://www.soa.gov.cn/zwgk/gjhyjwj/hyhjbh_252/[2014 - 12 - 17]

国家海洋局.2010.2009 年中国海洋环境质量公报.http://www.coi.gov.cn/gongbao/huanjing/[2014 - 12 - 17]

国家海洋局.2011.2010 年中国海洋环境质量公报.http://www.coi.gov.cn/gongbao/huanjing/[2014 - 12 - 17]

国家海洋局.2012.2011 年中国海洋环境质量公报.http://www.coi.gov.cn/gongbao/huanjing/[2014 - 12 - 17]

国家海洋局.2013.2012 年中国海洋环境质量公报.http://www.coi.gov.cn/gongbao/huanjing/[2014 - 12 - 17]

国家海洋局.2014.2013 年中国海洋环境状况公报.http://www.coi.gov.cn/gongbao/huanjing/[2014 - 6 - 7]

国家海洋局.2015.2014 年中国海洋环境质量公报.http://www.coi.gov.cn/gongbao/huanjing/[2014 - 12 - 17]

国家海洋局东海分局.2010.2009 年东海区海洋环境质量公报.http://www.dhjczx.org/displayIndex.do[2014 - 12 - 17]

国家海洋局东海环境监测中心.2004.长江口生态监控区监测报告.上海:国家海洋局东海环境监测中心.

国家海洋局.关于贯彻落实《国家环境保护"十一五"规划》的意见(国海发〔2007〕34 号),2007.http://www.soa.gov.cn/zwgk/gjhyjwj/hyhjbh_252/

国家海洋局科技司、辽宁省海洋局《海洋大辞典》编辑委员会.1998.海洋大辞典.沈阳:辽宁人民出版社.

国家环境保护局.1987.纳氏试剂比色法(GB7479 - 87)北京:中国环境科学出版社.

国家环境保护局.1987.蒸馏和滴定法(GB7478 - 87).北京:中国环境科学出版社.

国家环境保护总局.2002.水和废水监测分析方法(第四版).北京:中国环境科学出版社.

国家环境保护总局.2006.水和废水监测分析方法(第四版)(增补版).北京:中国环境科学出版社.

国家环境保护总局.2007.紫外分光光度法(HJ/T346 - 2007)北京:中国环境科学出版社.

韩彬,王保栋.2006.河口和沿岸海域生态环境质量综合评价方法评介.海洋科学进展,24(2):254 - 258.

胡国强,等.1989.在混酸溶液中用 MnSO4 作催化剂快速测定废水 COD.环境科学,10(6):48 - 51.

胡利芳,李雪英,孙省利,等.2010.深圳湾 COD 与 TOC 分布特征及相关性.海洋环境科学,(4):221 - 224.

环境保护部.2009.水杨酸分光光度法[S](HJ536 - 2009).北京:中国环境科学出版社.

环境保护部,中国科学院.2008.全国生态功能区划.http://www.mep.gov.cn/gkml/

hbb/bgg/200910/t20091022_174499. Htm[2010-10-8]

黄妙芬,齐小平,于五一,等. 2006. 水环境 COD 遥感识别模式及其应用. 干旱区地理,(6): 885-893.

黄怡颖. 2007. 关于水体 TOC 与 BOD、COD 相关性的研究. 生化与医药,1: 54-55.

纪焕红,叶属峰,刘星. 2008. 基于 ASSETS 的长江口海域富营养化评价——2002 年以来人为影响压力趋势分析. 海洋环境科学,(S1): 12-14.

江涛. 2009. 长江口水域富营养化的形成演变与特点研究. 中国科学院海洋研究所 2009 届博士学位论文. 青岛: 中国科学院海洋研究所.

蒋岳文,陈淑梅,马英. 1997. 靛酚蓝分光光度法测定海水中氨氮最佳条件的选择. 海洋环境科学,16(4): 43-47.

靳保辉,庄峙厦,王小如,等. 2005. 液相臭氧氧化法测定海水化学耗氧量. 分析测试学报,24(3): 67-70.

康建成,吴涛,闫国东,等. 2008. 上海海域水污染源的变化趋势. 环境科学学报,18(3): 181-185.

孔红梅,赵景柱,马克明. 2002. 生态系统健康评价方法研究. 应用生态学报,(2): 486-490.

孔红梅,赵景柱,姬兰柱,等. 2002. 生态系统健康评价方法初探. 应用生态学报,13(4): 486~490.

兰竹虹,廖岩,陈桂珠. 2009. 热带海洋景观的生态系统服务替代和恢复. 海洋环境科学,28(2): 218-222.

乐琳,张志琪. 2005. 流动分析在化学耗氧量测定中的应用. 理化检验-化学分册,41(12): 960-963.

李嘉庆,艾仕云,杨娅,等. 2003. 纳米 TiO_2-$KMnO_4$ 协同体系光催化测定地表水 COD 的研究. 化学传感器,23(2): 49-54.

李金鹏,张宗培,徐豪,等. 2003. 离子选择电极法测定城市污水中的氨氮. 河南化工,(8): 35-36.

李瑾,安树青,程小莉,等. 2001. 生态系统健康评价的研究进展. 植物生态学报,25(6): 641-647.

李景印,段惠敏,郭玉凤,等. 2006. 海水中有机污染物的光度法测定. 分析试验室,25(1): 73-75.

李俊生,谷芳. 2009. 双波长分光光度法测定 COD. 哈尔滨商业大学学报(自然科学版),25(4): 408-410.

李可,赵仕林,赵凡,等. 2003. COD 绿色测定方法研究. 四川师范大学学报(自然科学版),26(6): 649-651.

李雨仙,严辉宇,雷志芳. 1982. 库仑法测定 COD. 环境化学,2(5): 8-12.

联合国. 1992. 生物多样性公约. http://www. law-lib. com/law/law_view. asp? id=95777[2008-2-3]

辽宁省海洋与渔业厅,盘锦市海洋与渔业局,国家海洋环境监测中心,国家海洋局大连海洋环境监测中心,盘锦市海洋环境监测中心站.2004.2004年辽宁双台子河口水域生态监控区监测与评价报告.大连：辽宁省海洋与渔业厅.

林晶.2004.纺织印染废水中TOC值和COD值得相关性.环境监测管理与技术,16(5)：16－18.

林琦.2006.有机废水中COD与TOC的比值的探讨.福建分析测试,15(3)：46－49.

林桢.2006.紫外扫描式水质COD测量技术与仪器设计.杭州：浙江大学信息学院2006届硕士学位论文.

刘阿成,沈焕庭,等.2001.三峡工程对长江口及其邻近海域的环境和生态系统的影响.上海：国家海洋局东海环境监测中心.

刘建军,王文杰,李春来.2002.生态系统健康研究进展.环境科学研究,15(1)：41～44.

刘乃芝.1996.氨气敏电极测定水中氨氮的方法改进.山东环境,70(1)：111.

刘树臣,喻锋.2009.国际生态系统管理研究发展趋势.国土资源情报,2：10－13,17.

刘树臣,喻锋.2009.国际生态系统管理研究发展趋势——区域尺度生态系统管理研究。国土资源情报,(2)：

刘湘溶.2009.生态化思维及其基本原理.江苏省社会科学,4：232－236.

刘星.2008.2008年长江口低氧区监测报告.上海：国家海洋局东海环境监测中心.

刘岩,侯广利,孙继昌,等.2007.臭氧法海水COD现场快速分析技术.环境科学与技术,(4)：45－47.

刘莹,李兆新,耿霞,等.2006.分光光度法测定海水样品化学耗氧量的研究.海洋水产研究,27(5)：62－67.

刘永,郭怀成,戴永立,等.2004.湖泊生态系统健康评价方法研究.环境科学学报,24(4)：723－729.

刘真.2000.高氯废水中有机物污染指标COD_{Cr}测定方法研究.中国环境监测,16(4)：39－40.

刘子琳.1989.浙江潮下带海域秋季初级生产力和叶绿素a的分布.东海海洋,7(1)：57～65.

柳畅先,华崇理,孙小梅.1999.水中氨氮的酶法测定.分析化学研究简报,27(6)：712－714.

陆赛英,葛人峰,刘丽慧.1996.东海陆架水域营养盐的季节变化和物理输运的规律.海洋学报,18(5)：41－51.

罗跃初,周忠轩,孙轶,等.2003.流域生态系统健康评价方法.生态学报,23(8)：1606－1614.

骆冠琦,黎耀.2000.离子选择电极测定生活污水中的氨氮.中国卫生检验杂志,10(4)：388－391.

马克明,孔红梅,关文彬,等.2001.生态系统健康评价：方法与方向.生态学报,21(12)：2106－2116.

马克平.生物多样性的度量.1994.见：钱迎倩和马克平主编.生物多样性研究的原理与方法.北京：中国科学技术出版社.141－165.

马明辉,闫启仑,韩庚辰,等.2005.中华人民共和国国家海洋局行业标准——近岸海洋生态健康评价.

马永才,李英,韩永生.2001.总有机碳与高锰酸钾指数及 COD 的相关性.环境监测管理与技术,13(3):40-41.

美国环境保护局近海监测处编.1997.河口环境监测指南.北京:海洋出版社.

孟红明,张振克.2006.上海城市发展与其海域赤潮的关系分析.环境科学学报,21(4):75-78、105.

孟伟,王丽婧,郑丙辉,等.2008.河口区营养物基准制定方法.生态学报,28(10):5133-5140.

聂华生.1998.微波密封消解快速测定 COD.广西科学,5(3):187.

欧文霞,杨圣云.2006.试论区域海洋生态系统管理是海洋综合管理的新发展.海洋开发与管理,4:91-96.

欧阳毅,桂发亮.2000.浅议生态系统健康诊断数学模型的建立.水土保持研究,7(3):194-197.

潘怡,仵彦卿,叶属峰.2009.上海海域水质模糊综合评价.海洋环境科学,28(3):283-287.

彭建,王仰麟.2000.我国沿海滩涂景观生态的初步研究.地理研究,19(3):249~256.

彭建,王仰麟,刘松,等.2003.海岸带土地持续利用景观生态评价.地理学报,58(3):363-371.

彭欣,仇建标,陈少波,等.2009.乐清湾生态系统脆弱性研究.海洋学研究,27(3):111-118.

皮尤海洋委员会(POC)编.2005.规划美国海洋事业的航程.周秋麟,牛文生,等译.北京:海洋出版社.

钱迎倩,马克平.1994.生物多样性研究的原理与方法.北京:中国科学技术出版社.

秦艳英,薛雄志.2009.基于生态系统管理理念在地方海岸带综合管理中的融合与体现.海洋开发与管理,26(4):21-26.

邱进坤,张树刚,姚炜民,等.2011.QuAAtro 连续流动分析仪测定海水中营养盐.环境科学与技术,34(12):187-189.

邱晓国.2010.TOC 与 COD 间相关性数学模型的探讨.山东:山东大学 2010 届硕士学位论文.

全国海洋标准化技术委员会.2007.海洋监测规范第 4 部分:海水分析(GB17378.4-2007).2007.北京:中国标准出版社.

任海,彭少麟.2002.恢复生态学.北京:科学出版社.

任海,邬建国,彭少麟.2000.生态系统健康的评估.热带地理,20(4):310~316.

任海,邬建国,彭少麟,等.2000.生态系统管理的概念及其基本要素.应用生态学报,11(3):455-458.

任妍冰,焦云.2011.次溴酸盐氧化法测定海水氨氮影响因素的探讨.污染防治技术,24(10):52-54.

任妍冰,李婷婷,刘园园,等.2013.次溴酸盐氧化法测定海水中氨氮试验条件的优化.环境监测管理与技术,25(3):44-46.

上海市海洋局.2006.2005年上海市海洋环境质量公报.http://sdinfo.coi.gov.cn/hygb/dfhygb/2005/shanghai[2014-12-17]

上海市海洋局.2007.2006年上海市海洋环境质量公报.http://sdinfo.coi.gov.cn/hygb/dfhygb/2006/shanghai/[2014-12-17]

上海市环境保护局.2014.2013年上海市环境状况公报.http://www.envir.gov.cn/law/bulletin/2013/[2014-12-17]

沈焕庭,等.2001.长江河口物质通量.北京:海洋出版社.

沈丽丽,青华.2009.水中氯离子对氨氮测定的影响及消除.干旱环境监测,23(1):59-60.

沈歆忱,陈立波.1994.COD快速开管测定研究.环境工程,12(1):40-42.

沈左锐,沈文君,王小艺,等.2002.生态系统健康的理论和技术研究进展.见:李文华,王如松主编.生态安全与生态建设.北京:气象出版社,201-206.

苏畅,沈志良,姚云.2008.长江口及其邻近海域富营养化水平评价.水科学进展,19(1):99-105.

苏纪兰,唐启生.2005.我国海洋生态系统基础研究的发展——国际趋势和国内需求.地球科学进展,20(2):139-143.

苏文斌,兰瑞家,魏永巨.2007.COD测定方法的研究进展.河北师范大学学报(自然科学版),31(4):508-513.

孙磊.2008.胶州湾海岸带生态系统健康评价与预测研究.中国海洋大学2008届硕士学位论文.

孙涛,杨志峰.2004.河口生态系统恢复评价指标体系研究及其应用.中国环境科学,24(3):381-384.

孙卫红,吴云波.2008.江苏长江口毗邻海域污染现状及防治计划.江苏环境科技,21(3):15-17.

索安宁,赵冬至,葛剑平.2009.景观生态学在近海资源环境中的应用:论海洋景观生态学的发展.生态学报,29(9):5098-5105.

覃燕丽,周煜.2008.分段流动分析法测定海水中的硝酸盐氮.仪器仪表与分析监测,(2):32-33.

唐涛,蔡庆华,刘建康.2002.河流生态系统健康及其评价.应用生态学报,13(9):1191-1194.

陶大钧,张信华,孙晓斌,等.1999.高氯离子废水中低浓度COD分析技术.环境监测管理与技术,11(3):35-37.

田冬梅,邓桂春,张渝阳,等.2002.吸附剂除氯微波消解测定COD.分析化学,30(5):522-526.

屠建波,王保栋.2006.长江口及其邻近海域富营养化状况评价.海洋科学进展,24(4):532-538.

汪春学,王书元,郑铁力.1996.应用离子色谱对环境样品中氨氮的分析.中国环境监测,12(3):561.

王保栋.2005.河口和沿岸海域的富营养化评价模型.海洋科学进展,23(1):82-86.

王广成,闫旭骞.2006.矿区生态系统健康评价理论及其实证研究.北京:经济科学出版社.

王海燕,蔡海军.2011.COD与TOC相关性理论研究.河南城建学院学报,20(2):36-40.

王建华,田景汉,李小雁.2009.基于生态系统管理的湿地概念生态模型研究.生态环境学报:18(2):738-742.

王剑,蒋益中.2012.1-萘酚分光光度法水质氨氮的测定.现代测量与实验室管理,(6):11-13.

王菊英,韩庚晨,张志峰.2010.国际海洋环境监测与评价最新进展.北京:海洋出版社.

王娟娟,王秀芹.2009.对次溴酸盐氧化法测定海水氨氮影响因素的探讨.天津水产,(2):24-26.

王娟,李保新,章竹君,等.2004.流动注射化学发光法快速测定COD.分析试验室,23(7):19-21.

王军.1992.用 $CuSO_4$-$KAl(SO_4)_2$-Na_2MoO_4 作催化剂快速测定COD.环境科学,13(3):66-69.

王奎,陈建芳,金海燕,等.2013.长江口及邻近海区营养盐结构与限制.海洋学报,35(3):128-136.

王丽平,刘录三,郑丙辉,等.2013.我国入海河口区水质标准制定初探.环境安全与生态学基准/标准国际研讨会、中国环境科学学会环境标准与基准专业委员会2013年学术研讨会、中国毒理学会环境与生态毒理学专业委员会第三届学术研讨会会议论文集(二),32-40.

王莲芬,许树柏.1989.层次分析法引论.北京:中国人民大学出版社.

王淼,毕建国,段志霞.2008.基于生态系统的海洋管理模式初探.海洋环境科学,27(4):378-382.

王树功,黎夏,刘凯,等.2005.近20年来淇澳岛红树林湿地景观格局分析.地理与地理信息科学,21(2):53-57.

王维德,于宝祥,梁秀凤.2003.吹脱-电导法测定水中氨氮及其自动分析仪.环境监测管理与技术,15(1):30-35.

王文雷.2009.纳氏试剂比色法测定水体中氨氮影响因素的探讨.中国环境监测,25(1):29-32.

王燕,刘素美,任景玲,等.2011.化学发光法测定天然水体中低浓度硝酸盐和亚硝酸盐的含量.海洋科学,35(5):95-99.

王照龙.1997.利用助催化剂高压测定 COD_{Cr}.干旱环境监测,11(1):43-45.

魏福祥,傅晓文,马晓珍.2011.镉柱还原法测定海水中的硝酸盐氮.分析实验室,30(7):10-13.

魏海娟,黄继国,贾国元,等.2006.一种快速测定化学需氧量(COD)的方法.环境科学与技术,29(1)：45-46.

邬建国.2000.景观生态学——格局、过程、尺度与等级.北京：高等教育出版社.

吴迪,王菊英,马德毅,等.2010.基于PSR框架的典型河口富营养化综合评价方法研究.海洋技术,29(3)：29-33.

吴瑞贞,马毅.2008.近20a南海赤潮的时空分布特征及原因分析.海洋环境科学,27(1)：30-32.

肖风劲,欧阳华.2002.生态系统健康及其评价指标和方法.自然资源学报,17(2)：203-209.

肖玲,文庆珍,李红霞.2012.分光光度法测定水体化学需氧量.广州化工,40(7)：130-132.

谢珊.1999.废水中COD快速分析方法的研究.包钢科技,2：23-25.

谢一民.2004.上海湿地.上海：上海科学技术出版社.

徐福留,曹军,彭澍,等.2000.区域生态系统可持续发展敏感因子及敏感区分析.中国环境科学,20(4)：361-365.

徐宏发,赵云龙.2005.上海市崇明东滩鸟类自然保护区科学考察集.北京：中国林业出版社.

徐华华,谢碧琴,王桢.2000.加膜流动注射光度法测定水中微量氨.上海环境科学,19(12)：577-578.

徐惠民,丁德文,叶属峰,等.2008.海洋国土主体功能区划规划若干关键问题的思考.海洋开发与管理,(11)：51-54.

徐灵,王成瑞,姚岚.2006.重金属废水处理技术分析与优选.广州化工,34(6)：44-46.

徐韧,纪焕红,王金辉等.2004.2004年长江口生态监控区监测报告.上海：国家海洋局东海环境监测中心.

徐韧,纪焕红,王金辉等.2005.2005年长江口生态监控区监测报告.上海：国家海洋局东海环境监测中心.

徐学仁,张志忠,张国光,等.2003.海水COD测定的分光光度法研究.海洋环境科学,22(3)：56-58.

徐志明.1985.崇明岛东部潮滩沉积.海洋与湖沼,16(3)：231-238.

闫敏,商连,朱浚黄.1998.COD测定中消除氯离子干扰的方法.中国给水排水,14(4)：38-40.

晏维金.2006.人类活动影响下营养盐向河口/近海的输出和模型研究.地理研究,25(5)：825-835.

杨建丽.2009.长江河口局部有机污染物分布及生态风险评价.北京化工大学.

杨建强,崔文林,张洪亮,等.2003.莱州湾西部海域海洋生态系统健康评价的结构功能指标法.海洋通报,22(5)：58-63.

杨士建.2003.分析废水中COD时消除氯离子干扰的方法改进.能源环境保护,17(4)：28-29.

杨素霞,黄琼军.2006.紫外分光光度法测定海水中硝酸盐氮.黑龙江环境通报,30(4)：

35 - 36.

杨先锋,但德忠. 1997. 化学耗氧量(COD)测定方法的现状及最新进展. 重庆环境科学, 19(04): 55 - 59.

杨泽玉,胡涌刚. 2003. 化学发光 COD 测定新方法. 分析化学, 31(12): 1430 - 1432.

姚淑华. 2003. 用 MnSO₄ 作催化剂开管测定废水 COD. 环境工程, 21(5): 54 - 56.

姚云,沈志良. 2005. 水域富营养化研究进展. 海洋科学, 29(2): 53 - 57.

叶芬霞. 2000. CODcᵣ测定中催化剂的改进. 宁波高等专科学校学报, 12(4): 46 - 49.

叶属峰,丁德文,王文华. 2005. 长江河口大型工程与水体生境破碎化. 生态学报, 25(2): 268 - 272.

叶属峰,纪焕红,曹恋,等. 2004. 长江口海域赤潮成因及其防治对策. 海洋科学, 28(5): 26 - 32.

叶属峰,纪焕红,徐惠民,等. 2010. 海洋生态重要性区域(EIAs)的区划方法研究报告. 上海: 国家海洋局东海环境监测中心.

叶属峰,温泉,周秋麟. 2006. 海洋生态系统管理——以生态系统为基础的海洋管理新模式探讨. 海洋开发与管理,(1): 77 - 80.

叶属峰,刘星,丁德文. 2007. 长江河口海域生态系统健康评价指标体系及其初步评价. 海洋学报,(4): 128 - 136.

尹艳娥,沈新强,蒋玫. 2014. 长江口及邻近海域富营养化趋势分析及与环境因子关系. 生态环境学报, 23(4): 622 - 629.

于贵瑞. 2001. 生态系统管理学的概念框架及其生态学基础. 应用生态学报, 12(5): 787 - 794.

于令第,李绍英. 1990. 含海水的废水 COD 的测定方法试验. 环境保护, 13(4): 20 - 22.

于志刚,殷汝华,张经. 1997. 镉-铜法测定海水中硝酸盐的过度还原问题. 海洋科学,(4): 68 - 70.

余美琼,洪新艺,王碧玉. 2006. 离子选择电极法测定氨氮浓度. 福建分析测试, 15(3): 37 - 38.

俞凌云,赵欢欢,张新申. 2010. 水样中氨氮测定方法研究. 西部皮革, 32(5): 17 - 33.

俞志明,沈志良,陈亚瞿,等. 2011. 长江口水域富营养化. 北京: 科学出版社.

袁洪志. 1994. COD 的极谱法研究. 环境科学与技术, 64(02): 26 - 28.

袁懋. 2008. 典型水体有机污染物指示指标的研究. 长春: 吉林大学 2008 届硕士学位论文.

袁兴中,刘红. 2001. 景观健康及其评价初探. 环境导报,(5): 35~37.

袁兴中,叶林奇. 2001. 生态系统健康评价的群落学指标. 环境导报,(1): 45~47.

袁兴中,刘红,陆健健. 2001. 生态系统健康评价——概念框架与指标选择. 应用生态学报, 12(4): 627~629.

岳梅. 1998. 水中硝酸盐测定的两种方法比较. 环境工程, 16(1): 65 - 66.

曾德慧,姜凤岐,范志平,等. 1999. 生态系统健康与人类可持续发展. 应用生态学报, 10(6): 751~756.

张贵灵,王娟,张波等.2010.紫外分光光度法和离子色谱法测水中硝酸盐氮的比较.医学信息,23(7):2448-2449.

张航,张宁娟.2012.酚二磺酸分光光度法测定水中硝酸盐氮的控制条件.价值工程,(30):296-298.

张红进,韩永红,刘宗斌.2007.高氯离子水样COD测定方法的研究进展.中国环境管理干部院学报,17(4):77-79.

张磊,王新,饶才.1989.COD_{Cr}测定中代用催化剂的研究.环境科学与技术,45(2):27-29.

张丽旭,忻丁豪,刘星,等.2006.2006年长江口生态监控区监测报告.上海:国家海洋局东海环境监测中心.

张丽旭,忻丁豪,刘星,等.2007.2007年长江口生态监控区监测报告.上海:国家海洋局东海环境监测中心.

张丽旭,忻丁豪,刘星,等.2008.2008年长江口生态监控区监测报告.上海:国家海洋局东海环境监测中心.

张士权,李英芹,范俊欣.2005.碘化钾碱性高锰酸钾法测定COD有关问题的释疑.油气田环境保护,15(2):45-47.

张世强,宋家驹.2008.碱性高锰酸钾法海水化学需氧量(COD)在线测量仪的研制.海洋技术,27(1):19-21.

张一,张新申,胡未,等.2007.流动注射法分析海水中的COD.皮革科学与工程,17(4):61-65.

张志诚,牛海山,欧阳华.2005."生态系统健康"内涵探讨.资源科学,27(1):136-145.

张志诚,欧阳华,谢仲伦.2004.典型胁迫的生态系统健康理论模型的研究.宁夏大学学报(自然科学版),25(3):255-259.

张志诚,欧阳华,肖风劲,等.2004.生态系统健康研究现状及其定量化研究初探.中国生态农业学报,12(3):184-187.

张志华,徐建华,韩贵峰.2007.生态敏感区划分指标体系研究——以北部湾(广西)经济区为例.中国东西部合作研究,4:89-96.

张志忠,徐刚,李芝凤,等.2004.海水COD流动注射测量技术研究.海洋技术,23(2):41-45.

赵士洞,汪业勤.1997.生态系统管理概论.生态学杂志,16(4):35~38.

赵羿,吴彦明,孙中伟.1990.海岸带的景观生态特征及其管理.应用生态学报,1(4):373~377.

郑华,欧阳志云,赵同谦,等.2003.人类活动对生态系统服务功能的影响.自然资源学报,18(1):118-126.

中国国家标准化管理委员会.2006.生活饮用水标准检验方法无机非金属指标(GB/T5750.5-2006).北京:中国标准出版社.

中华人民共和国国家质量监督检验检疫总局,中国国家标准化管理委员会.2013.海洋监测技术规程第1部分:海水(HY/T 147.1-2013).北京:中国标准出版社.

中华人民共和国国务院.2008.国家海洋事业发展规划.http：//www. soa. gov. cn/zwgk/fwjgwywj/gwyfgwj/201211/t20121105_5264. Html[2014 - 5 - 4]

中华人民共和国水利部.2004.2003 年长江流域水资源公报.http：//www. mwr. gov. cn/zwzc/hygb/[2014 - 5 - 4]

中华人民共和国水利部.2007.2006 年中国河流泥沙公报.http：//www. mwr. gov. cn/zwzc/hygb/[2014 - 5 - 4]

中华人民共和国水利部.2013.水环境监测规范(SL219 - 2013).北京：中国水利水电出版社.

钟爱国.2001.声化学消解测定环境水样中的 COD.理化检验-化学分册,37(9)：30 - 31.

周明霞.2003.污水 COD 超标的影响因素及解决措施.纯碱工业,(1)：11 - 13.

周伟峰,侯亚明,赵长民.2006.离子色谱法测定水质样品中氨氮的研究.河南科学,24(2)：205 - 207.

周晓蔚.2008.河口生态系统健康与水环境风险评价理论方法研究.华北电力大学(北京)2008 届硕士学位论文.

朱洪涛,曾芳.2003.COD 测定方法的研究进展.工业安全与环保,29(7)：17 - 19.

诸大宇,郑丙辉,雷坤,等.2008.基于营养盐分布特征的长江口附近海域分区研究.环境科学学报,28(6)：1234 - 1240.

邹景忠,董丽萍,秦保平.1983.渤海湾富营养化和赤潮问题的初步探讨.海洋环境科学,2(2)：41 - 55.

AguilarBJ. 1999. Applications of ecosystem health for the sustainability of managed systems in Costa Rica. *Ecosystem Health*,(5)：36 - 48.

Ai SY，Li JQ，Yang Y，et al. 2004. Study on photocatalytic oxidation for determination of chemical oxygen demand using a nano - TiO_2 - $K_2Cr_2O_7$ system. *Analytica Chimica Acta*,509(2)：237 - 241.

Alcamo, J., Ash, N. J., Butler, C. D., et al. 2003. Ecosystem and Human-being：a framework for Assessment. Washington：Island Press.

Alexander SA，Palmer CJ. 1999. Forest health monitoring in the United States：first four years. *Environmental Monitoring and Assessment*,55：267 - 277.

Aminot A，Ke Rouel R，Birot D. A flow injection-fluorometric method for the determination of ammonium in fresh and saline water with a view to in situ analysis. Wat. Res. ,35(7)：1777 - 1785.

Anon W. 1994，Canada to spend $150 million on Great Lakes program. *Water Environment and Technology*,6(7)：28.

Antonio Canals，M. del Remedio Hernandez. 2002. Ultrasound-assisted method for determination of chemical oxygen demand. *Analytical and Bio-analytical Chemistry*,374 (6)：1132 - 1140.

Appleton JMH，Tyson J F and Moouce R P. 1986. The rapid determination of chemical demand in wastewaters and effluents by flow injection analysis. *Analytica Chimica*

Acta, 179: 269 – 278.

Appleton JMH, Tyson JF and Moouce RP. 1986. The rapid determination of chemical oxygen demand in wastewaters and effluents by flow injection analysis. *Analytica Chimica Acta*, 179: 269 – 278.

Ballinger D, Lloyd A, Morrish A. 1982. Determination of chemical oxygen demand of wastewaters without the use of mercury salts. *Analyst*, 107, 1047 – 1053.

Baoxin Li, Zhujun Zhang, Juan Wang, et al. 2003. Chemiluminescence system for automatic determination of chemical oxygen demand using flow injection analysis. *Talanta*, 61: 651 – 658.

Bertollo P. 1998. Assessing ecosystem health in governed landscapes: a framework for developing core indicators. *Ecosystem Health*, 4(1): 33 – 51.

Bertollo P. 2001. Assessing landscape health: a case study from Northeastern Italy. *Environmental Management*, 27(3): 349 – 365.

Birkeet S, Rapport DJ. 1996. Marine ecosystem health: a comparative study of the Baltic Sea and the Gulf of Mexico. *Ecosystem Health*, 2 – 5.

Boesch DF. 2000. Measuring the health of the Chesapeake Bay: toward integration and prediction. *Environmental Research* (Section A), 82: 134 – 142.

Borgarello E, Kiwi J, Pelizzetti E, et al. 1981. Photochemical cleavage of water by photocatalysis. *Nature*, 289: 158 – 160.

Braman RS, Hendrix SA. 1989. Nanogram nitrite and nitrate determination in environmental and biological materi-als by vanadium (Ⅲ) Reduction with chemilumines-cence detection. *Analytic Chemistry*, 61: 2715 – 2718.

Brlcker SB, Ferreira JG, Simas T. 2003. An integrated methodology for assessment of cstuarine trophic status. *Ecological Modelling*, 169: 39 – 60.

Cairns J, McCormick PV, Niederlehner BR. 1993. A proposed framework for developing indicators of ecosystem health. *Hydrobiologia*, 263: 1 – 44

Chai YH, Ding HC, Zhang ZH, et al. 2006. Study on photocatalytic oxidation for determination of the low chemical oxygen demand using a nano-TiO_2 – Ce (SO_4)$_2$ coexisted system. *Talanata*, 68(3): 610 – 615.

Chang EE, Chiang PC, Lin TF. 1998. Development of surrogate organic contaminant parameters for source water quality standards in Taiwan, ROC. *Chemosphere*, 37(4): 593 – 606.

Chen JM, et al. 1994. A modified sealed oven-UV method of COD determination. *Journal of Toxicology and Environmental Health*, 40(4), 338 – 343.

Chen JS, Zhang JD, Xian YZ, et al. 2005. Preparation and application of TiO_2 photocatalytic sensor for chemical oxygen demand determination in water research. *Water Research*, 39: 1340 – 1346.

Cloern JE. 2001. Our evoling conceptual model of the coastal eutrophication problem.

Marine Ecology Progress Series, 210,223 – 253.

Cossu R, Polcaro AM, Lavagnolo MC, et al. 1998. Electrochemical treatment of landfill leachate: Oxidation at Ti/PbO$_2$ and Ti/SnO$_2$ anodes. *Environmental Science and Technology*, 32: 3570 – 3573.

Costanza R, d'Arge R, De GRS, et al. 1997. The value of the world's ecosystem services and natural capital. *Nature*, 387: 253 – 260.

Costanza R, Norton BG, Haskell BD, et al. 1992. Ecosystem health: new goals for environmental management. Washington D C: Island Press. 239 – 256.

Cox RD. 1980. Determination of nitrate and nitrite at the parts per billion level by chemiluminescence. *Analytical Chemistry*, 52: 332 – 335.

Dan DZ, Dou FL, Xiu DJ, et al. 2000. Chemical oxygen demand determination in environmental waters by mixed acid digestion and single sweep polarography. *Analytica Chimica Acta*, 420: 39 – 44.

Donald GM, Scott VB, Wayne TB. 2001. Chemical Oxygen Demand Analysis of Waste Water Using Tricalent Management Oxidant with Chloride Removal by Sodium Bismuthate Pretreatment. Water Enciroment Research, 73(1): 63 – 71.

European Community. 2000. Directive 2000/60/EC of the European Parliament and of the Council of 23 October 2000 establishing a framework for community action in the field of water policy. Brussels: European Community Official Journal, (L327): 1 – 73.

Fairweather PG. 1999. Determining the "health" of estuaries: priorities for ecological research. *Australian Journal of Ecology*, 24(4): 441 – 451.

Garside C. 1982. A chemiluminescent technique for the de-termination of nanomolar concentration of nitrate and nitrite in seawater. *Marine Chemistry*, 11: 59 – 167.

Gevin V. 2002. Ecosystem health: the state of the planet. *Nature*, 417: 112 – 113.

Harris HJ, Harris VA, Regier HA. 1988. Importance of the nearshore area for sustainable development in the Great Lakes with observations on the Baltic Sea. *AMBIO*, 5: 163 – 261.

Harwell MA, Myers V, Young T, et al. 1999. A framework for an ecosystem integrity report card. *BioScience*, 49: 543~556.

Hilden M, Rapport DJ. 1993. Four centuries of cumulative impacts on a Finnish river and its estuary: an ecosystem health approach. *Journal of Aquatic Ecosystem Health*, 2: 261 – 275.

Hu YG, Yang ZY. 2004. A simple chemiluminescence method for determination of chemical oxygen demand values in water. *Talanta*, 63: 521 – 526.

Jin BH, He Y, Shen JC, et al. 2004. Measurement of Chemical Oxygen Demand in Natural Water Samples by Flow Injection Ozonation Chemiluminescence (FI-CL) Technique. *Journal of Environment Monitoring*, 6(8): 673 – 678.

Jorgensen SE，Costanza R，Xu FL. 2005. Handbook of ecological indicators for assessment of ecosystem health. CRC Press.

Jorgensen SE，Nielson SN and Mejer H. 1995. Emergy，environ exergy and ecological modeling. *Ecological Modelling*，77：99 - 109.

Karr JR. 1981. Assessments of biotic integrity using fish communities. *Fisheries (Bethesda)*，(6)：21 - 27.

Karr JR. 1991. Biological integrity ：a long neglected aspect of water resource management. *Ecological Application*，(1)：66 - 84.

Karr JR. 1993. Defining and assessing ecological integrity：beyond water quality. *Environmental Toxicology and Chemistry*，12：1521 - 1531.

K. A 沃科特,J. C 戈尔登,J. P 瓦尔格,等. 2002. 生态系统——平衡与管理的科学. 欧阳华等译. 北京：科学出版社.

Korenaga T，Ikatsu H. 1981. Continuous-flow injection analysis of aqueous environment samples for chemical oxygen demand. *Analyst*，106：653.

Korenaga T，Ikatsu H. 1982. The determination of chemical oxygen demand in waste-waters with dichromate by flow injection analysis. *Analytica Chimica Acta*，141：301.

Korenaga T，Zhou X，Okada K，et al. 1993. Determination of chemical oxygen demand by a flow-injection method using cerium(Ⅳ) sulphate as oxidizing agent. *Analytica Chimica Acta*，272：237.

Kristin S. 1994. Ecosystem health：a new paradigm for ecological assessment. *Trends in Ecology and Evolution*，9：456 - 457.

Lee KH. 1999. Chemical Oxygen Demand Sensor Employing a Thin Layer Electrochemical Cell. *Analytica Chimica Acta*，386：211 - 220.

Lee KH，Ishikawa T，Sasakis，et al. 1999. Chemical oxygen demand(COD) sensor using a stopped-flow thin layer electrochemical cell. *Electroanalysis*，11：1172 - 1179.

Legnerova Z，Solich P，Sklenarova H，et al. 2002. Automated simultaneous monitoring of nitrate and nitrite in surface water by sequential injection analysis. Water Research，36：2777.

Leopold J. C. 1997. Getting a handle on ecosystem health. *Science*，276：887.

Ludovisi A，Poletti A. 2003. Use of thermodynamic indices as ecological indicators of the development state of lake ecosystems. *Ecological Modelling*，159(2 - 3)：203 - 238

Lyons J，Gutierrez-Hernandez A，Diaz-Pardo E，et al. 2000. Development of a preliminary index of biotic integrity(IBI) based on fish assemblages to assess ecosystem condition in the lakes of central Mexico. *Hydrobiology*，418：57 - 72.

Malley DF，Mills KH. 1992. Whole-lake experimentation as a tool to assess ecosystem health，response to stress and recovery：the Experimental Lake Area experience. *Journal of Aquatic Ecosystem Health*，1(3)：159 - 174.

Marshall IB, Hirvonen H, Wiken E. 1993. National and regional scale measures of Canada's ecosystem health. In: Woodley S, Kay J and Francis G(eds.). Ecological integrity and the Management of Ecosystems. St. Lucie Press, Boca Raton, FL (USA). pp117 - 129.

Mikuska P, Vecera Z. 2002. Chemiluminescent flow-injection analysis of nitrates in water using on-line ultraviolet photolysis. *Analytica Chimica Acta*, 474: 99 - 105.

Mikuska P, Vecera Z. 2003. Simultaneous determination of nitrite and nitrateinwater by chemiluminescent flow-injection analysis. *Analytica Chimica Acta*, 495: 225 - 232.

Munawar M, Malley DF. 1994. The ecosystem health concept: progress and future needs. 37th Conference of the International Association for Great Lakes Research and Estuarine Research Federation: Program and Abstracts (Summary only). Iaglr, Buffalo, NY(USA). p166.

Nakamura E, Inoue J, Namiki H. 1996. Determination of total nitrogen in seawater by ionch romatography using a high capacity anion column and a UV detector. Bunseki Kagaku, 7: 711 - 715.

National Oceanic, Atmospheric Administration United States Department of Commerce. 2002. The Hawaii Coastal Zone Management Program. http://www. hawaii. gov/ dbede/[2006 - 12 - 10].

Nixon SW. 1995. Coastal marine eutorphication: A definition,social causes and future concerns. *Ophelia*, 41: 199 - 219.

O'Conner RJ, Walls TE and Hughes RM. 2000. Using multiple taxonomic groups to index the ecological condition of lakes. *Environmental Monitoring and Assessment*, 61: 207 - 228.

Pritchard DW. 1967. What is an estuary: physical viewpoint. *American Association for the Advancement of Science*, 3 - 5.

Qi DM, shen HT,Zhu JR. 2003. Flushing time of the Yangtze Estuaries. *American Association for the Advancement of Science*, 3 - 5.

Rapport DJ. 1989. What constitutes ecosystem health. *Perspective in Biology ad Medicine*, 33: 120 - 122.

Rapport DJ. 1993. Ecosystems not optimized: a reply. *Journal of Aquatic Ecosystem Health*, 2(1): 56 - 59.

Rapport DJ, Bohm G, Buckingham D, et al. 1999. Ecosystem health: the concept, the ISEH, and the important tasks ahead. *Ecosystem Health*, 5 : 82 - 90

Rapport DJ, Costanza R, and McMichael AJ. 1998. Assessing ecosystem health. *Trends in Ecology and Evolution*, 13(10): 397 - 402.

Rapport DJ, Costanza R, Epstein P R, et al. 1998. Ecosystem health. Blackwell Science, Inc.

Rapport DJ, Costanza R, Epstein PR, et al. 1998. E-cosystem health. Malden and

Oxford: Blackwell Science.

Rapport DJ, et al. 1998. Evaluating landscape health : integrating societ al goals and biophysical process. *Journal of Environmental Management*, 53: 1 - 15.

Rapport DJ, Gaudet CL, Calow P. 1993. Evaluating and monitoring the health of large scale ecosystem. Global Environment Change Proceedings of the NATO Advanced Research Workshop. 28: 5 - 39.

Rapport DJ, Gandet CL, Calow P. 1994. Evaluvating and monitoring the health of large-scale ecosystem. Berlin: Springer-Verlag.

Rapport DJ, Whitford WG. 1989. How ecosystems respond to stress: common properties of arid an aquatic system. *BioScience*, 49: 193 - 203.

Rapport DJ, Regier HA, Hutchinson IC. 1985. Ecosystem behavior under stress. *The American Naturalist* , 125: 617 - 640.

Reid WV, Mooney HA, Cropper A, et al. 2005. Millennium Ecosystem Assessment synthesis report. Island Press.

Rogers K, Biggs H. 1999. Integrating indicators, endpoints and value systems in strategic management of the rivers of the Kruger National Park. *Freshwater Biology*, 41: 439 - 451

Schaeffer DJ, Novak EW. 1998. Integrating epidemiology and epizootiology information in ecotoxicology studies: ecosystem health. *Ecotoxicological and Environmental Safety*, 16(3): 232 - 241

Schaeffer DJ, Henricks EE, Kerster HW. 1988. Ecosystem health: 1. Measuring ecosystem health. *Environmental Management*, 12: 445 - 455

Selvapathy P, Starler JJ. 1991. A new catalyst for COD determination. *Indian Journal of Environmental Health*, 33(1) : 96 - 102.

Shear H. 1996. The development and use of indicators to assess the state of ecosystem health in the Great Lakes. *Ecosystem Health* , 2: 241 - 258.

Sherman K. 1995. Large marine ecosystem and fisheries. In: M. Munasinghe and W. Shearer(eds). Defining and measuring sustainability. World Bank, Washington, D. C. 207 - 234.

Shugart LR. 1992. Biological markers and indicators of marine ecosystem health. In: Foreign Trip Report. ORNL/FTR-4509,12.

Soto-Galwera E, Paulo-Maya J, et al. 1999. Change in fish fauna as indication of aquatic ecosystem condition in Rio Grande de Morelia-Lago de Cuitzeo Basin, Mexico. *Environmental Management*, 24: 133 - 140.

Sun JH, et al. 1996. Rapid determination of wastewater COD using $Mn(H_2PO_4)_2$ catalyst. *Journal of Environmental Sciences*, 8(2) : 212 - 217.

Sun T, Yang ZF, Shen ZY, et al. 2009. Environmental flows for the Yangtze Estuary based on salinity objectives. *Communications in Nonlinear Science and Numericial*

Simulation，14：959 – 971.

Tas S，Yilmaz IN，Okus E. 2009. Phytoplankton as an indicator of improving water quality in the Golden Horn Estuary. *Estuaries and Coasts*，32：1205 – 1224.

Taylor PH，Atkinson J. 2008. Seascapes：getting to know the sea around us. Aguide to characterizing marine and coastal areas. Quebec-Labrador Foundation，Inc. http：//www. qlf. org[2010 – 4 – 15].

Thabano JR，Abong'o D，Sawula GM. J，et al. 2004. Determination of nitrate by suppressed ion chromatography after copperised-cadmium column reduction. J Chromatogr A. Aug 6；1045(1 – 2)：153 – 9.

The Great Barrier Reef in Australia. 2002. http：//www. gbrmpa. gov. au/corp. site/management/zoning. html/[2010 – 4 – 15].

Tian JJ，Hu YG，Zhang J. 2008. Chemiluminescence detection of permanganate index (COD_{Mn}) by a luminal-$KMnO_4$ based reaction. *Journal of Environmental Sciences*，20(2)：252 – 256.

U. S. Department of Commerce. National Estuarine Eutrophication Assessment Effects of Nutrient Enrichment in the Nation's Estuaries. http：//ian. umces. edu/neea/

USEPA. 2001. National coastal condition report（EPA – 620/R – 01/005）. Washington，D. C.：U. S. Enviroment al Protection Agency，Office of Research and Development/Office of Water，1 – 204.

Vaidya B，Watson SW，Coldiron SJ，et al. 1997. Reduction of chloride ion interference in chemical oxygen demand（COD）determinations using bismuth-based adsorbents. *Analytica Chimica Acta*，357(1 – 2)：167 – 175.

Viguri J，Verde J，Irabien A. 2002. Environmental assessment of polycyslic aromatic hydrocarbons(PAHs) in surface sediments of the Santander Bay，Northern Spain. *Chemosphere*，48：157 – 165.

Vincentc，Heinrichh，Edwardsa，et al. 2003. Guidance on typology，classification and reference conditions for transitional and coastal waters. European Commission，report of CIS WG2. 4（COAST）. Brussels：European Commission，1 – 119.

Walker H J. 2001. When a where rivers meet the sea. *Science in China*（Series B），44（Supp. ）：10 – 22.

Welcomme RLA. 1999. Review of a model for qualitative evaluation of exploitation levels in multi-species fisheries. *Fisheries Management and Ecology*，6：1 – 19

Wood CA. 1994. Ecosystem management：achieving the new land ethic. *Renew Natural Resource Journal*，12：6 – 12.

Xu FL and Jorgensen SE. 1999b. Modelling the effects of ecological engineering on ecosystem health of a shallow eutrophic Chinese Lake（Lake Chao）. *Ecological Modelling*，117(2)：239 – 260.

Xu FL，Jorgensen SE and Tao S. 1999a. Ecological indicators for assessing freshwater ecosystem health. *Ecological Modelling*, 116: 77 - 106.

Xu FL, Lam KC, Zhao ZY, et al. 2004. Marine coastal ecosystem health assessment: a case study of the Tolo Harbor, Hong Kong, China. *Ecological Modelling*, 173(4): 355 - 370.

Yang SM, Huang YY, Huang CH, et al. 2002. Enhanced energy conversion efficiency of the Sr^{2+}-modified nanoporous TiO_2 electrode sensitized with a ruthenium complex. *Chemistry of Materials*, 14(2): 1500 - 1504.

Yao H, Wu B, Qua HB, et al. 2009. A high throughput chemiluminescence method for determination of chemical oxygen demand in waters. *Analutica Chimica Acta*, (633): 76 - 80.

Zhang GF, Pumendu KD. 1989. Fluorometric measurement of aqueous ammonium ion in a flow injection system. *Analytical Chemistry*, 61(5): 408 - 412.

Zhang J, Liu SM, Ren JL, et al. 2007. Nutrient gradients from the eutrophic Changjiang (Yangtze River) Estuary to oligotrophic Kuroshio waters and re-evaluation of budgets for the East China Sea Shelf. *Progress in Oceanography*, 74: 449 - 478.

Zhu ZY, Wu Y, Zhang J, et al. 2014. Reconstruction of anthropogenic eutrophication in the region off the Changjiang Estuary and central Yellow Sea: From decades to centuries. *Continental Shelf Research*, 72(1): 152 - 162.

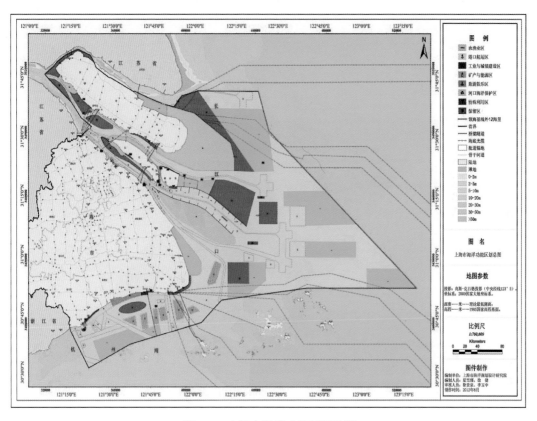

图 3.4　上海市海洋功能区划总图

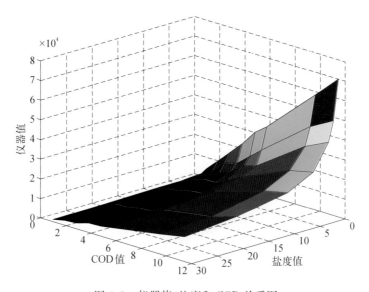

图 4.9　仪器值、盐度和 COD 关系图

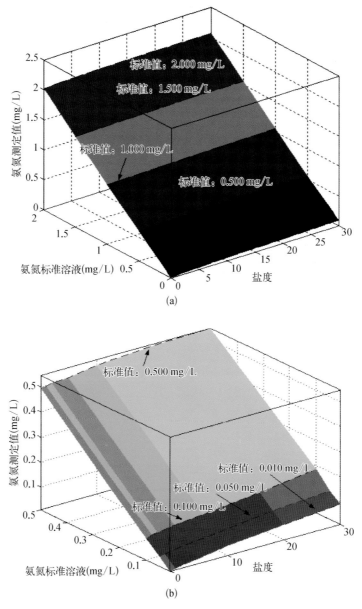

图 6-22　氨氮实测值与氨氮标准值、盐度之间关系图

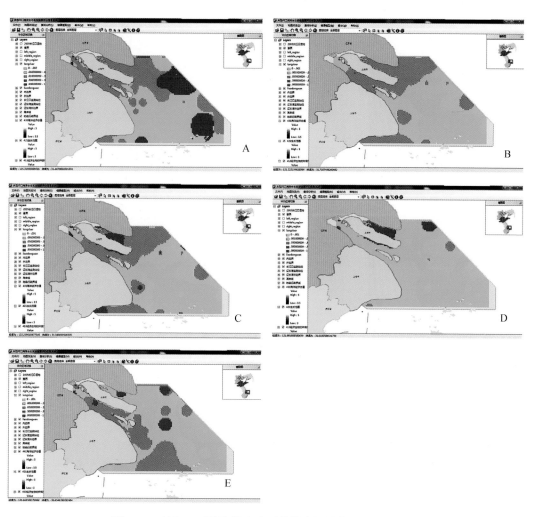

图 7.10　长江口近岸海域生态系统健康评价等级分区示意图

A. 2004 年 8 月；B. 2005 年 8 月；C. 2006 年 8 月；D. 2007 年 8 月；E. 2007 年 8 月

Metric	Combination matrix	Class
P	5 5 5 4 4 4	High
S	5 5 5 5 5 5	
R	5 4 3 5 4 3	(5%)
P	5 5 5 5 5 5 5 4 4 4 4 3 3 3 3 3 3	Good
S	5 5 4 4 4 4 4 5 5 4 4 4 5 5 5 4 4 4	
R	2 1 5 4 3 2 1 2 1 5 4 3 5 4 3 5 4 3	(19%)
P	5 5 5 5 5 4 4 4 4 4 4 3 3 3 3 3 3 3 2 2 2 2 2 2 2 2 1 1	Moderate
S	3 3 3 3 3 4 4 3 3 3 3 3 5 5 4 4 3 3 3 4 4 4 4 3 3 3 2 3 3	
R	2 1 5 4 3 2 1 5 4 3 2 1 2 1 2 1 5 4 3 5 4 3 2 1 5 4 3 5 5 4	(32%)
P	4 4 4 4 4 3 3 3 3 3 3 3 2 2 2 2 2 2 1 1 1 1 1	Poor
S	2 2 2 2 2 3 3 2 2 2 2 2 3 3 2 2 2 2 3 3 3 2 2	
R	5 4 3 2 1 2 1 5 4 3 2 1 2 1 4 3 2 1 3 2 1 5 4	(24%)
P	3 3 3 3 3 2 2 2 2 2 1 1 1 1 1 1 1 1	Bad
S	1 1 1 1 1 1 1 1 1 1 2 2 2 1 1 1 1 1	
R	5 4 3 2 1 5 4 3 2 1 3 2 1 5 4 3 2 1	(19%)

图 7.14 压力、状态和响应因子分级分类矩阵